Clothing
Pattern Design

服　装
版型设计

总主编　钟建康

主　编　金秀炎　王申文萃

副主编　沈　雁　柯秀忠　亓贺先

参　编　吴　璇

浙江工商大学出版社 ZHEJIANG GONGSHANG UNIVERSITY PRESS | 杭州

图书在版编目（CIP）数据

服装版型设计 / 金秀炎，王申文萃主编；沈雁，柯秀忠，亓贺先副主编．— 杭州：浙江工商大学出版社，2023.10

ISBN 978-7-5178-5739-6

Ⅰ．①服… Ⅱ．①金… ②王… ③沈… ④柯… ⑤亓… Ⅲ．①服装设计 Ⅳ．①TS941.2

中国国家版本馆 CIP 数据核字（2023）第 180298 号

服装版型设计
FUZHUANG BANXING SHEJI
主　编 金秀炎　王申文萃
副主编 沈　雁　柯秀忠　亓贺先

策划编辑　厉　勇
责任编辑　杨　戈
责任校对　韩新严
封面设计　蔡海东
责任印制　包建辉
出版发行　浙江工商大学出版社
（杭州市教工路198号　邮政编码310012）
（E-mail：zjgsupress@163.com）
（网址：http://www.zjgsupress.com）
电话：0571-88904980，88831806（传真）
排　　版　浙江大千时代文化传媒有限公司
印　　刷　杭州宏雅印刷有限公司
开　　本　787 mm × 1092 mm　1/16
印　　张　15.75
字　　数　290 千
版 印 次　2023 年 10 月第 1 版　2023 年 10 月第 1 次印刷
书　　号　ISBN 978-7-5178-5739-6
定　　价　62.00 元

前 言

本书是研究服装结构及服装各部位相互关系的理论和实践相结合的专业教材。本书根据当前中职教育服装专业的要求与任务，认真总结近年来服装版型课程教学的经验，在强调理论知识的基础上，注重服装版型设计在服装企业生产中的具体应用。通过学习，学生不仅能够了解服装版型相关国家标准和版型设计的基本知识，还能熟练掌握成衣制板、排料、推板等技能，具备从事服装制板技术工作或相关管理工作的能力和素养。

《服装版型设计》由两个模块构成，模块一的重点在基础知识和基本理论的讲解，模块二主要介绍服装典型款式版型设计的实践工作，是服装版型设计的基本理论和实践的有机结合。本书采用服装典型款式实战演练项目化的体例结构，梳理了裙装、裤装、衬衫、外套四大品类，总共十五个项目。以企业实际生产流程为基础，以完成典型款式订单解读、规格设计、结构制图、样板制作、系列样板制作等工作所需的能力和素质为依据，每个项目分为款式分析、样板制作、系列样板制作三大任务。

本书以实战演练的形式编写，贴近服装企业实际，结构清晰，深入浅出，项目齐全，技能突出，非常适合中等职业学校服装专业学生或服装设计爱好者阅读学习。

本书由绍兴市柯桥区职业教育中心党委书记钟建康担任总主编，金秀炎、王申文萃担任主编，沈雁、柯秀忠、亓贺先担任副主编。其中，金秀炎负责模块一、模块二第七章和模块二第八章的编写和统稿工作，王申文萃负责款式图和部分样板的绘制工作，沈雁负责模块二第十章的编写工作，柯秀忠负责模块二第九章的编写工作，亓贺先负责样板的审核工作，吴璇负责部分样板的绘制工作。

由于时间仓促、作者水平有限，本书难免有错误和疏漏之处，敬请使用本书的广大师生及同行提出批评和改进意见！对在本书中引用的文献的著作者致以诚挚的谢意！

编 者

2023 年 7 月

目录

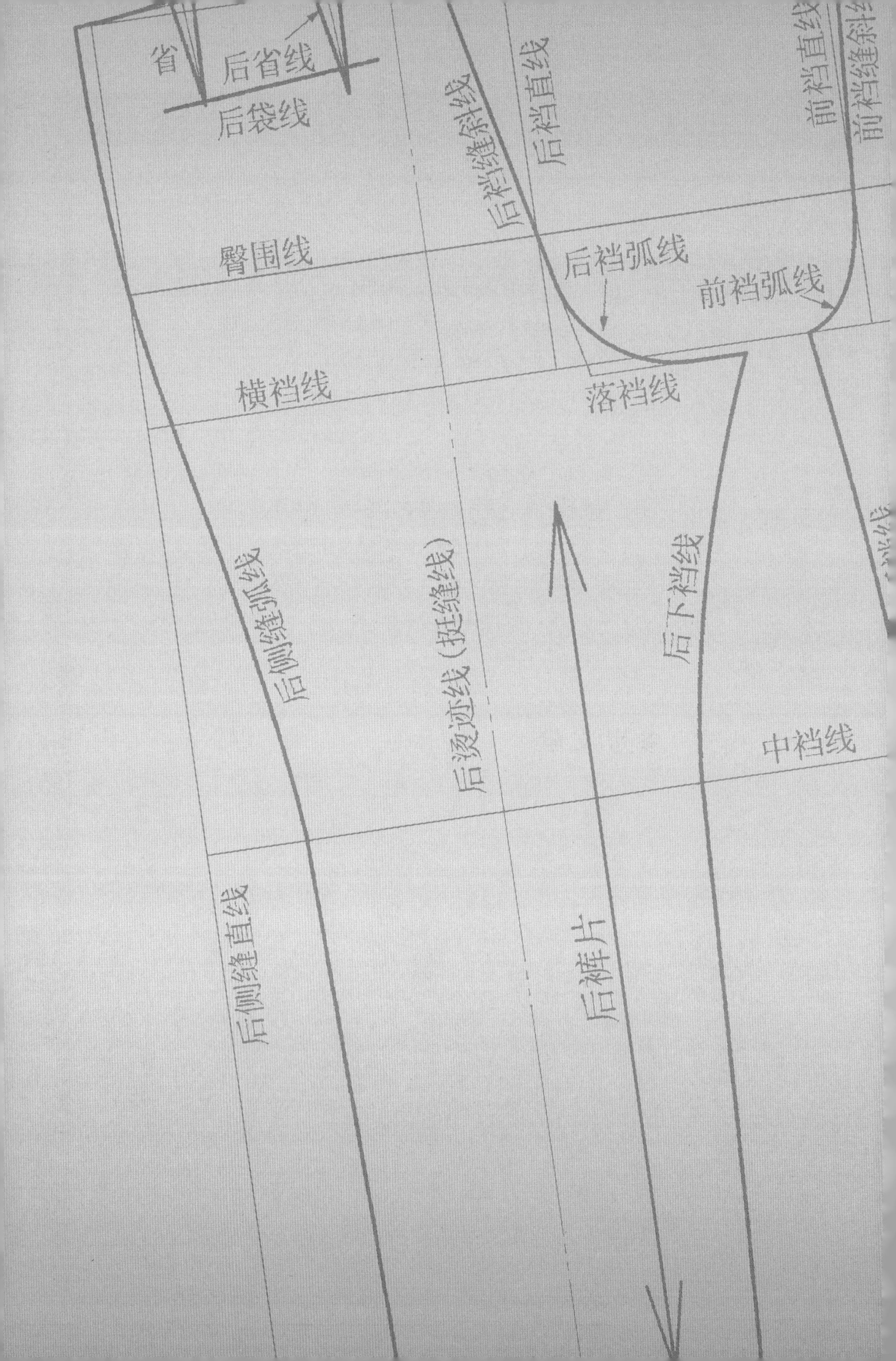
省
后省线
后袋线
臀围线
横裆线
后裆缝斜线
后裆直线
后裆弧线
前裆弧线
前裆直线
前裆缝斜线
落裆线
后侧缝弧线
后烫迹线（挺缝线）
后下裆线
中裆线
后侧缝直线
后裤片

模块一

服装版型设计基础知识

第一章　服装版型设计基本概念

一、服装版型

服装版型又称服装纸样，是构成服装各裁片的几何形状。狭义的版型是指裁剪衣片用的样板，广义的版型是指以服装款式造型和特定人体为依据所展开的结构设计，是服装成型理论实际化的重要表现载体。服装版型是现代服装工业的专业用语，它是实现服装设计者意图的媒介，是从设计思维、想象演变成服装造型基础的重要技术条件，它的最终目的是高效而准确地进行服装的工业化生产，也是服装工业化和商业化的必要手段。

二、服装版型设计

服装版型设计又称服装纸样设计、服装结构设计，是指将款式造型设计的构思和构思形成的立体造型服装转化为多片组合的平面结构图的工作。它研究服装结构的内涵及各部位相互关系，兼具装饰性与功能性的设计、分解与构成的规律和方法。服装版型设计涉及美学、人体解剖学、人体测量学、服装卫生学、服装造型学、服装生产工艺学等诸多领域，是一门高深的学问。

三、服装版型设计方法

服装版型设计方法一般包括平面构成和立体构成两种方法。

平面构成，也称为平面裁剪，是将服装立体形态实测或人的思维分析通过服装与人体的三维关系转换成服装与纸样的二维关系，并通过定尺寸或公式绘制出平面图形（纸样）的过程。

立体构成，也称立体裁剪，是将布料覆合在人体或人体模型上，沿着立体曲面通过折叠、收省、聚集、提拉等手法做成效果图所显示的服装廓型，将其展成平面布样后再制成平面纸样的过程。

平面构成方法具有简捷、方便、绘图精确的优点，但是缺乏形象、具体的立体对应关系；立体构成方法具有很好的直观效果，能弥补平面构成难以表现不对称、多皱褶等复杂造型的不足，但具有较高的操作条件和技术素质要求。鉴于两种方法各有所长，各有所短，在实践中往往采用两者结合的方法。

第二章　服装版型术语

一、服装图示术语

（1）效果图：为表达服装最终穿着效果的一种绘图，一般要着重表达或体现款式、造型、风格和色彩等，主要作为设计思想的艺术表现和展示宣传，见图 2–1（a）。

（2）款式图：为表达款式造型及各部位加工要求而绘制的造型平面图，一般是不涂颜色的单墨画稿。要求各部位成比例，造型表达准确，工艺特征具体，见图 2–1（b）。

（3）示意图：为表达某部件的结构组成、加工时的缝合形态、缝迹类型以及成型的外部和内部形态而制成的一种解释图，在设计、加工部门之间起沟通和衔接作用，见图 2–1（c）。

（4）结构图：用曲、直、斜、弧线等图线将服装造型分解并展开成平面裁剪方法的图，见图 2–1（d）。

二、结构制图线条术语

（1）轮廓线：构成成型服装或服装部件的外部造型的线条，见图 2–2（a）。

（2）结构线：服装图样上，表示服装部件裁剪、缝纫结构变化的线条，见图 2–2（a）。

（3）基础线：结构制图过程中使用的纵向和横向的基础线条，见图 2–2（b）。

（4）尺寸线：在结构设计图中表明衣片线段长短的指示线，见图 2–2（b）。

三、服装部位和线条术语

（1）裙装部位线条名称，见图 2–3。

（2）裤装部位线条名称，见图 2–4。

（3）衬衫部位线条名称，见图 2–5。

（4）西服部位线条名称，见图 2–6。

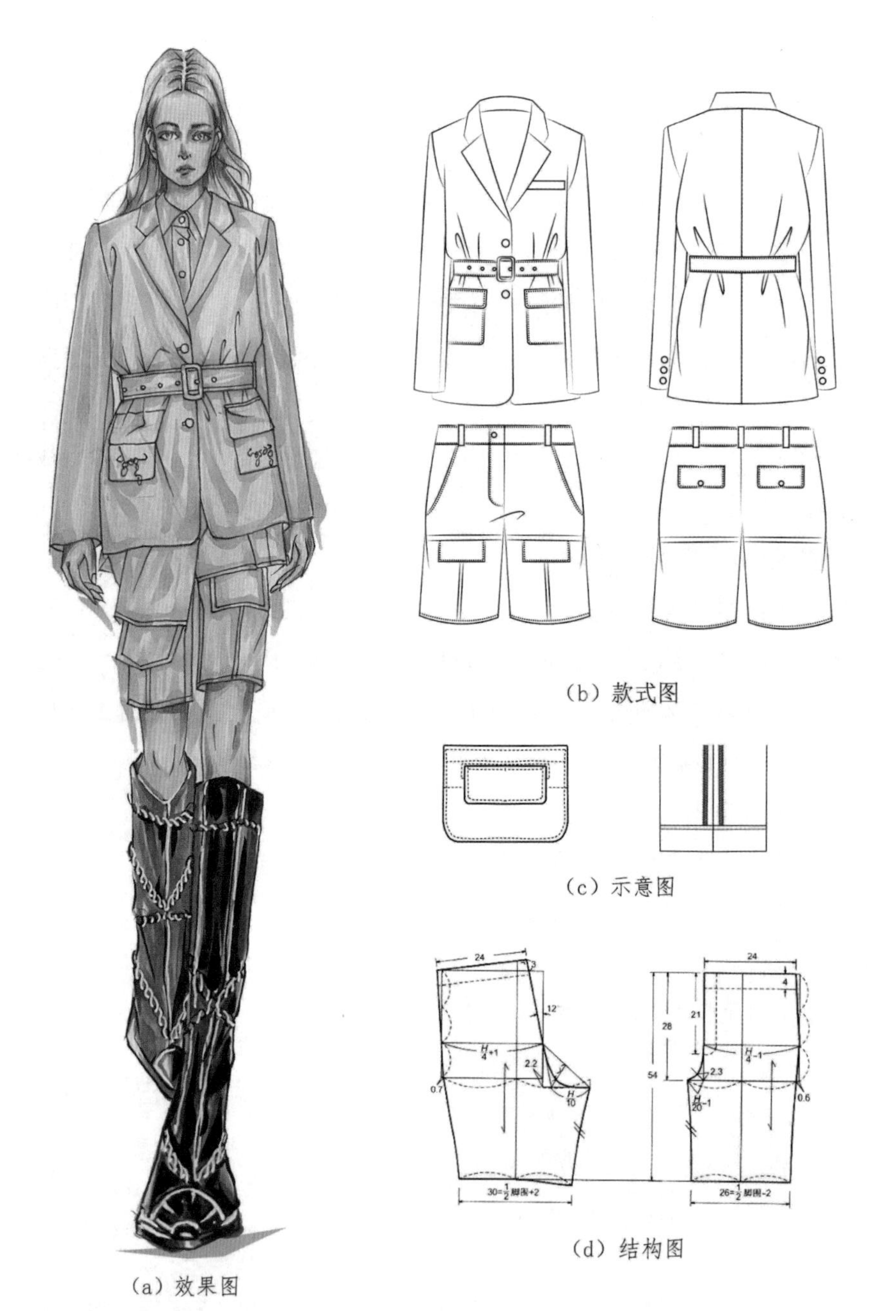

（a）效果图 （b）款式图 （c）示意图 （d）结构图

图 2-1 服装图示

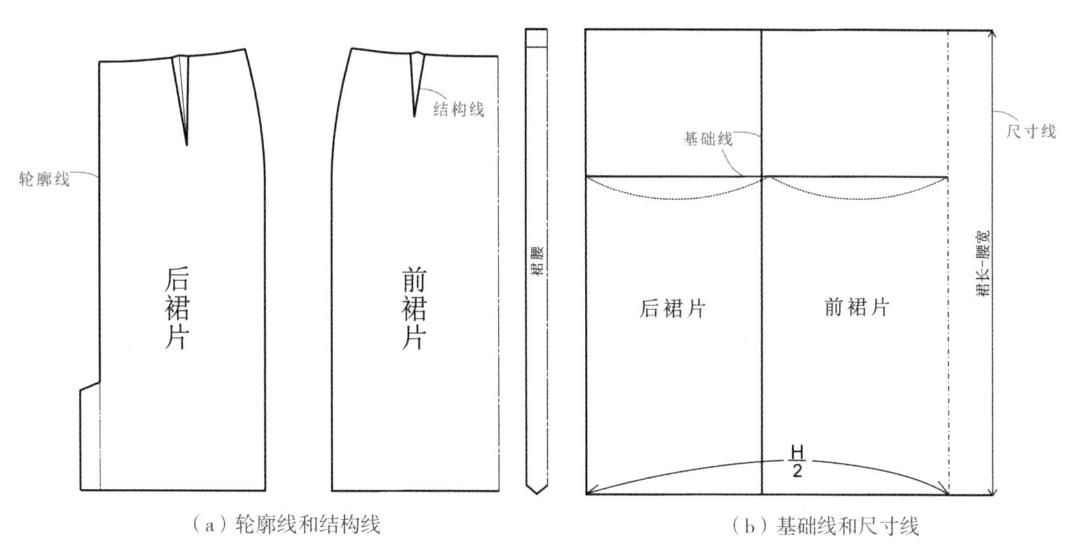

（a）轮廓线和结构线　　（b）基础线和尺寸线

图 2-2　服装制图线条

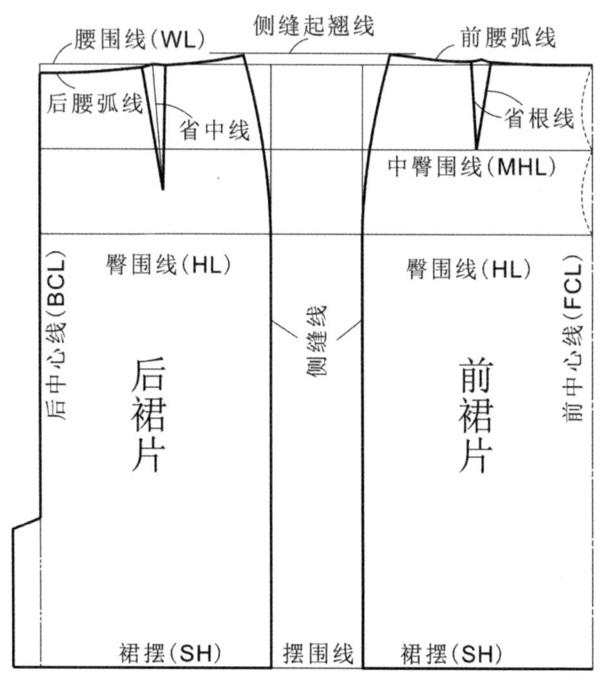

图 2-3　裙装部位线条名称

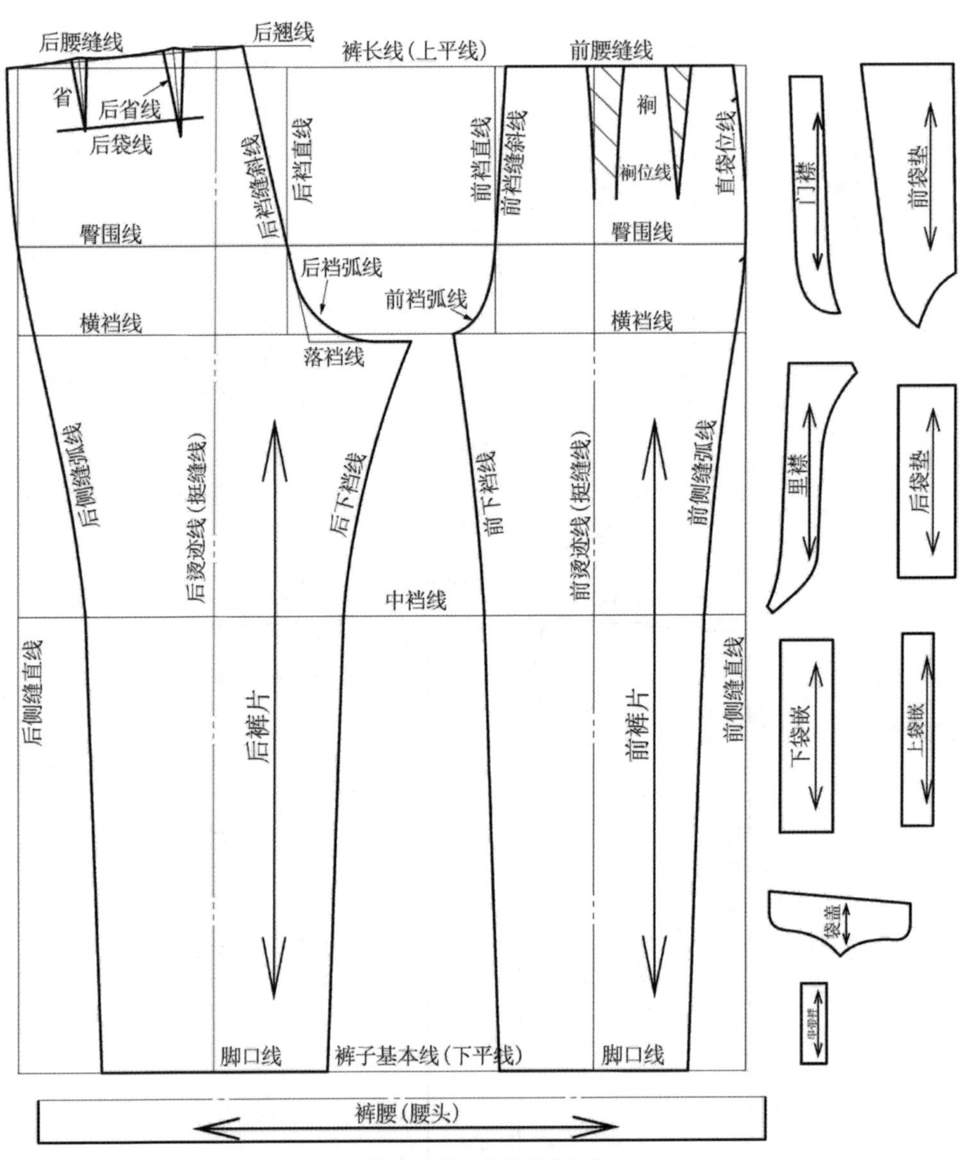

图 2-4 裤装部位线条名称

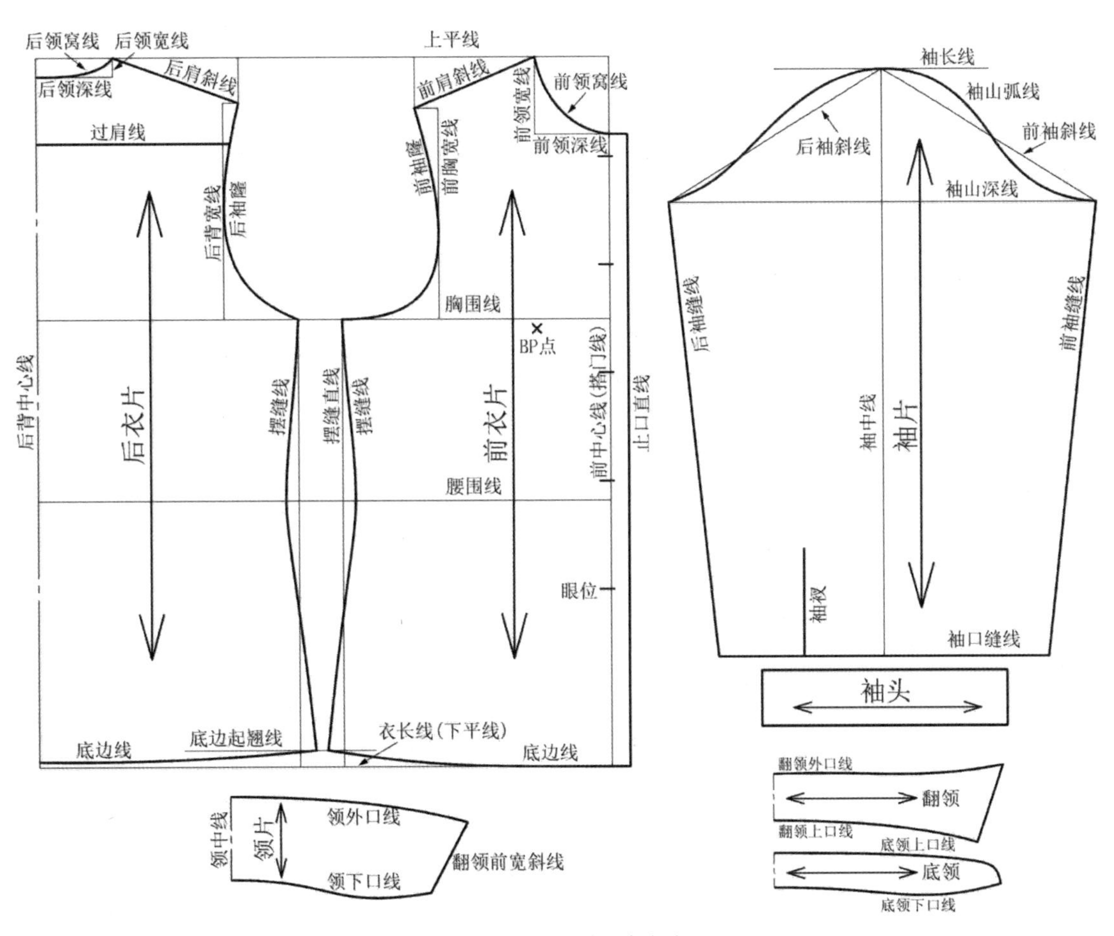

图 2-5　衬衫部位线条名称

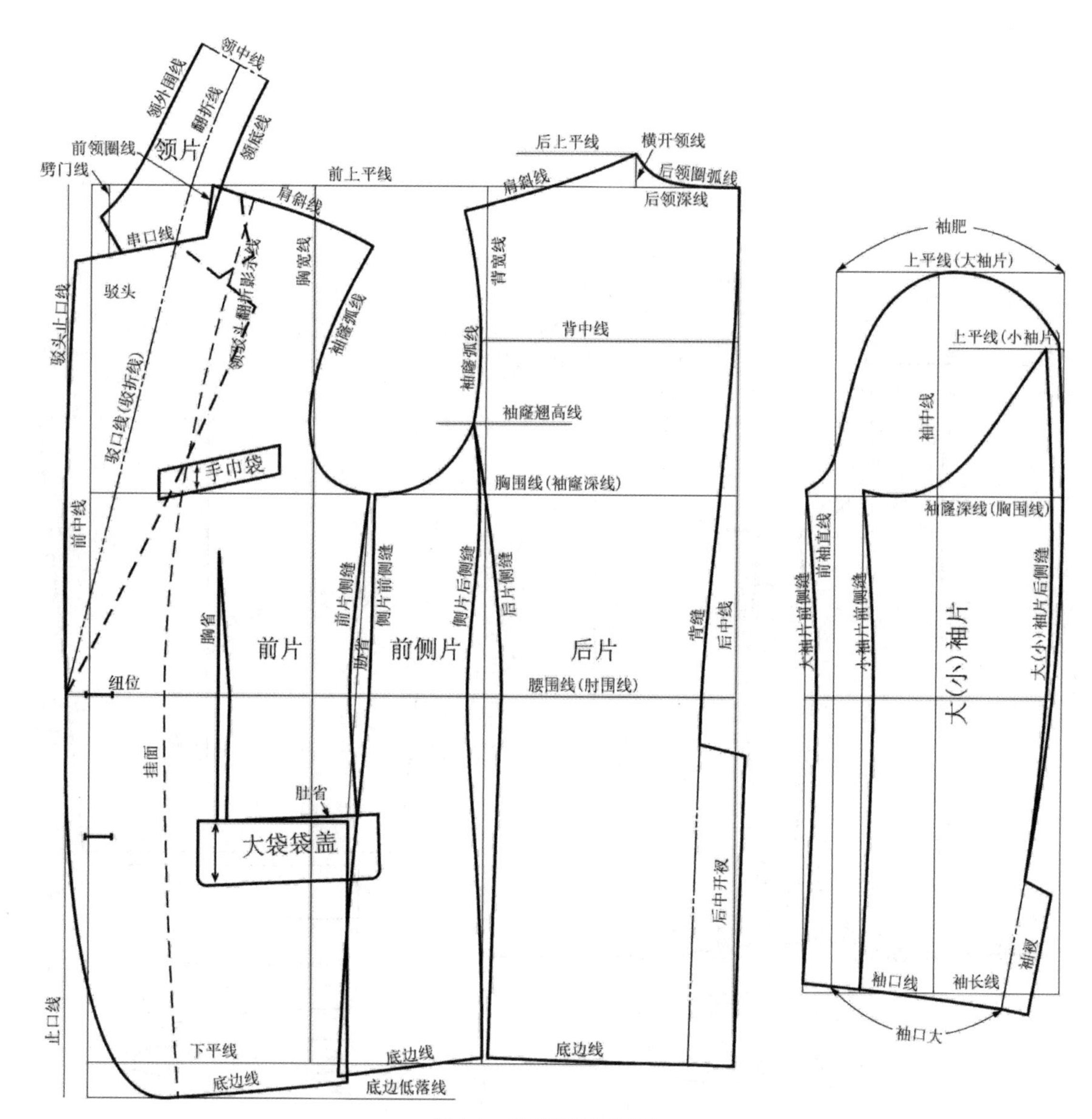

图 2-6 西服部位线条名称

第三章　服装制图要求、符号与代号

一、服装制图要求

根据 GB/T 29863—2013，服装制图有以下要求：

1. 图纸布局（见图 3–1）

（1）图纸标题栏位置，应在图纸的右下角。

（2）服装款式图位置，应在标题栏的上面。

（3）服装及其零部件的制图位置，应在款式图左边。

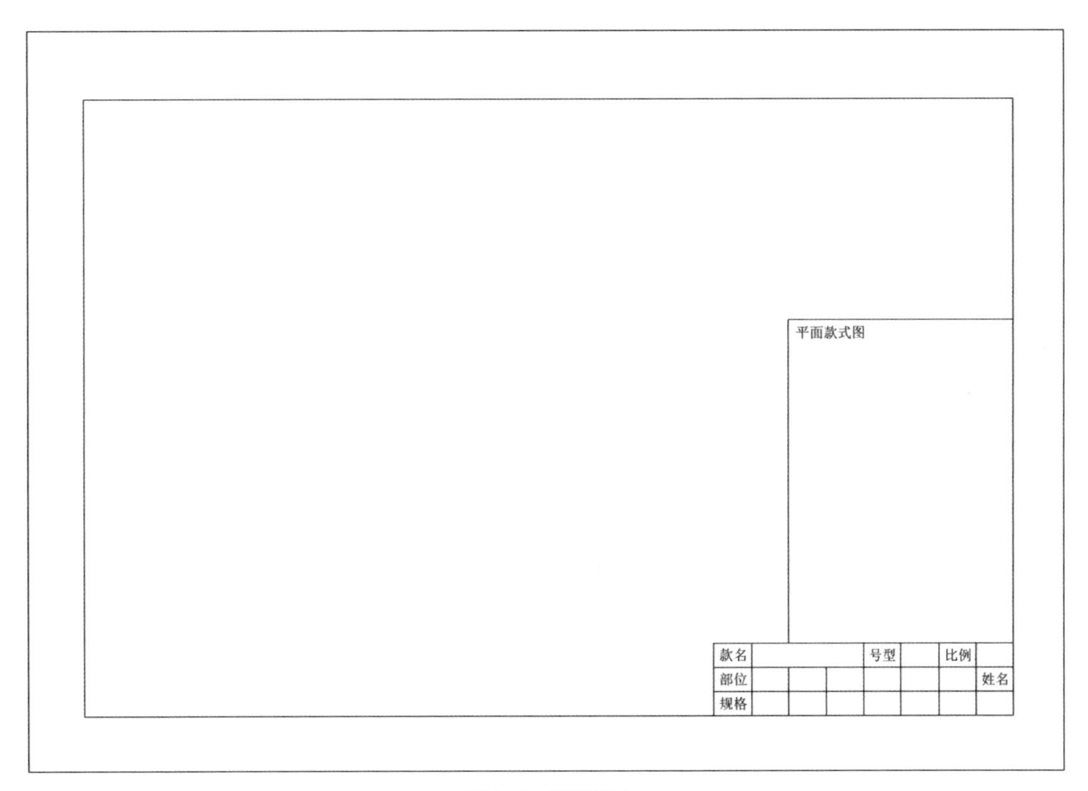

图 3–1　图纸布局

2. 制图比例

使用场合不同，服装制图的比例有所不同。制图比例的分档规定见表 3–1。

表 3–1　制图比例

原值比例	1 : 1
缩小比例	1 : 2　1 : 3　1 : 4　1 : 5　1 : 6　1 : 10
放大比例	2 : 1　4 : 1

在同一图纸上，应采用相同的比例，并将比例填写在标题栏内；如需采用不同的比例，必须在每一零部件的左上角处标注比例，如 M1 : 1，M1 : 2 等。

3. 图线及画法

在服装制图中，常用的图线有粗实线、细实线、粗虚线、细虚线、点画线、双点画线六种形式。图线形式及用途见表 3–2。

表 3–2　图线形式及用途

（单位：mm）

序号	图线名称	图线形式	图线宽度	图线用途
1	粗实线	————	0.9	1）服装和零部件轮廓线 2）部位轮廓线
2	细实线	————	0.3	1）图样结构的基础线 2）尺寸线和尺寸界线 3）引出线
3	粗虚线	— — — —	0.9	背面轮廓影示线
4	细虚线	- - - - - -	0.3	缝纫明线
5	点画线	—·—·—·	0.3	对称对折线
6	双点画线	—··—··—	0.3	不对称折转线

同一图纸中同类图线的宽度应一致。虚线、点画线及双点画线的线段长短和间隔应各自相同。点画线和双点画线的两端应是线段而不是点。

4. 字体（见图 3–2）

（1）图纸中的文字、数字、字母都必须做到字体工整，笔画清楚，间隔均匀，排列整齐。

（2）字体高度（用 h 表示）的公称尺寸系列为：1.8 mm、2.5 mm、3.5 mm、5 mm、7 mm、10 mm、14 mm、20 mm，如需要书写更大的字，其字体高度应按比例递增，字体高度代表字体的号数。

（3）汉字应写成仿宋体，高度不应小于 1.8 mm，其字宽一般为 h/1.5。

（4）字母和数字可写成斜体或直体。斜体字字头应向右倾斜，与水平基准线成

75° 角。

（5）用作分数、偏差、注脚等的数字及字母，一般应采用小一号字体。

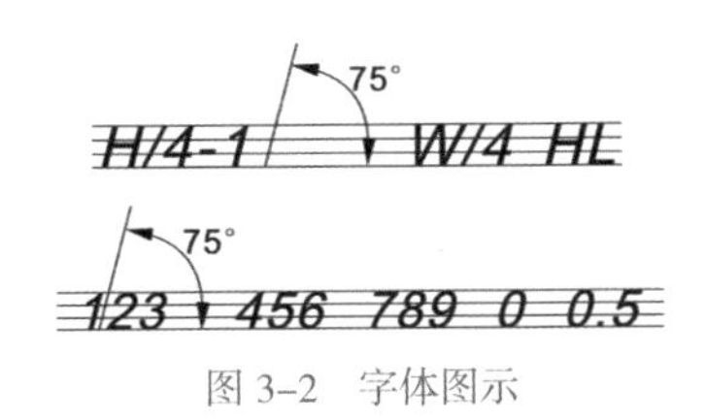

图 3–2　字体图示

二、尺寸标注

1. 基本规则

服装各部位及零部件的实际大小以图样上所注的尺寸数值为准，一律以 cm 作为单位，且每一尺寸一般只标注一次。

2. 标注尺寸线的画法

（1）尺寸线用细实线绘制，其两端箭头应指到尺寸界线。

（2）制图结构线不能代替标注尺寸线，一般也不得与其他图线重合或画在其延长线上，见图 3–3。

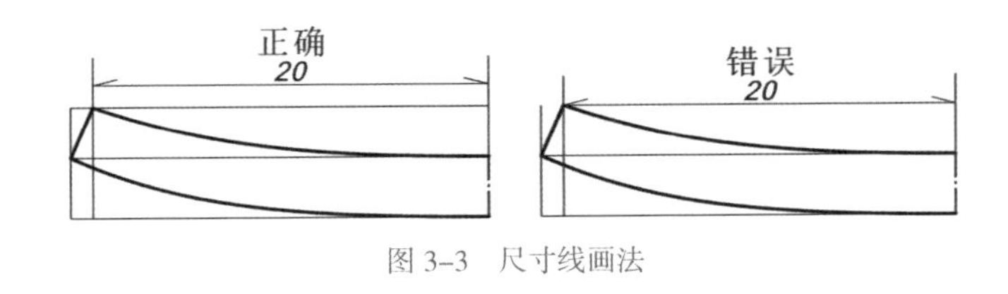

图 3–3　尺寸线画法

（3）标明直距离的尺寸时，尺寸数字一般应标在尺寸线的左面中间。如直距位置小，应将轮廓线的一端延长，另一端用对折线引出，在上下箭头的延长线上标注尺寸数字，见图 3–4。

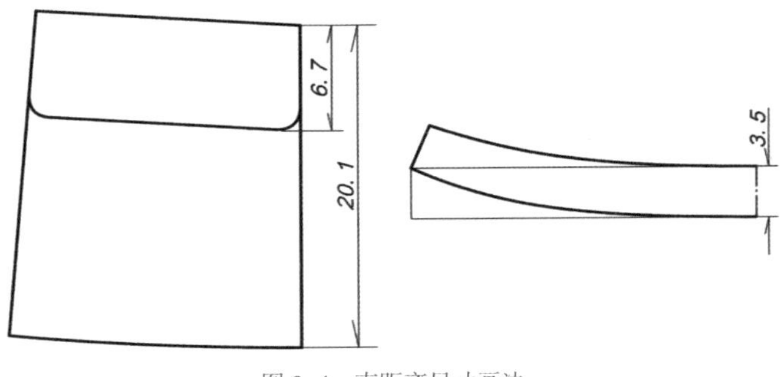

图 3–4　直距离尺寸画法

（4）标明横距离的尺寸时，尺寸数字一般应标在尺寸线的上方中间。如横距尺寸位置小，需用细实线引出使之成为一个三角形，并在角的一端绘制一条横线，尺寸数字就标在横线上，见图 3–5。

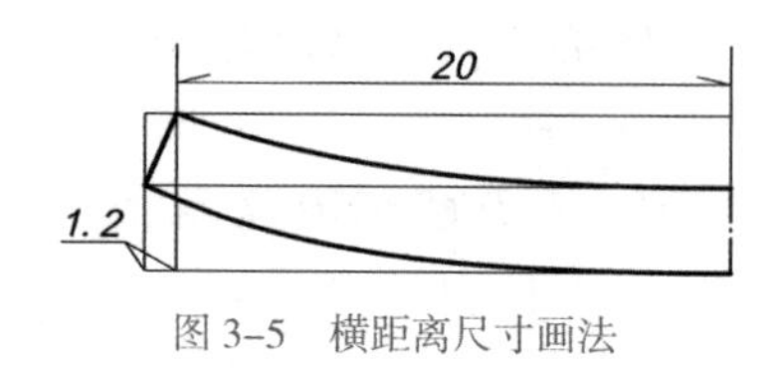

图 3–5　横距离尺寸画法

（5）标明斜距离的尺寸时，需用细实线引出使之成为一个三角形，并在角的一端绘制一条横线，尺寸数字就标在该横线上，见图 3–6。

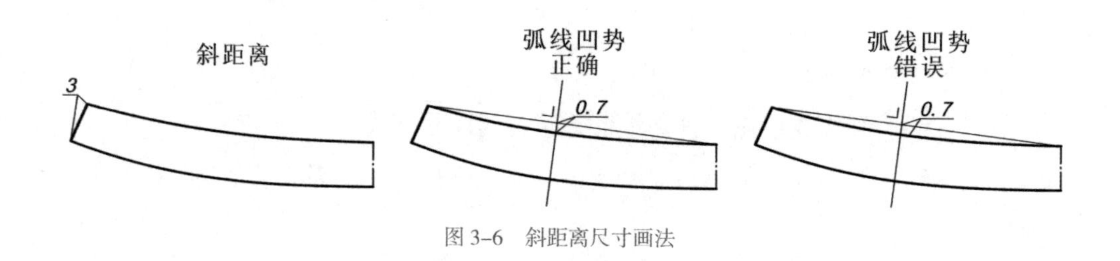

图 3–6　斜距离尺寸画法

（6）尺寸数字不可被任何图线通过。当无法避免时，必须将该图线断开，并用弧线表示，尺寸数字就标在弧线断开中间，见图 3–7。

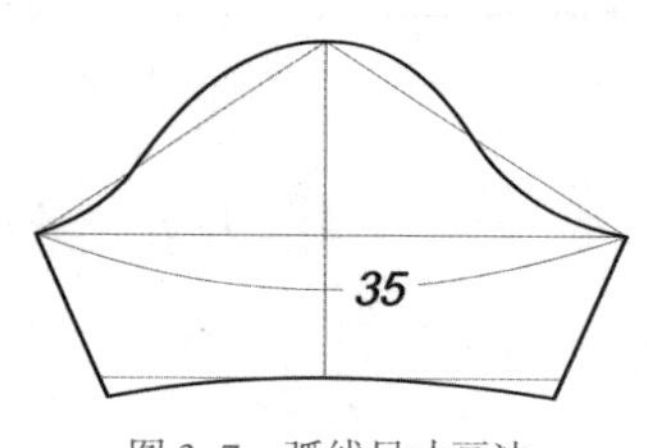

图 3–7　弧线尺寸画法

3. 尺寸界线的画法

尺寸界线用细实线绘制，可以利用轮廓线引出作为尺寸界线，见图 3–8。

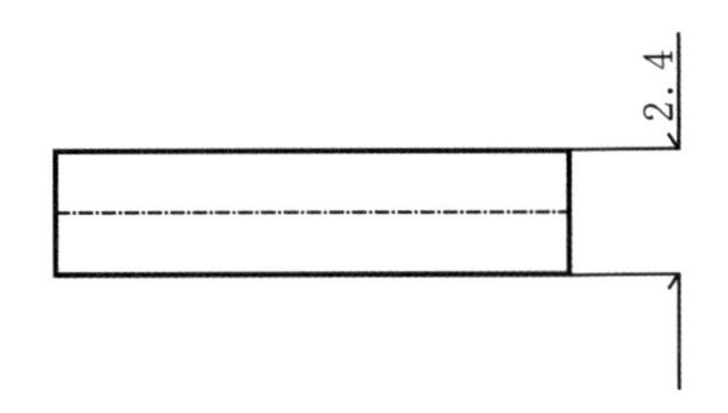

图 3-8　尺寸界线画法

三、服装制图符号

按《服装制图》（GB/T 29863—2013）规定，常用的服装制图符号见表 3-3。

表 3-3　服装制图符号

序号	符号形式	名称	说明
1	○△□……	等量号	尺寸大小相同的标记符号
2	△2	特殊放缝	与一般缝份不同的缝份量
3		单阴裥	裥底在下的褶裥
4		扑裥	裥底在上的褶裥
5		单向褶裥	表示顺向褶裥自高向低的折倒方向
6		对合褶裥	表示对合褶裥自高向低的折倒方向
7		等分线	表示分成若干个相同的小段
8		直角	表示两条直线垂直相交
9		重叠	两部件交叉重叠及长度相等
10		斜料	有箭头的直线表示布料的经纱方向
11		经向	单箭头表示布料经向排放有方向性，双箭头表示布料经向排放无方向性
12		顺向	表示褶裥、省道、复势等折倒方向，意为线尾的布料应压在线头的布料之上
13		缉双止口	表示布边缉缝双道止口线
14		拉链安装止点	表示拉链安装的止点位置
15		缝合止点	除缝合止点外，亦表示缝合开始的位置，附加物安装的位置

续表

序号	符号形式	名称	说明
16	⊗ ◎	按扣	内部有叉形表示门襟上用扣。两者成凹、凸状，且用弹簧固定
17		钩扣	长方形表示里襟用扣，两者成钩合固定
18		开省	省道的部分需剪去
19		折倒的省道	斜向表示省道的折倒方向
20		分开的省道	表示省道的实际缉缝形状
21		拼合	表示相关布料拼合一致
22		敷衬	表示敷衬，斜线不分方向
23		缩缝	用于布料缝合时收缩
24		归拢	表示需熨烫归拢的部位
25		拔开	表示需熨烫抻开的部位
26	-n	拉伸	n 为拉伸量，表示该部位长度需要拉长
27	+n	收缩	n 为收缩量，表示该部位长度需要缩短
28	├┤	扣眼	两短线间距离表示扣眼大小
29	+	钉扣	表示钉扣的位置
30	⌖	钻眼位置	表示裁剪时需钻眼的位置

四、服装制图主要部位代号

据《服装制图》（GB/T 29863—2013）规定，服装制图主要部位代号见表 3–4。

表 3–4 服装制图主要部位代号

序号	中文	英文	代号
1	长度	Length	L
2	头围	Head Size	HS
3	领围	Neck Girth	N
4	胸围	Bust Girth	B
5	腰围	Waist Girth	W
6	臀围	Hip Girth	H
7	横肩宽	Shoulder	S

续表

序号	中文	英文	代号
8	领围线	Neck Line	NL
9	前中心线	Front Center Line	FCL
10	后中心线	Back Center Line	BCL
11	上胸围线	Chest Line	CL
12	胸围线	Bust Line	BL
13	下胸围线	Under Bust Line	UBL
14	腰围线	Waist Line	WL
15	中臀围线	Middle Hip Line	MHL
16	臀围线	Hip Line	HL
17	肘线	Elbow Line	EL
18	膝盖线	Knee Line	KL
19	胸点（乳头点）	Bust Point	BP
20	颈肩点（颈根外侧点）	Side Neck Point	SNP
21	颈前点（颈窝点）	Front Neck Point	FNP
22	颈后点（后颈椎点）	Back Neck Point	BNP
23	肩端点（肩峰点）	Shoulder Point	SP
24	袖窿	Arm Hole	AH
25	袖长	Sleeve Length	SL
26	袖口	Cuff Width	CW
27	袖山	Arm Top	AT
28	袖肥	Bicpes Circumference	BC
29	裙摆	Skirt Hem	SH
30	脚口	Slacks Bottom	SB
31	底领高	Band Height	BH
32	翻领宽	Top Collar Width	TCW
33	前衣长	Front Length	FL
34	后衣长	Back Length	BL
35	前胸宽	Front Bust Width	FBW
36	后背宽	Back Bust Width	BBW
37	上裆（股上）长	Crotch Depth	CD

续表

序号	中文	英文	代号
38	股下长	Inside Length	IL
39	前腰节长	Front Waist Length	FWL
40	后腰节长（背长）	Back Waist Length	BWL
41	肘长	Elbow Length	EL
42	前裆（前裆弧长）	Front Rise	FR
43	后裆（后裆弧长）	Back Rise	BR

第四章　人体测量

人体是服装研究的基础，服装版型设计必须以人体及人体数据为依据，因此，人体测量是服装版型设计的依据。本文采用国家标准《服装用人体测量的尺寸定义与方法》（GB/T 16160—2017）。

一、测量工具

人体测量最常用的工具有软尺、人体测高仪。

（1）软尺：软尺是最基本、最常用的测量工具，是一种质地柔软，伸缩性小的带状尺，长度一般为 150 cm。用于测量体表长度、宽度和围度，见图 4–1（a）。

（2）人体测高仪：主要由一杆刻度以毫米为单位垂直安装的尺、一把可活动的尺臂（游标）和一个底座组成。用于测量身高、腰围高、颈椎点高等高度尺寸，见图 4–1（b）。

（a）软尺

（b）人体测高仪

图 4–1　测量工具

二、测量条件及要求

（1）测量时被测者应穿尽可能少的衣服，且这些衣服不能严重影响人体形态或妨碍尺寸的准确测量。在测量有关女性胸部的尺寸时，被测者应穿戴完全合体的无衬垫胸罩，其质地要薄，并且无金属或其他支撑物。

（2）使用人体测高仪测量人体的高度尺寸。

（3）使用软尺测量所有水平尺寸和其他尺寸。测量时适度地拉紧软尺（但应保证人体未受软尺的压迫），并将每个尺寸精确至 1 mm。

三、测量基准点及测量部位

人体形态复杂，为了获取精准的测量数据，需正确找出人体的关键点作为基准点，确保人体测量的准确性。基准点的选择应是人体上固有的部位，不因时间、生理的变化而改变。

1. 人体测量基准点

人体测量基准点见表 4–1，对应基准点图见图 4–2。

表 4–1　人体测量基准点

序号	测量点	测量方法
1	头顶点	头顶部最高点，是测量身高的基准点
2	颈根外侧点	在外侧颈三角上，斜方肌前缘与颈外侧部位上联结颈窝点和颈椎点的曲线的交点，是测量前腰长、胸高的基准点
3	颈窝点	左、右锁骨的胸骨端上缘的连线的中点，是测量颈根围的基准点
4	颈椎点	第七颈椎棘突尖端的点，是测量背长的基准点
5	肩峰点	肩胛骨的肩峰外侧缘上，向外最突出的点，测量肩宽、臂长的基准点
6	腋窝前点	在腋窝前裂上，胸大肌附着处的最下端点，是测量胸宽的基准点
7	腋窝后点	在腋窝后裂上，大圆肌附着处的最下端点，是测量背宽的基准点
8	乳头点	乳头的中心点，是测量胸围的基准点
9	桡骨点	桡骨小头上缘的最高点，是测量上臂长的基准点
10	桡骨茎突点	桡骨茎突的下端点
11	尺骨茎突点	尺骨茎突的下端点，是测量臂长的基准点
12	大转子点	股骨大转子的最高点，是人体侧部最宽的部位
13	会阴点	左、右坐骨结节最下点的连线的中点，是测量股上长、股下长的基准点
14	胫骨点	胫骨上端内侧的髁内侧缘上最高的点，是测量膝长的基准点
15	外踝点	腓骨外踝的下端点

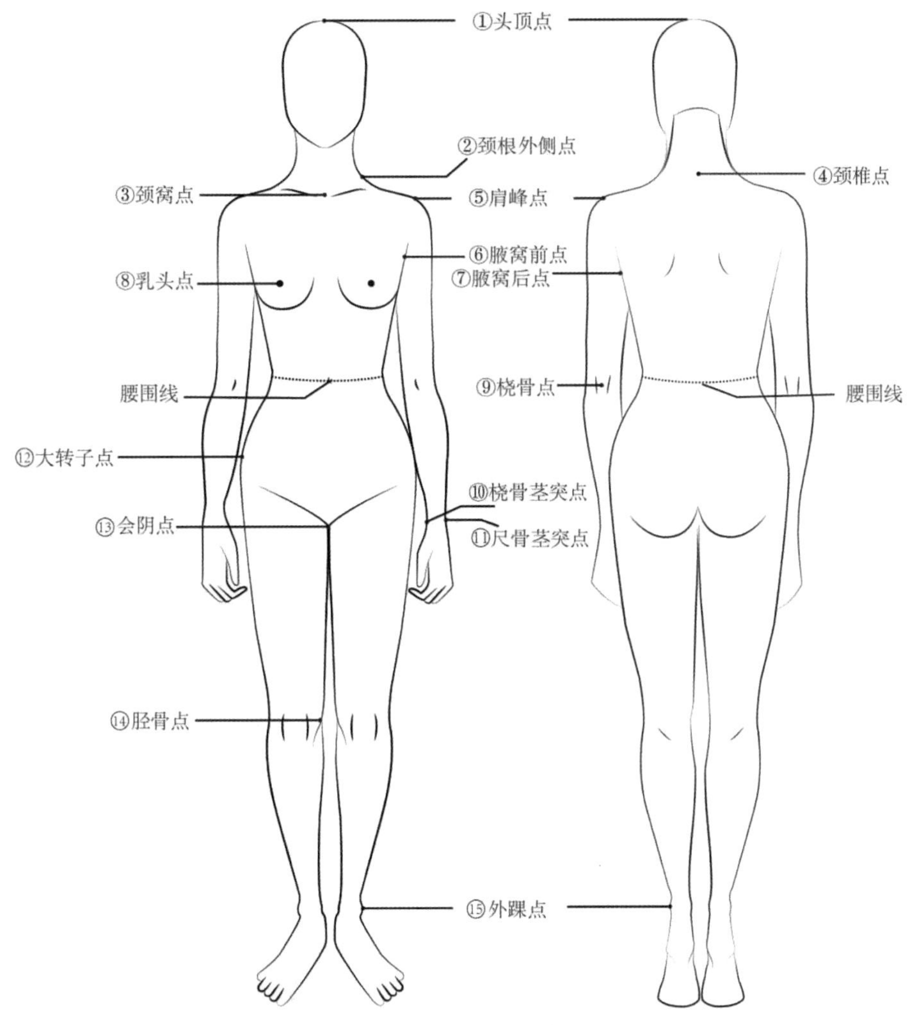

图 4–2　人体测量基准点图

2. 人体测量部位

人体测量部位由测量目的确定，测量时要根据版型设计的需要，进行人体测量部位的确定。常用人体测量部位见表 4–2，对应部位图见图 4–3。

表 4–2　人体测量部位

序号	方向	测量部位	测量方法
1	水平尺寸	头围	被测者直立，头部面向正前方，用软尺经眉间点上方绕过枕后点测量的最大水平周长，测量时头发包含在内
2		颈围	被测者直立，头部面向正前方，用软尺测量经第七颈椎点处和甲状软骨凸下缘点处的围长

续表

序号	方向	测量部位	测量方法
3	水平尺寸	颈根围	被测者直立，双臂自然下垂，肩部放松，头部面向正前方，用软尺经第七颈椎点、颈根外侧点及颈窝点测量的颈根部围长
4		肩长	被测者直立，双臂自然下垂，肩部放松，头部面向正前方，测量从颈根外侧点至肩峰点的贴体距离
5		总肩宽	被测者直立，双臂自然下垂，肩部放松，头部面向正前方，测量左右肩峰点之间的水平弧长
6		背宽	被测者直立，双臂自然下垂，肩部放松，头部面向正前方，用软尺测量左右肩峰点分别与左右腋窝后点连线的中点的水平弧长
7		胸围	被测者直立，双臂自然下垂，肩部放松，正常呼吸，用软尺经肩胛骨、腋窝和乳头测量的最大水平围长
8		腰围	被测者直立，两脚并拢，正常呼吸，腹部放松，胯骨上端与肋骨下缘之间腰际线的水平围长
9		臀围	被测者直立，两脚并拢，正常呼吸，腹部放松，在臀部最丰满处测量的水平围长
10		上臂围	被测者直立，手臂自然下垂，在肩点和肘部的中间处测量的水平围长
11		肘围	被测者直立，手臂弯曲约90°，手伸直，手指朝前，测量的肘部围长
12		腕围	被测者手臂自然下垂，经腕部突出点测量的围长
13		大腿根围	被测者直立，两脚分开与肩同宽，腿部放松，用软尺紧靠臀沟下方测量的最大水平围长
14		膝围	被测者直立，两脚分开与肩同宽，腿部放松，测量膝部的水平围长。测量时软尺上缘与胫骨点（膝）对齐
15		腿肚围	被测者直立，两脚分开与肩同宽，腿部放松，测量小腿腿肚最粗处的水平围长
16		踝围	被测者直立，两脚分开与肩同宽，腿部放松，测量经过外踝骨最突出点的水平围长
17	垂直尺寸	身高	被测者直立，赤足，两脚并拢，头部面向正前方，用人体测高仪测量自头顶至地面的垂直距离
18		腰围高	被测者直立，两脚并拢，腹部放松，用人体测高仪在体侧测量从腰际线至地面的垂直距离

续表

序号	方向	测量部位	测量方法
19	垂直尺寸	臀围高	被测者直立，两脚并拢，用人体测高仪测量从臀部最突出点所在水平面至地面的垂直距离
20		直裆	被测者直立，两脚分开与肩同宽，腿部放松，用人体测高仪测量自腰际线至会阴点的垂直距离
21		腰至臀长	被测者直立，两脚并拢，腹部放松，用软尺测量从腰际线沿体侧臀部曲线至大转子点的长度
22		上臂长	被测者直立，手握拳放在臀部，手臂弯曲成90°，肩部放松，用软尺测量自肩峰点至桡骨点的距离
23		下臂长	被测者直立，手握拳放在臀部，手臂弯曲成90°，肩部放松，用软尺测量自桡骨点至尺骨茎突点的长度
24		腿外侧长	被测者直立，两脚并拢，用软尺从腰际线沿臀部曲线至大转子点，然后垂直至地面测量的长度
25		背腰长	被测者直立，两脚并拢，双臂自然下垂，肩部放松，头部面向正前方，用软尺测量自第七颈椎点沿脊柱曲线至腰际线的曲线长度
26		前腰长	被测者直立，两脚并拢，双臂自然下垂，肩部放松，头部面向正前方，用软尺测量自颈根外侧点经乳头点，再垂直至腰际线的长度
27		颈椎点长	被测者直立，两脚并拢，双臂自然下垂，肩部放松，头部面向正前方，用软尺测量自第七颈椎点，沿背部脊柱曲线至臀围线，再垂直至地面的长度
28		颈椎点至膝弯长	被测者直立，两脚并拢，双臂自然下垂，肩部放松，头部面向正前方，用软尺测量自第七颈椎点，沿背部脊柱曲线至臀围线，再垂直至胫骨点（膝部）的长度
29		臂根围	被测者直立，手臂自然下垂，以肩峰点为起点，经腋窝前点和腋窝后点，再至起点的围长
30		坐姿颈椎点高	被测者直坐于凳面，躯干挺直，且大腿完全由坐面支撑，小腿自然下垂，头部面向正前方，用人体测高仪测量自第七颈椎点至凳面的垂直距离
31	其他	肩斜度	将角度计放在被测者肩线（肩峰点与颈根外侧点的连线）上测量的倾角值，以度为单位

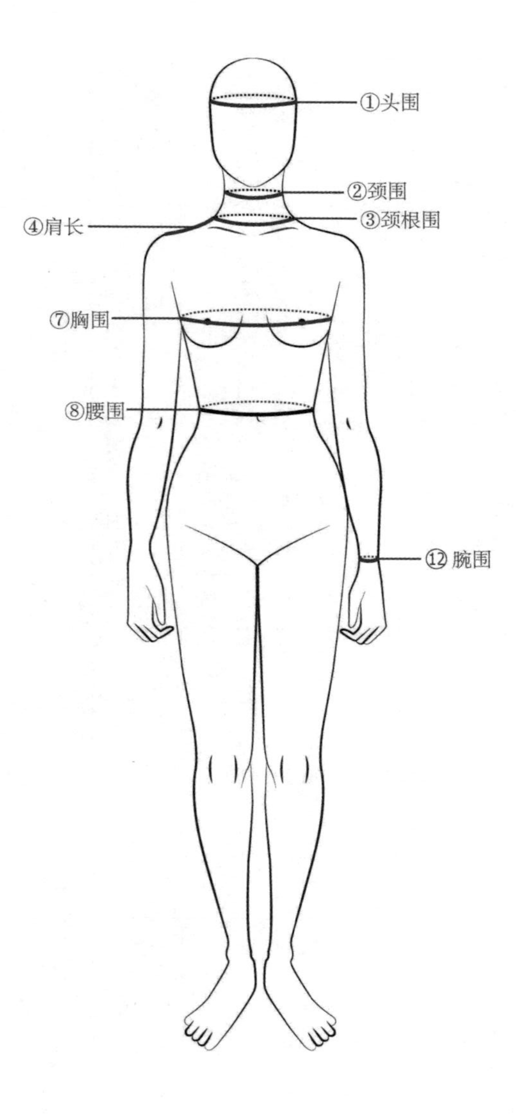
①头围
②颈围
③颈根围
④肩长
⑦胸围
⑧腰围
⑫腕围

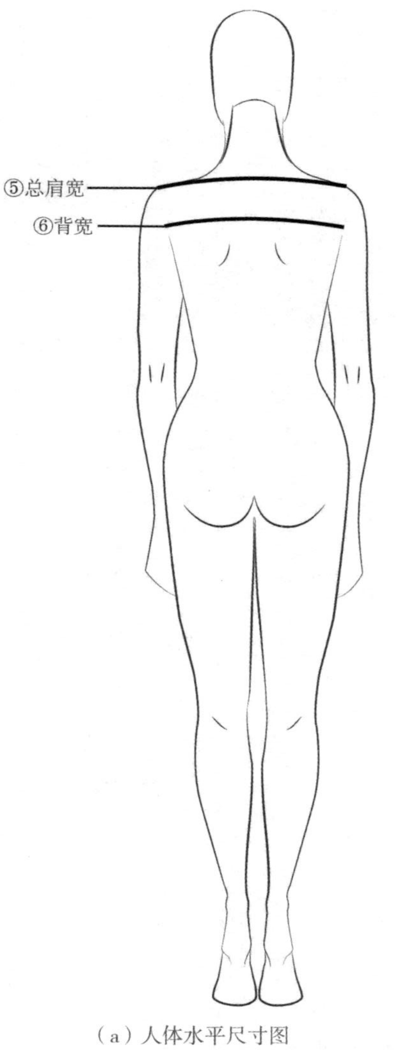
⑤总肩宽
⑥背宽

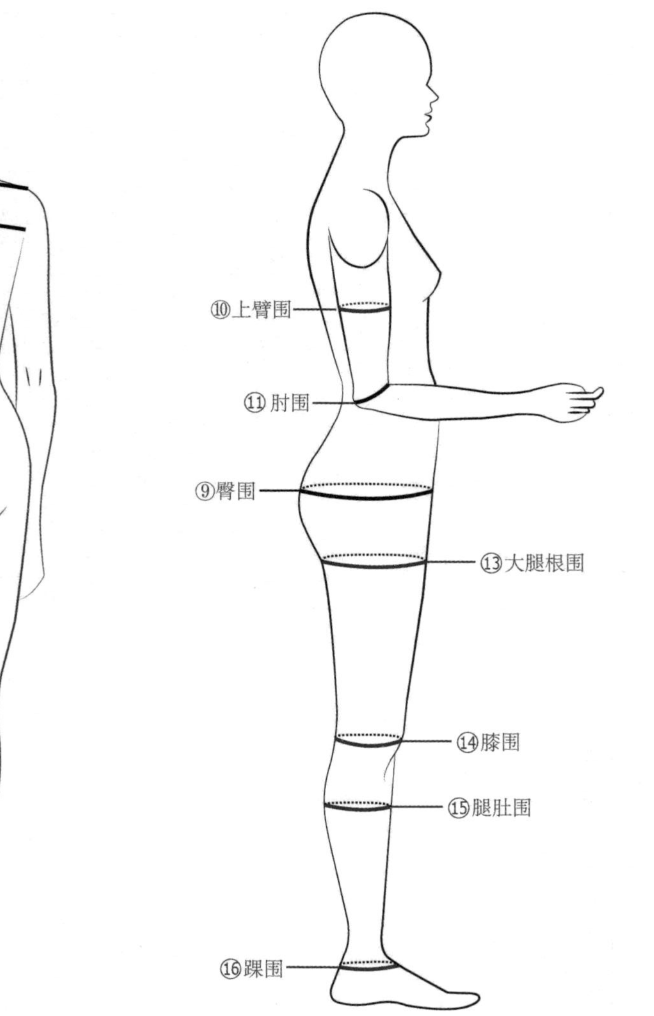
⑩上臂围
⑪肘围
⑨臀围
⑬大腿根围
⑭膝围
⑮腿肚围
⑯踝围

（a）人体水平尺寸图

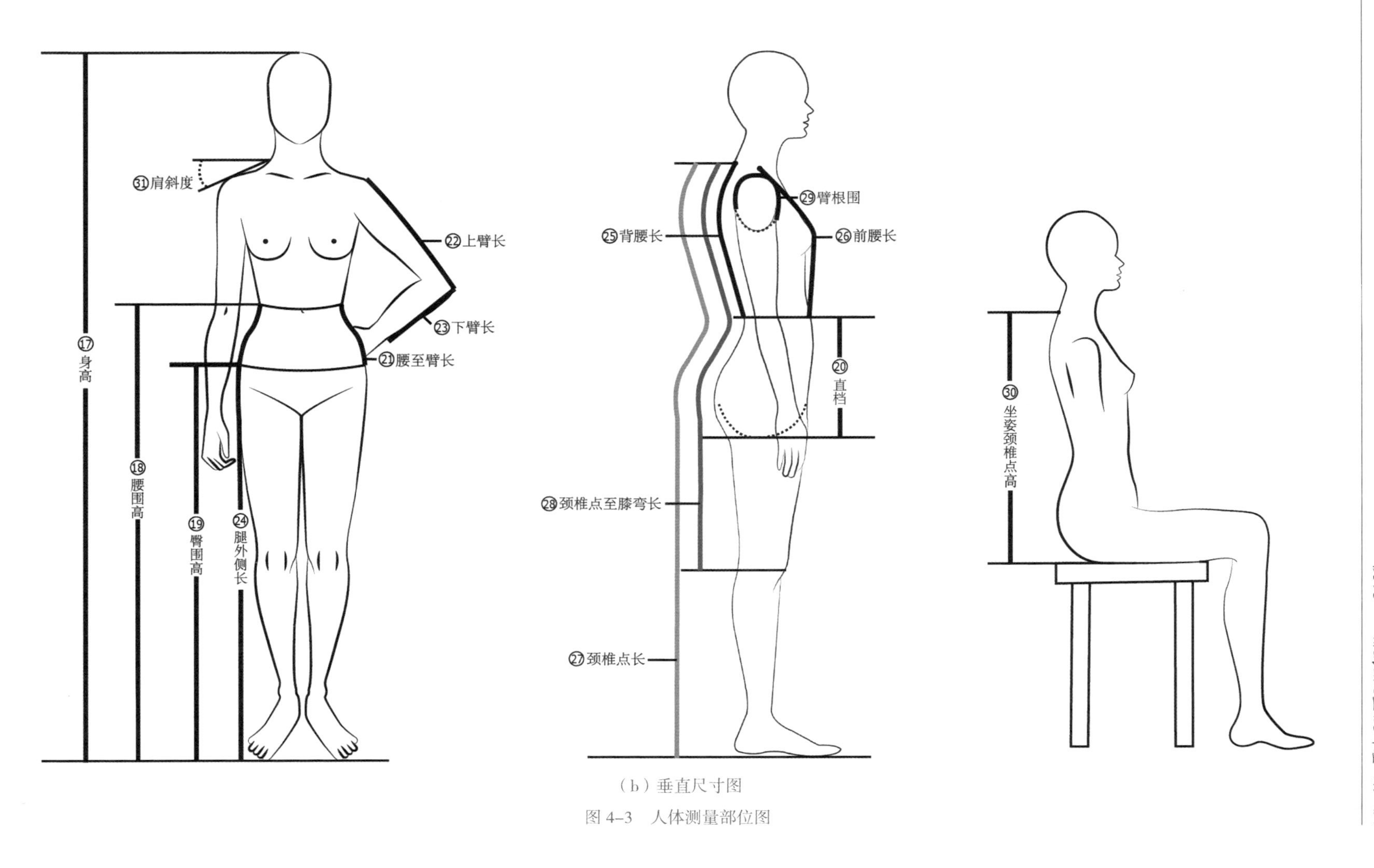

（b）垂直尺寸图

图 4-3　人体测量部位图

第五章　服装号型

《服装号型》是建立在大量人体调研并进行科学数据分析的基础上，制定的符合我国人体特征的服装号型标准。身高、胸围和腰围是人体的基本部位尺寸，也是最有代表性的部位尺寸，可用这些部位的尺寸来推算其他部位的尺寸。体型分类代号能反映人体的体型特征，可作为服装成品规格的标志，便于服装企业生产和经营，也便于消费者选购合适的服装。本书使用2008年国家标准局颁布的最新国家号型标准GB/T 1335—2008。

一、号型定义

"号"指人体的身高，以cm为单位，是设计和选购服装长短的依据。与坐姿颈椎点高、腰围高等密切相关，因而"号"可作为设定服装长度的依据。

"型"指人体的净胸围或净腰围，以cm为单位，是设计和选购服装肥瘦的依据。与臀围、颈围、肩宽等围度尺寸密切相关，因而"型"可作为设定服装围度的依据。

特别说明：号型是人体净体数值而不是服装的具体规格。

二、体型分类

体型分类以人体的胸腰差（即净体胸围减去净体腰围的差数）为依据划分为Y、A、B、C四类，见表5-1。

表5-1　人体体型分类

单位：cm

体型分类代号	男子胸腰差	女子胸腰差
Y	22～17	24～19
A	16～12	18～14
B	11～7	13～9
C	6～2	8～4

三、号型标志

号型标志是服装号型规格的代号。服装成品上必须标明号型标志，其表示方法是号与型之间用斜线分开，后接体型分类代号。例如：上装160/84A，其中160代表号，表示身高为160 cm；84代表型，表示净胸围为84 cm；A代表体型代号，表示人体胸腰差为18～14 cm。

在套装系列服装中，上、下装必须分别标有号型标志。

四、号型系列

号型系列以各体型中间体为中心，向两边依次递增或递减组成。在标准中规定，身高以 5 cm 分档组成系列，胸围以 4 cm 分档组成系列，腰围以 4 cm、2 cm 分档组成系列。身高与胸围搭配组成 5 · 4 号型系列，身高与腰围搭配组成 5 · 4、5 · 2 号型系列。上装多采用 5 · 4 系列，下装多采用 5 · 4 系列和 5 · 2 系列。男女各体型分类的中间体设置见表 5–2；男性 A 体 5 · 4 系列号型控制部位数值及分档数值见表 5–3；女性 A 体 5 · 4 系列号型控制部位数值及分档数值见表 5–4。

表 5–2　男女各体型分类的中间体设置

单位：cm

体型		Y	A	B	C
男子	身高	170	170	170	170
	胸围	88	88	92	96
	腰围	70	74	84	92
	臀围	90	90	95	97
女子	身高	160	160	160	160
	胸围	84	84	88	88
	腰围	64	68	78	82
	臀围	90	90	96	96

表 5–3　男性 A 体 5 · 4 系列号型控制部位数值及分档数值

单位：cm

号型 部位	160/80A	165/84A	170/88A 中间号型	175/92A	180/96A	分档数值
	数值					
身高	160	165	170	175	180	5
颈椎点高	137	141	145	149	153	4
坐姿颈椎点高	62.5	64.5	66.5	68.5	70.5	2
全臂长	52.5	54	55.5	57	58.5	1.5
腰围高	96.5	99.5	102.5	105.5	108.5	3
胸围	80	84	88	92	96	4
颈围	34.8	35.8	36.8	37.8	38.8	1
总肩宽	41.2	42.4	43.6	44.8	46	1.2

续表

部位＼号型	160/80A	165/84A	170/88A 中间号型	175/92A	180/96A	分档数值
	数值					
腰围	66	70	74	78	82	4
臀围	83.6	86.8	90	93.2	96.4	3.2

表 5–4 女性 A 体 5·4 系列号型控制部位数值及分档数值

单位：cm

部位＼号型	150/76A	155/80A	160/84A 中间号型	165/88A	170/92A	分档数值
	数值					
身高	150	155	160	165	170	5
颈椎点高	128	132	136	140	144	4
坐姿颈椎点高	58.5	60.5	62.5	64.5	66.5	2
全臂长	47.5	49	50.5	52	53.5	1.5
腰围高	92	95	98	101	104	3
胸围	76	80	84	88	92	4
颈围	32	32.8	33.6	34.4	35.2	0.8
总肩宽	37.4	38.4	39.4	40.4	41.4	1
腰围	60	64	68	72	76	4
臀围	82.8	86.4	90	93.6	97.2	3.6

五、号型配置

号型的作用体现在服装生产和消费两个方面。号型系列中的规格，基本上能满足 90% 以上人们的需求，但是在实际的生产和销售中，为满足小批量多品种的生产需求，以及身材各异的消费者的消费需求，需要设置多套号型系列。一般有以下几种配置方式:

1. 号和型同步配置

配置形式：160/80A、165/84A、170/88A、175/92A、180/96A。

2. 一号和多型配置

配置形式：170/84A、170/88A、170/92A、170/96A。

3. 多号和一型配置

配置形式：160/88A、165/88A、170/88A、175/88A。

按号和型同步配置确定的规格尺寸进行样板推档，档差少，生产容易管理，但适合群体对象少；按多号型组合配置确定的规格尺寸进行样板推档，档差多，生产不易管理，但适合群体对象多。因此，号型的配置要根据实际的生产和消费需求合理设置，以求最大限度地满足消费者的需求，同时又避免生产资源的积压。

第六章　服装工业样板相关知识

一、服装工业样板的基本概念

服装工业样板是服装企业从事工业化生产时所使用的一种硬质薄型材料做的模板，在排料、划样、裁剪、缝制中起着图样和模具的作用。无论是单件生产的定制服装还是生产的成衣，样板都起着决定性的作用。如果样板有所欠缺，会在缝制中发生错误，从而导致时间、材料的浪费，甚至会导致严重的成品质量问题，最终影响成本与服装销售。

服装工业生产分工明确，每一工序均有专人负责，参与人员众多，这就要求工业样板具有指导性、准确性、全面性、耐用性等特点。样板所使用的材料很多，有卡纸、黄板纸、砂纸、胶木板、铝塑板等。工业样板根据先后顺序，大致可分为初样、确认样、系列样板。初样是按照客户提供的款式、样衣实物或自行设计的款式制作的样板。确认样是使用初样制作出成衣交给客户之后，根据客户的修改意见，在初样的基础上进行修改后形成的样板，必须再次通过客户的确认。由于服装要满足许多不同体型消费者的消费需求，以确认样为基础，根据号型规格表，绘制出其他各规格的样板，就称为系列样板。三者的关系，见图 6–1。

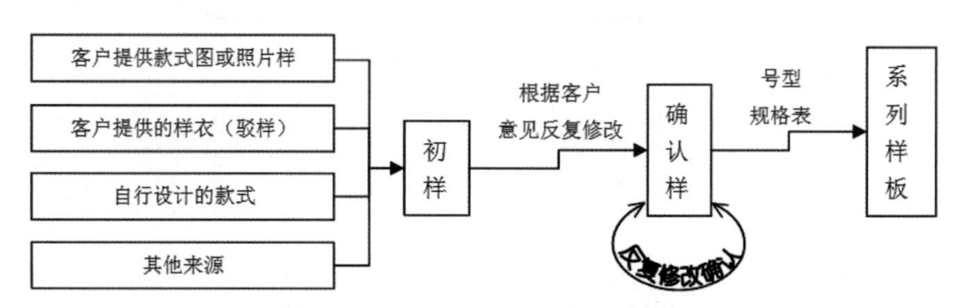

图 6–1　初样、确认样、系列样板关系图

二、服装工业样板的种类

服装工业样板最常见的分类方法是根据其在大货投产过程中的作用分类，可分为裁剪样板、工艺样板两种。

（1）裁剪样板：在裁剪面料、里料、衬料等材料时使用的毛样板，主要由面料样板、里料样板、衬料样板等组成。

（2）工艺样板：在工艺缝制或熨烫时使用的样板。它主要由修正样板、定位样板、定型样板、定量样板等组成。

1）修正样板：裁片大面积粘衬或裁剪时易变形，可以用修正样板来重新修剪裁片。

也可以用在需要对条对格的中高档服装缝制过程中须修正的部位，如领圈等。

2）定位样板：一般用于纽扣、口袋、装饰定位等，大部分是净样。

3）定型样板：多用于缉明线的小部件，如贴袋、宝剑头袖衩等处。使用时，将定型样板放在裁片的反面，然后用熨斗将四周缝头向内扣烫平服，见图 6–2（a）。

4）定量样板，用于小距离的测量与比对，见图 6–2（b）。

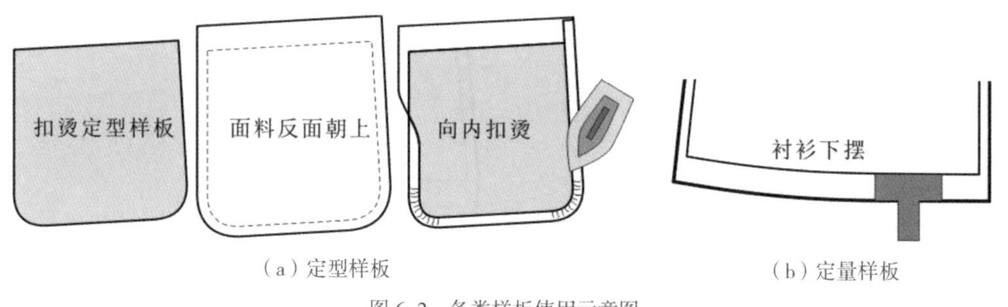

（a）定型样板　　（b）定量样板

图 6–2　各类样板使用示意图

三、服装工业样板的制作要求

1. 样板放缝

放缝是指为缝合裁片，在净样板边缘加放的量。放缝后的宽度称为缝份、缝头。缝份的大小与裁片部位、裁片形状、工艺方法、服装面料结构性能等多种因素有关。

（1）裁片部位不同：折边加放量大于缝合边。裤脚口、一步裙下摆加放 4 cm；外套、风衣类下摆加放 4 cm；大衣下摆加放 5 cm；衬衫类下摆加放 2.5 cm；波浪下摆加放 1 ～ 1.5 cm，见图 6–3。

（2）裁片形状差异：曲线放缝量要小于直线放缝量。如袖笼、领圈等处，一般加放 0.8 cm，见图 6–3。

（3）工艺方法选择：平缝加放 1 cm；坐缉缝的明线越宽，则加放量越大；来去缝加放 1.2 cm；需拷边的部位在原来的基础上加放 0.2 cm。

（4）服装面料性能：厚料加放量大于薄料；质地疏松面料加放量大于质地紧密面料；里料加放量大于面料。

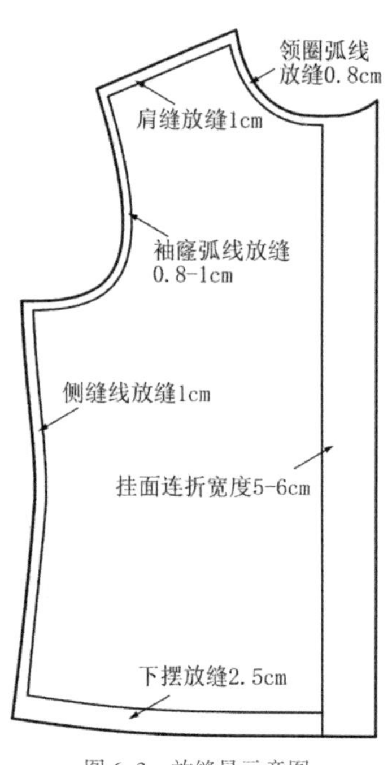

图 6–3　放缝量示意图

2. 样板角处理

（1）折边角处理：以折边为对称线，折进去的部分与裁片相对应的部分对称，见图6–4。

（2）拼接缝处理，见图6–5。

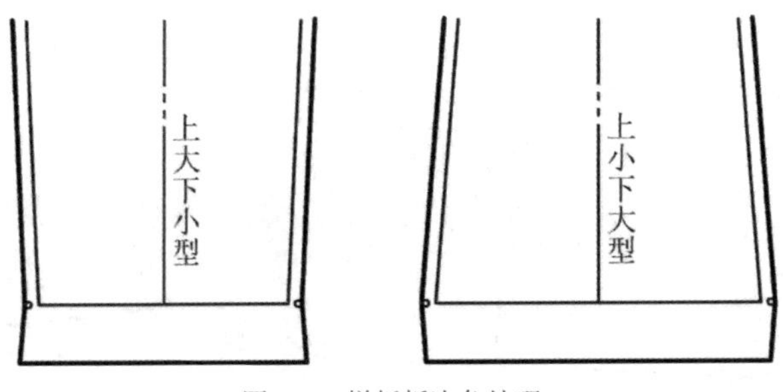

图6–4　样板折边角处理

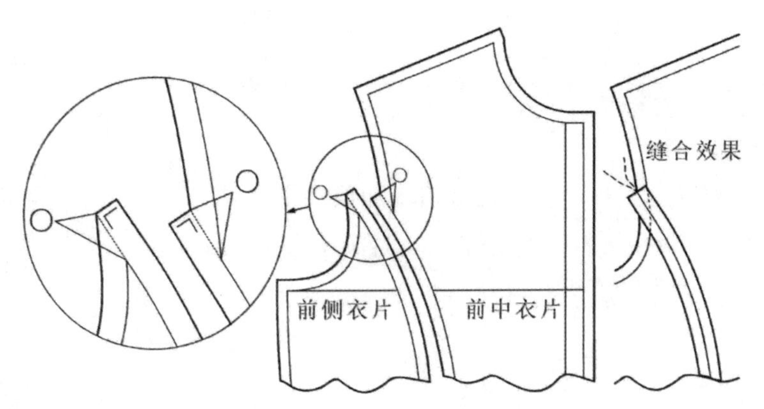

（a）　有夹里分开缝的缝头处理方法

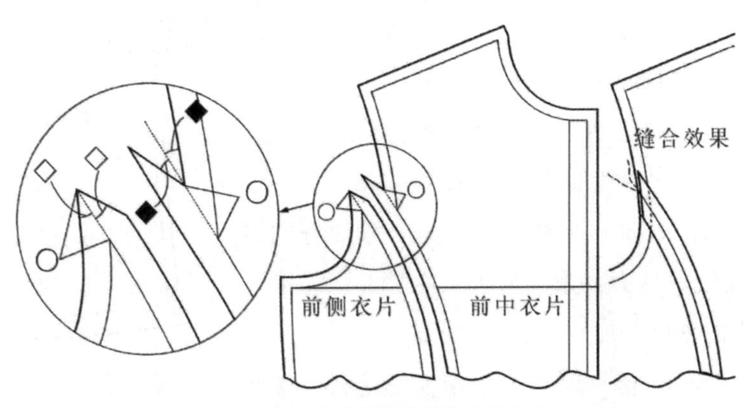

（b）　无夹里分开缝的缝头处理方法

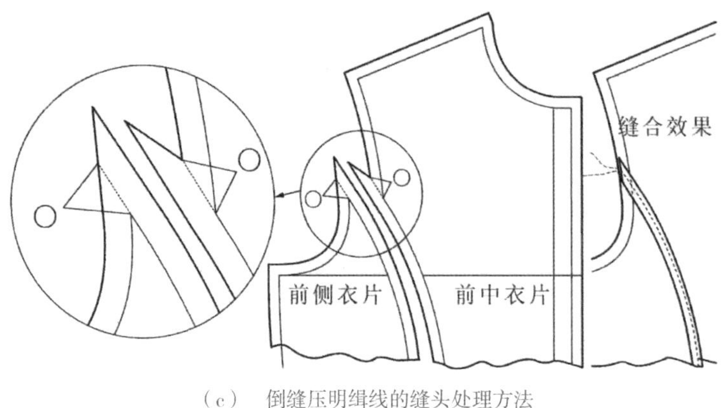

（c）　倒缝压明缉线的缝头处理方法

图 6–5　样板拼接缝处理

3. 样板标记

净样板根据上述方法放缝之后，形成毛样板，样板上还需增加各种各样的标记。在服装工业化生产中，样板标记非常重要，不能遗漏或随便乱用。完整而准确的标记能确保产品规格和造型的准确性。样板标记主要有定位标记和文字标记。

（1）定位标记

定位标记犹如样板上无声的语言，告诉操作者相关的规范。样板上的定位标记有：丝绺（倒顺）、刀眼、钻眼、褶裥倒向、拼接、扣眼、钉扣、缩缝等。

①刀眼：用于标明缝份的大小、贴边的宽度、省褶的开口宽度或缝合时须相互对齐的部位，见图 6–6。

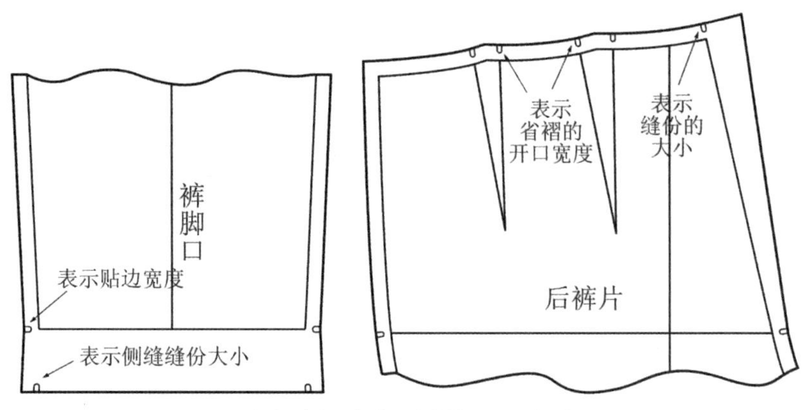

（a）贴边 / 省道 / 缝头的刀眼示意图

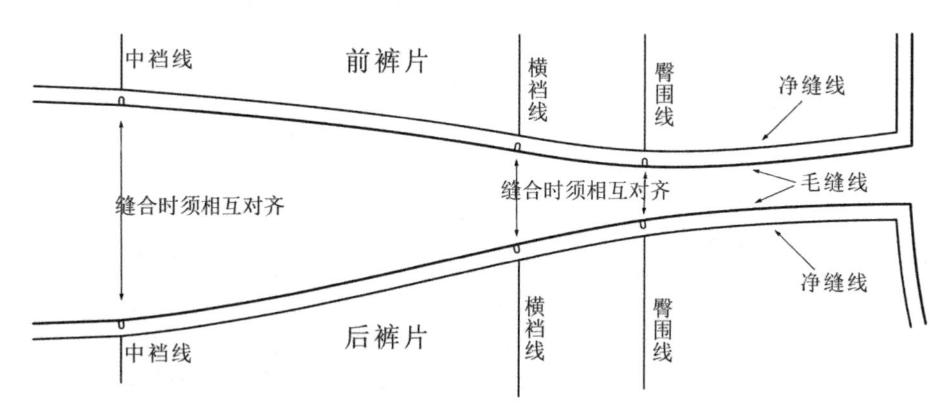

（b）缝合时须相互对齐的刀眼示意图

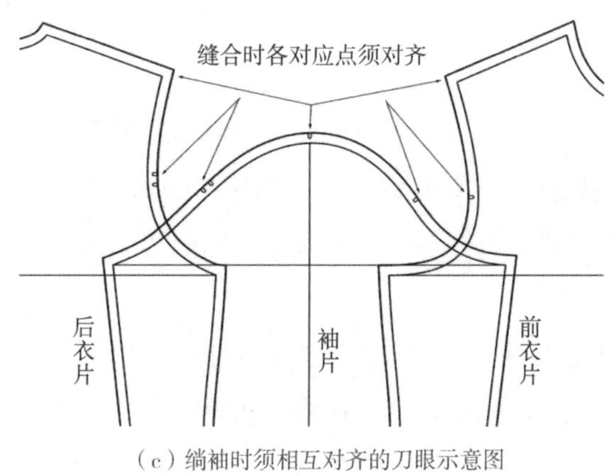

（c）绱袖时须相互对齐的刀眼示意图

图 6-6　各种刀眼示意图

刀眼的形状一般为三角形或“U”形，张开的量为 0.2 ～ 0.3 cm，有利于划样；深度略小于缝份的一半，刀眼太深会影响服装的牢度；方向要垂直于毛缝线。使用刀眼钳容易控制刀眼的深度与宽度，见图 6-7。

图 6-7　刀眼钳

②钻眼：钻眼为圆形，用途有两种，一是用于标明省道长度、宽度，以及附着在样片中央的服装部件位置等，直径约 0.3 cm，不能大于 0.5 cm，使用的工具是锥子，见图 6-8。用于标明收省长度时，钻眼比实际省长短 1 cm；标明橄榄省大小和贴袋等的位置时，每边各偏进 0.3 cm。二是用于样板整理时串带，直径约 0.5 ～ 0.7 cm，使用的工具是冲头或打孔器。

③缩缝：用于表示该部位要抽缩，见图 6-9。

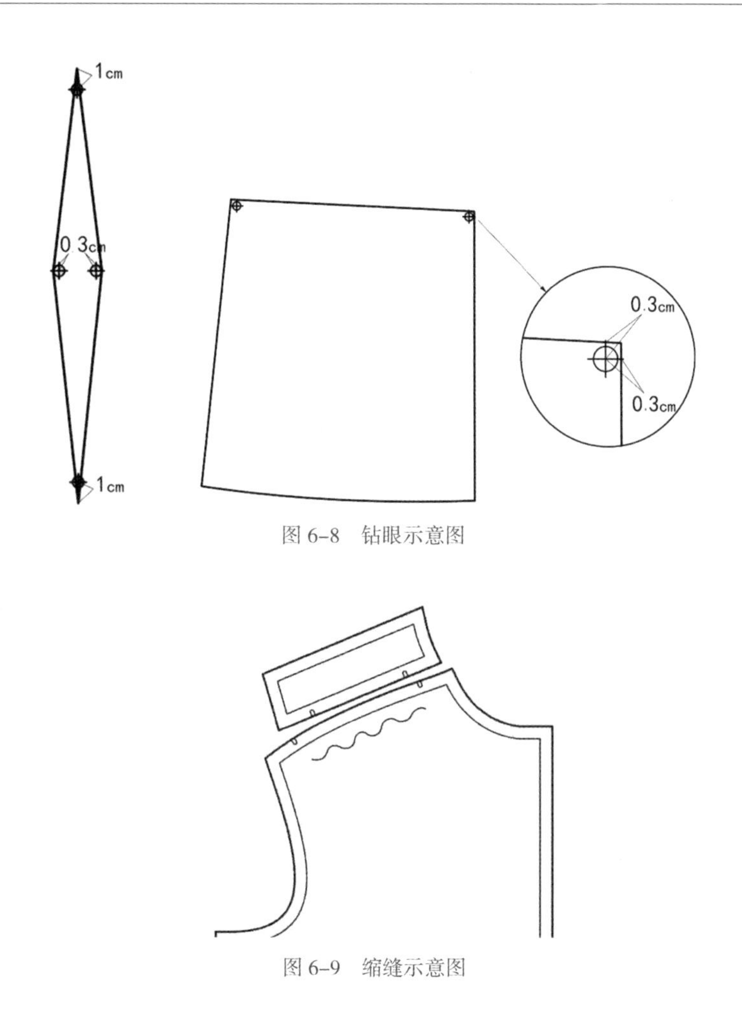

图 6-8　钻眼示意图

图 6-9　缩缝示意图

（2）文字标记

工业样板由于数量众多，为防止出错，需要在样板上作标记文字，以示区别。文字标记有：款号（客户号）、规格、样板（材料）种类、份数等。所有字体书写均须工整、清晰、明确。

一般样板上的这些文字标记的书写格式见图 6-10。

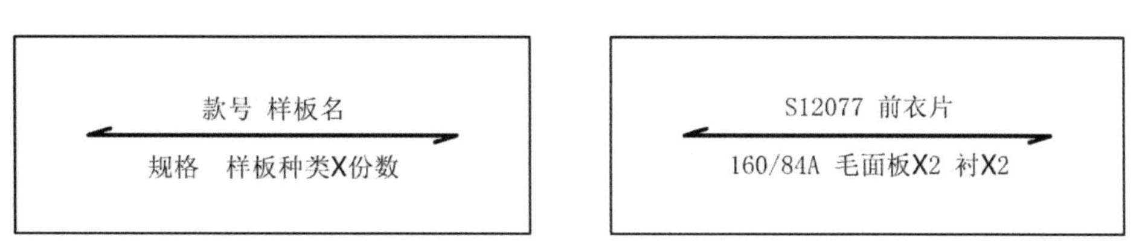

（a）样板上的文字标记书写格式　　（b）样板上的文字标记书写实例

图 6-10　文字标记的书写格式

款号是按本企业规范编写的。规格可以使用号型制，如上图中的160/84A；也可以使用S、M、L、XL或领围36、37、38、39等。样板中丝绺线尽量长一些，以利于排料画样。“毛面板 ×2 衬 ×2”表示该样板是毛面板与衬样板合用的，但是这种做法不规范。

四、服装工业样板的放码原理与基本方法

企业在制作初样及确认样时，一般只制作中间规格的样板。由于人体的体型差别较大，为满足其他体型消费者的消费需求，当款式确定下来之后，也可用与制作确认样相同的流程进行其他规格的样板制作，但是，这样会付出大量的重复劳动。为简化这一流程，通常采用样板放码。

以确认样为基准，根据号型规格表，以不改变款式造型为宗旨，制作出其他规格样板的方法，就称为放码，也可以称为推档、推板、扩号等。

放码时要注意的是系列样板只是规格不同，造型不能变，做到保“型”。

1. 放码相关术语

（1）公共点：也叫坐标原点，样板放缩时固定的坐标点，按数学中确定的二维的直角坐标的原点，即横向X轴和纵向Y轴的交叉点。在进行样板推档时，坐标原点的放码量是（0，0），它的确定十分重要。

（2）X（Y）轴公共线：也叫X（Y）坐标轴，按数学中确定的经过公共点的二维直角坐标，横向（水平）为X轴，纵向（垂直）为Y轴。

（3）放码点：又称位移点，是服装样板在样板推档中的关键点、结构线条的拐点或交叉点。

（4）放码方向：又称位移方向，放码点以公共点为中心依据档差在横向X轴、纵向Y轴上进行放码时的方向，一般大码向外发散，小码向内收缩。

（5）档差：相邻两规格之间相应部位的差数，主要包括成品规格档差（如衣长、胸围、腰围、领围、肩宽、袖长等）、各具体部位档差和细部档差（如袖山深、袖窿深、口袋位置及大小等）。

2. 服装样板放码的方法

（1）手工放码：常见的方法有两种（推放法、制图法）

①推放法：先确定基准样板，然后按档差，在领口、肩部、袖窿、侧缝、底边等放码部位进行上下左右移动，可扩大或缩小，直接用硬纸板或软纸完成，这需要较高的技能。

②制图法：先确定基准样板，然后按档差运用数学方法，确定坐标位置，找出各放码点的档差值，然后连接各放码点。

（2）电脑放码：常见的方法有两种（线的放码、点的放码）

①线的放码：基本原理是在纸样放大或缩小的位置引入合理的切开线对纸样进行假想的切割，并在这个位置输入一定的切开量（根据档差计算得到），从而得到其他号型的样板。

②点的放码：基本原理是在基本码样板上选取放码点，根据档差在放码点上分别给出不同号型的 X 轴和 Y 轴方向的增减量，即围度方向和长度方向的变化量，构成新的坐标点，根据基本样板的轮廓造型，连接这些新的点就构成不同号型的样板。点的放码是放码的基本方式，无论在手工放码（制图法）还是电脑放码中，都是应用最广泛的。

3. 公共点的确定

放码首先确定的是公共点。手工放码与电脑放码由于放码方式的不同，使用的公共点略有不同。例如手工放码时，设定的公共点应首先考虑弧线的清晰度，以免造成“型”的改变；而电脑放码应有利于档差的计算，这样能提高工作效率。

以一步裙放码为例，图 6–11（a）是以上平线与后中心线作为公共线，放码时关键点单向推放，档差计算数据相对简单，但是各码的腰围弧线混在一起，手工放码误差大。图 6–11（b）是以臀围线与后中心线为公共线，各码的腰围弧线相互分离。但是由于裙长以臀围线为界分成了上下两部分，裙长档差也要分成两部分，计算略为复杂。

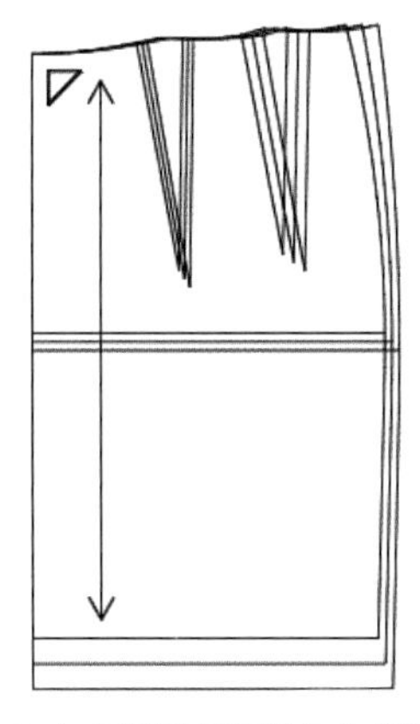

（a）上平线与中线为公共线

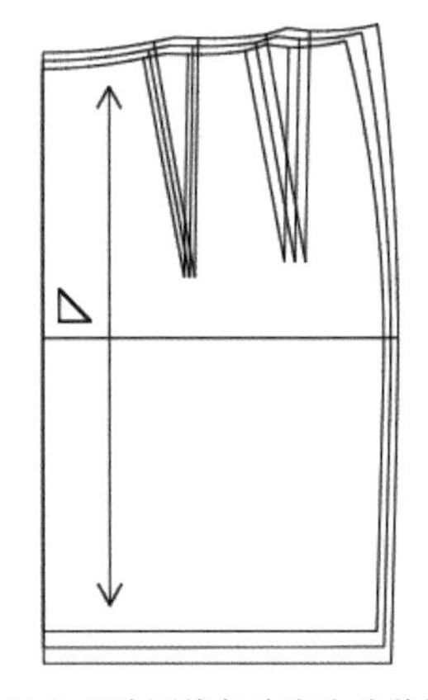

（b）以胸围线与胸宽为公共线

图 6–11　一步裙公共线选取图示

选择不同的公共点，从数学上来讲实际上是坐标轴的平移，其结果应是一样的，但对于服装样板推档来讲，合理地选择恰当的坐标轴将会产生事半功倍的效果。公共点的设置一般遵循以下原则：

（1）尽可能设置在结构图形的内部，保证公共点至各点的距离尽可能接近；

（2）设置在主要纵向线与主要围向线交接的位置上；

（3）前后、左右的结构图公共点必须设置在前后、左右图形对称的位置上；

（4）公共点的位置变化不影响各部位的最终档差值。

综合考虑以上因素，下表是常见服装品种放码时所使用的公共线，见表 6–1。

表 6–1　常见服装品种放码时所使用的公共线

放码方式 服装品种 / 样板		手工放码		电脑放码	
		X 轴	Y 轴	X 轴	Y 轴
上装	前后衣片	胸围线	胸宽线 / 前后中心线	上平线	前 / 后中心线
	一片袖	袖窿深线	袖中线	上平线	袖中线
	两片袖	袖窿深线	袖中线	上平线	前袖侧线
下装	前后裙片	臀围线	前 / 后中心线	上平线	前 / 后中心线
	前后裤片	横裆线	前后烫迹线	上平线	前后烫迹线
其他零部件	领 / 克夫 / 腰等	一般只设 X 轴或 Y 轴，进行单向放缩			

4. 坐标轴上放码点移动方向的变化规律

在服装推档时选取的 X（Y）坐标轴与数学中的二维坐标一一对应，公共点对应坐标原点，公共线对应 X（Y）轴，同时还有四个象限。表中“+”“–”代表移动方向，“+”代表向右或上方移动，“–”代表向左或下方移动。其变化规律见表 6–2。

表 6–2　坐标轴上放码点移动方向的变化规律表

坐标轴中位置			移动方向		示意图
			放大	缩小	
原点	①	公共点	(0，0)	(0，0)	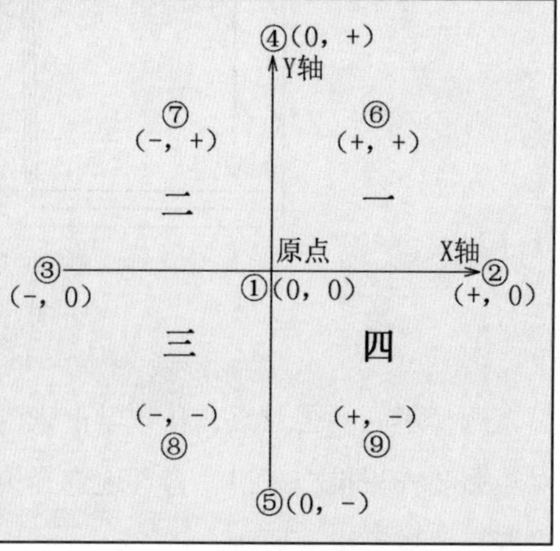 ④(0，+) Y轴 ⑦ (–，+)　⑥ (+，+) 二　一 ③ (–，0)　原点 ①(0，0)　X轴 ② (+，0) 三　四 (–，–) ⑧　(+，–) ⑨ ⑤(0，–)
坐标轴	②	正 X 轴	(+，0)	(–，0)	
	③	负 X 轴	(–，0)	(+，0)	
	④	正 Y 轴	(0，+)	(0，–)	
	⑤	负 Y 轴	(0，–)	(0，+)	
象限	⑥	第一象限	(+，+)	(–，–)	
	⑦	第二象限	(–，+)	(+，–)	
	⑧	第三象限	(–，–)	(+，+)	
	⑨	第四象限	(+，–)	(–，+)	

注：表中“+”“–”代表移动方向，“+”代表向右或上方移动，“–”代表向左或下方移动。

5. 档差的计算

档差的计算实际是服装规格的合理化分配，基本思路是运用结构制图公式，兼顾样板“型”似。

当然，制图公式不同，会对档差的计算结果产生一定的影响。在计算时，把这个点到公共线的距离写成公式，然后公式中的字母改成档差，常数档差为 0，去掉即可。

如图 6–11 中的臀侧大点，到公共线 Y 轴（后中线）的距离公式是 H/4–1，档差公式就是△ H/4（△ H 表示臀围的档差）。有些距离公式本身就是常数（不带字母），如衬衫叠门的宽度是 1.7 cm，常数档差为 0，则叠门档差为 0。

6. 放码结果的判断与检查

（1）目测法

依靠目测，观察样板放码点，无论公共点在哪里，正确的放码应满足以下三个条件：

①如为等量档差，每组样板放码点均能连接成一条直线，且指向公共点方向，见图 6–12；

②如为不等量档差，每组样板放码点连成的折线总的趋势仍指向公共点方向，见图 6–13；

③放码后，小码样板上的放码点应靠近基准点，大码样板上的放码点应远离基准点。

如不满足以上条件，则放码错误，见图 6–14。

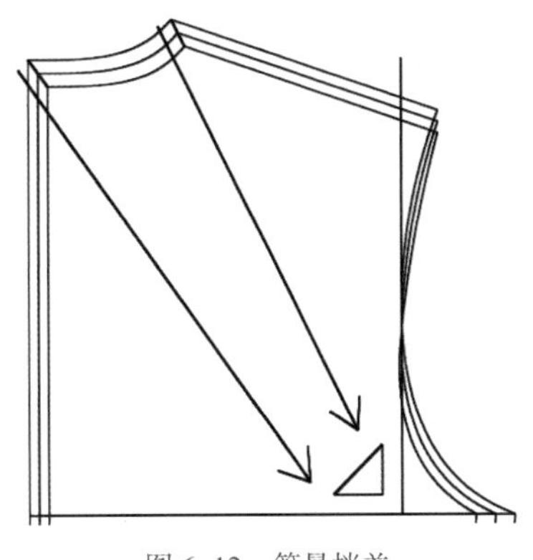

图 6–12　等量档差

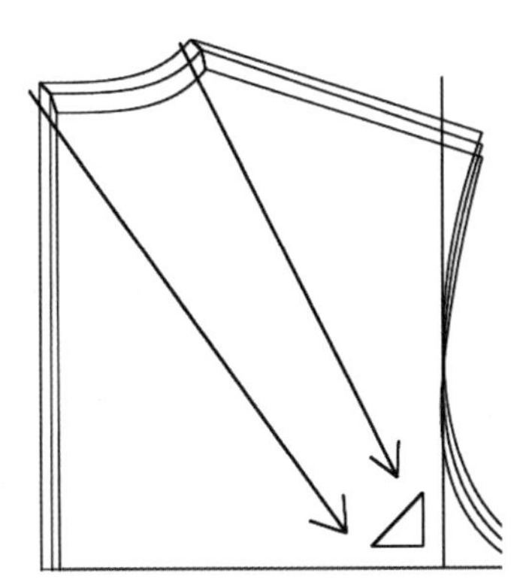

图 6–13　不等量档差

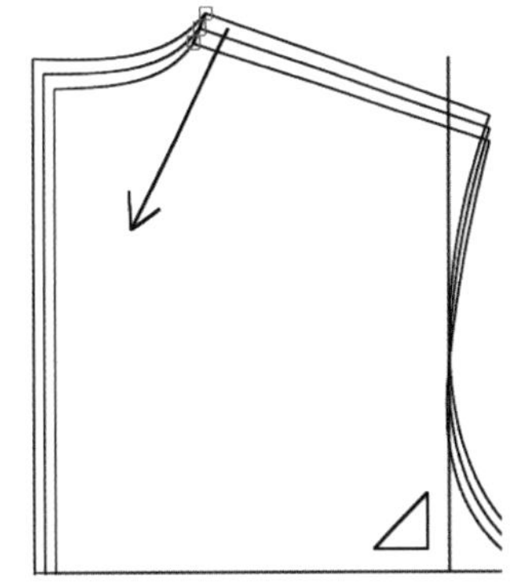

图 6–14　放码错误

（2）实测法

利用直尺、软尺或 CAD 软件中的测量工具进行测量，若测得的相关部位的数据与规格表一致，则为正确的放码，见图 6–15。除此之外，在相互组合的部位中，如裤片的前侧缝档差与后侧缝档差之差、衣片的前后袖窿档差之和与袖子的袖山档差之差，结果应为 0，见图 6–16。

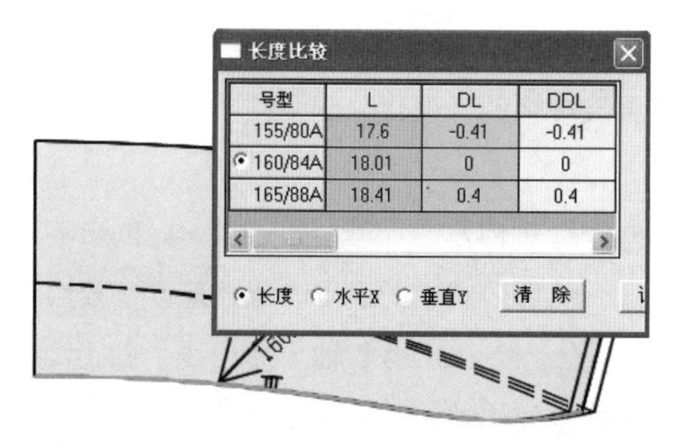

图 6-15　领围为 36，档差为 0.8 的女衬衫领测量结果

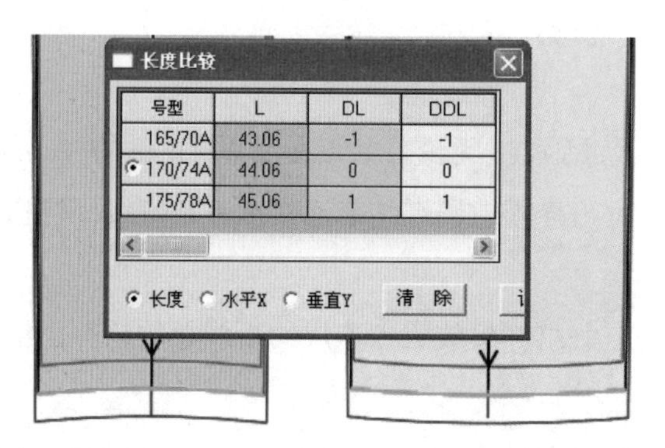

（a）　脚口为 44，档差为 1 的前后脚口大相加测量结果

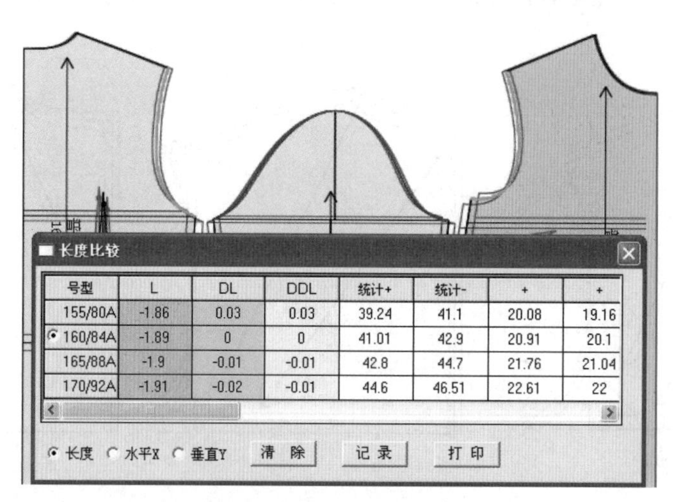

（b）　前后袖窿档差与袖山档差相减测量结果

图 6-16　前后袖窿档差之和

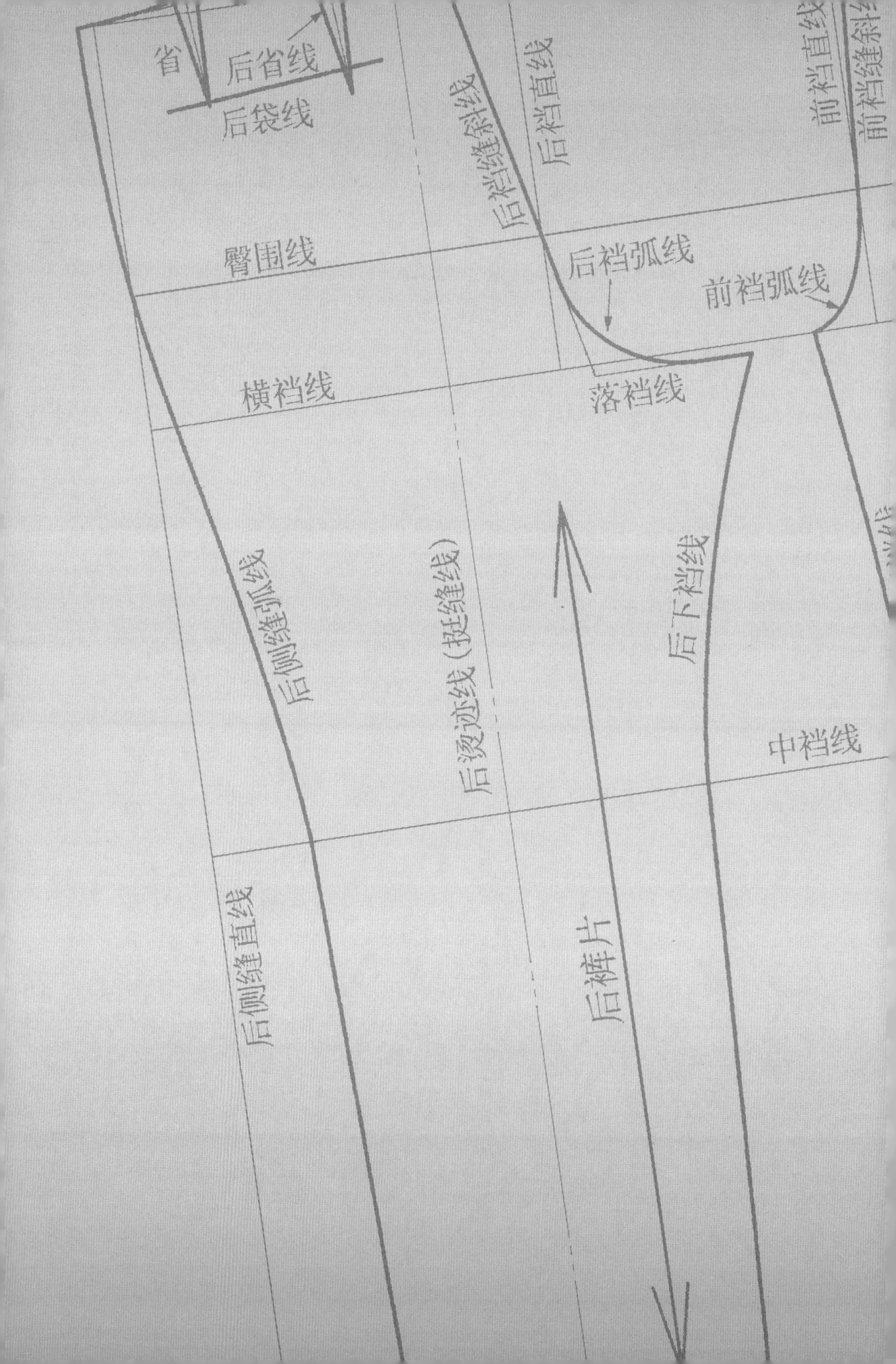

省

后省线

后袋线

后裆缝斜线

后裆直线

前裆直线

前裆缝斜线

臀围线

后裆弧线

前裆弧线

横裆线

落裆线

后侧缝弧线

后烫迹线（挺缝线）

后下裆线

中裆线

后侧缝直线

后裤片

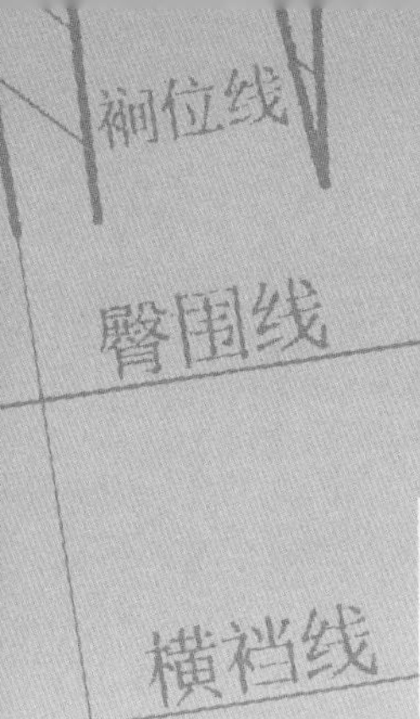

模块二

服装版型设计实战演练

第七章 裙装版型设计实战演练

项目一 一步裙（基本裙）版型设计实战演练

一步裙是职业女性上班等正式社交场合穿着的裙装，是一款比较常见的大众款式，多与西式上装或毛衫搭配穿着。裙身廓型呈 H 型或略 V 型，裙长可根据流行和个人的喜好自由选择，一般至膝盖以下。由于裙摆大小的限制，故得名一步裙。

一步裙从腰到臀部贴合人体曲线，从臀部至下摆呈 H 型或者逐渐变窄呈略 V 字廓型，能充分体现女性优美的身体曲线和端庄大方的气质。根据裙子的长度配合步行的运动量，在裙子后中心或者两侧设置开衩，来弥补裙摆围度的不足。

根据企业的订单要求，通过款式分析、样板制作以及系列样板制作，完成一步裙的版型设计，详细订单见表 7–1。

表 7–1 一步裙原始订单

<table>
<tr><td colspan="2">品名：一步裙</td><td colspan="2">款号：××</td><td>下单日期：××</td><td>完成时间：××</td></tr>
<tr><td colspan="4">款式说明：
本款裙子为直腰，裙长至膝，裙摆略收，后中缝上端装隐形拉链，下端设开衩。</td><td colspan="2">款式图</td></tr>
<tr><td rowspan="2"></td><td colspan="3">成品规格</td><td colspan="2" rowspan="2">面料：常用的精纺呢绒面料</td></tr>
<tr><td>155/64A</td><td>160/68A</td><td>165/72A</td></tr>
<tr><td>裙长</td><td>58.5</td><td>60</td><td>61.5</td><td colspan="2" rowspan="5">辅料：
1. 缝纫线（配色、涤棉）
2. 隐形拉链
3. 黏合衬
4. 纽扣 1 粒</td></tr>
<tr><td>腰围</td><td>66</td><td>70</td><td>74</td></tr>
<tr><td>臀围</td><td>88.4</td><td>92</td><td>95.6</td></tr>
<tr><td>腰臀距</td><td>17.5</td><td>18</td><td>18.5</td></tr>
<tr><td>腰宽</td><td>3</td><td>3</td><td>3</td></tr>
<tr><td colspan="2">设计：×××</td><td colspan="2">制版：×××</td><td>样衣：×××</td><td>核对：×××</td></tr>
</table>

任务一　款式分析

一、款式造型分析

本款裙子装直腰，裙长至膝，裙摆略收，后中缝上端装隐形拉链，下端设开衩。由于裙型贴身、外观简练，造型优雅而不失庄重感，是白领女性在职场中常穿的一种裙装。

二、面料缩率【知识链接-1】确定

一步裙属于偏职业装风格的裙装，采用的面料通常也是正装面料，如全毛精纺、毛涤混纺、毛粘混纺或涤纶仿毛面料。

本款一步裙采用精纺呢绒面料，经过面料缩率测试，该精纺呢绒面料的缩率：经向为3.5%，纬向为3.0%。

三、制板规格设计

1. 腰围、臀围放松量

在日常生活中，随着人体下肢的各种运动，腰围、臀围等围度尺寸会出现变化，因此在规格设计时，要综合考虑人体的需要，加入适当的松量，使服装既美观又舒适。

人体腰围在进餐后增加量为1.5 cm左右，做蹲、坐、前屈等动作时增加量为1～3 cm左右。从生理学角度来说，2 cm左右的压迫对身体没有太大影响，所以腰围松量取0～2 cm。

人体臀围在蹲、坐、前屈等动作时增加量为2～4 cm左右，因此满足人体运动所需最小臀围松量为4 cm。具体放松量应根据款式造型、面料性能等实际情况而定。

2. 缩率加放方法

不同类型的面料，面料性能和缩率会有所差别，这些因素直接影响服装的成品规格；同时，在服装生产过程中，黏衬、缝制、熨烫等工艺手段也会影响服装的成品尺寸。因此在设计服装制板规格时，为保证服装成品规格在国家标准规定的偏差值范围内，要综合考虑以上影响因素。

根据国家标准《西裤》（GB/T 2666–2017）规定，西服裙成品主要部位规格尺寸允许偏差见表7–2。

表7–2　一步裙主要部位规格尺寸允许偏差

单位：cm

部位名称	规格尺寸允许偏差
裙长	±1.5
腰围	±1.0

缩率加放方法主要有两种：

（1）制版加放法

如果是手工制版，需在制版时就考虑缩率因素，计算出加入缩率后的制版规格，然后根据新的规格进行手工制图。综合缩率以及工艺手段等的影响因素，计算出一步裙中间码 160/68A 相关部位的制版规格：

裙长 = 60 ×（1+3.5%）≈ 62.1

腰围 = 70 ×（1+3.0%）≈ 72.1

臀围 = 92 ×（1+3.0%）≈ 94.8

腰臀距 = 18 ×（1+3.5%）≈ 18.6

腰宽 = 3 ×（1+3.0%）≈ 3.1

因此，手工制版时一步裙制版规格见表 7–3。

表 7–3 一步裙制版规格

单位：cm

号型	部位规格				
	裙长	腰围	臀围	腰臀距	腰宽
160/68A	62.1	72.1	94.8	18.6	3.1

（2）样板加放法

如果是服装 CAD 制版，需在制作样板时加放，根据测试而得的面料缩率，将经纬向的缩率直接加到样板中去。

相对于手工制版，服装 CAD 中的缩率加放更为简便、快捷，大大提高了企业的工作效率。本书采用电脑制版方法。

任务二 样板制作

一、结构设计

第一步：绘制基础线，包括腰围线、臀围线、摆围线，确定前后腰围、臀围分配量[知识链接 –2]。见图 7–1。

第二步：绘制轮廓线，包括腰口线、侧缝线、腰省[知识链接 –3]，绘制腰头。见图 7–2。

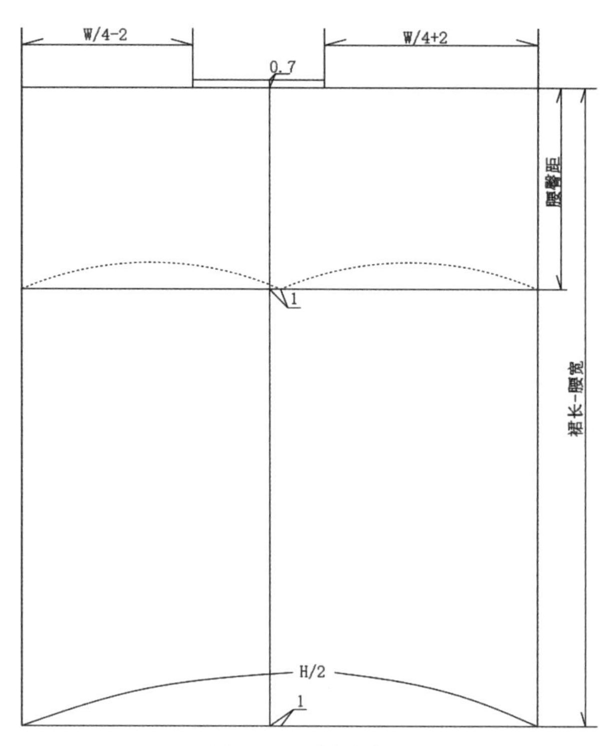

图 7-1　一步裙框架图

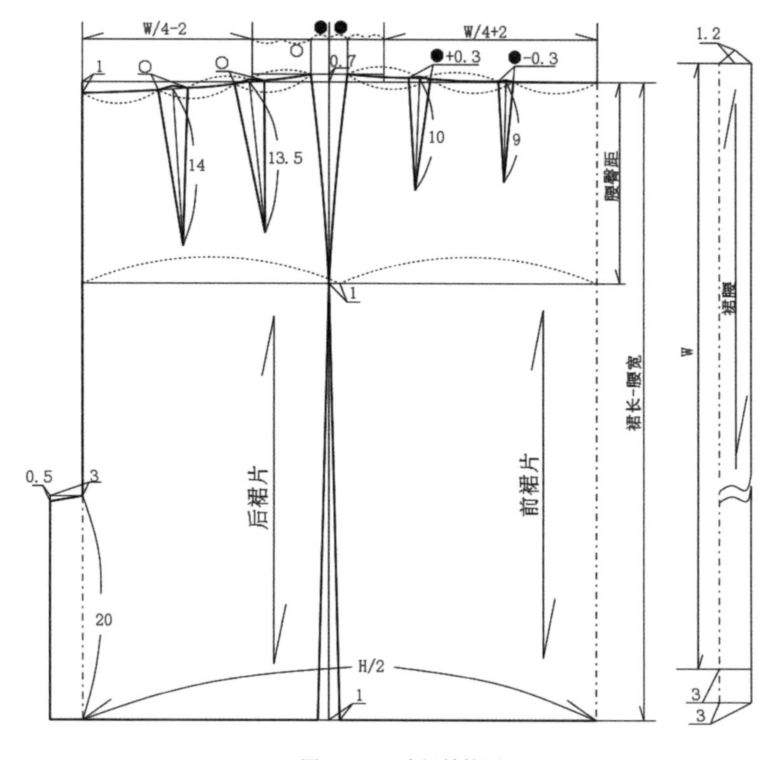

图 7-2　一步裙结构图

二、样板制作

1. 样板放缝（见图 7–3）

（1）前后裙片腰口缝份为 1 cm；侧缝缝份为 1 ～ 1.5 cm；底边的缝份为 3 ～ 4 cm；后中装隐形拉链，缝份为 1 ～ 1.5 cm。

（2）裙腰四周放缝 1 cm。

2. 样板标注

（1）前腰中点做对位记号；裙腰在侧缝、前后中点位置做好相对应的对位记号，以便装腰。

（2）前后裙片裙摆处做卷边宽度的记号，臀围线处做对位记号。

（3）后裙片贴边处做衩宽记号，装隐形拉链处做拉链安装止点记号。

（4）前后裙片省根处做省大记号，省尖处做钻眼记号，并与省尖相距 1 cm。

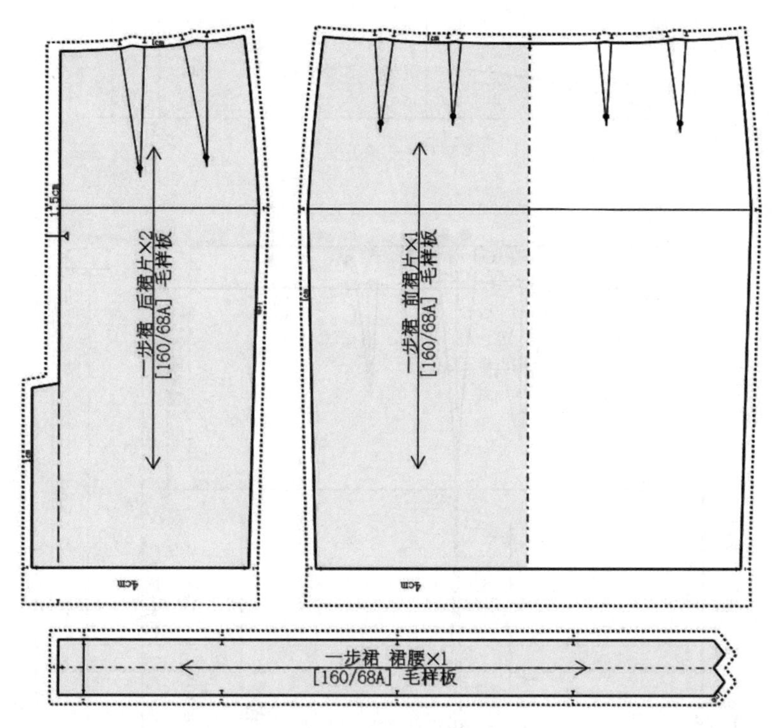

图 7–3　面料样板

三、排料【知识链接 –4】

排料的裁片采用已经完成放缝的面料样板，这款一步裙采用幅宽 144 cm 的精纺呢绒面料制作，单层单件平铺排料如图 7–4 所示。裙片经向丝绺与布边平行，样板紧密套排，单件用料为腰围 +10 cm 左右。

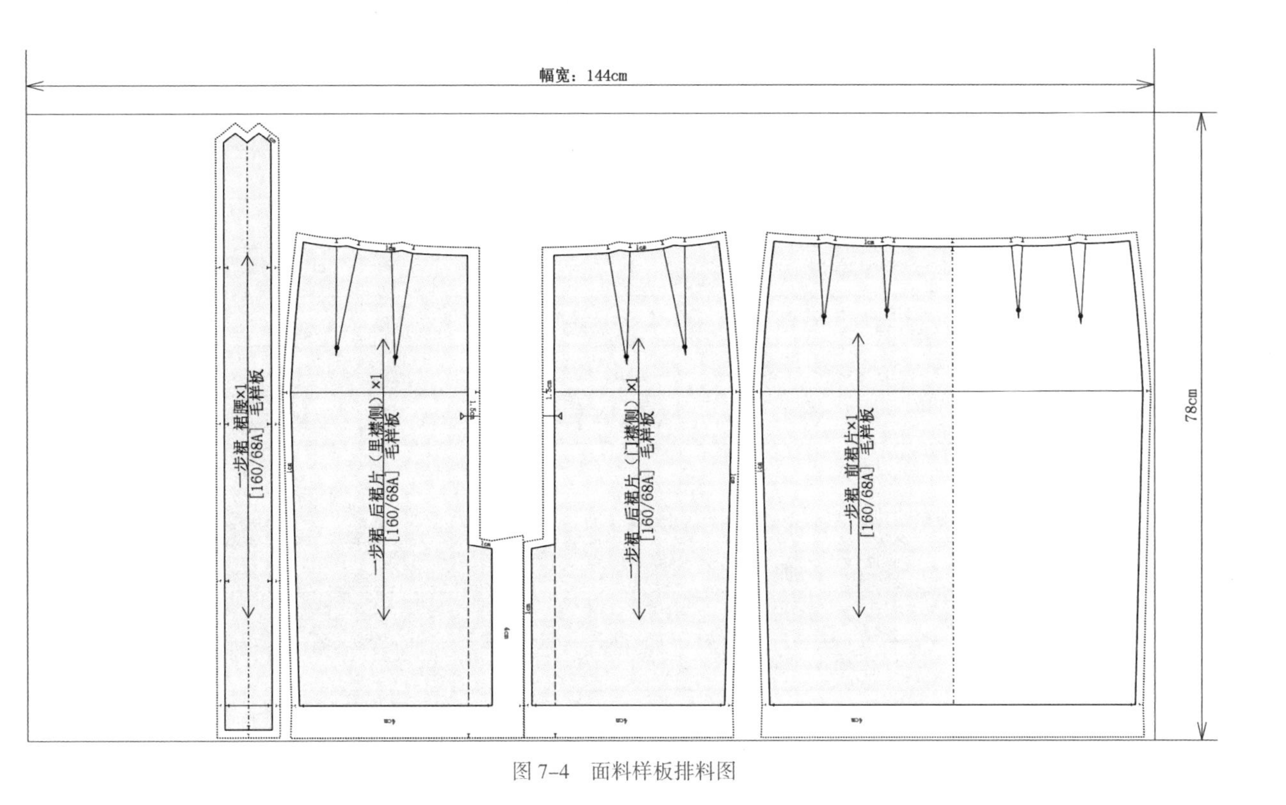

图 7–4 面料样板排料图

任务三 系列样板制作

一、档差与成品系列规格

根据订单中的成品系列规格，确定档差，见表 7–4。

表 7–4 成品系列规格与档差

单位：cm

部位＼规格	155/64A	160/68A	165/72A	档差
裙长（SL）	58.5	60	61.5	1.5
腰围（W）	66	70	74	4
臀围（H）	88.4	92	95.6	3.6
腰臀距	17.5	18	18.5	0.5
腰宽	3	3	3	0

二、样板推档

（1）前裙片推档：以前中线和臀围线作为坐标公共线，两线交点作为放码原点，各放码点的推档量与档差分配说明见表 7–5，推档图见图 7–5。

表 7–5　前裙片各放码点的推档量与档差分配说明

单位：cm

放码点	推档量	档差分配说明	备注
O	X：0	放码原点，不缩放	
	Y：0	放码原点，不缩放	
A	X：0	位于 Y 轴上，不缩放	
	Y：0.5	腰臀距档差	
B	X：−1	△（W/4+2）= △ W/4 = 1	△ W = 4；常数档差为 0
	Y：0.5	同 A 点	
C	X：−0.9	△（H/4+1）= △ H/4 = 0.9	△ H = 3.6；常数档差为 0
	Y：0	位于 X 轴上，不缩放	
D	X：−0.9	同 C 点	
	Y：−1	△ SL− 腰臀距档差 = 1.5−0.5 = 1	△ SL = 1.5
E	X：0	位于 Y 轴上，不缩放	
	Y：−1	同 D 点	
F	X：−0.33	前腰围档差 ×1/3 = 1×1/3 = 0.33	F 处省道位于前腰围 1/3 处，常数档差为 0
	Y：0.5	同 A 点	
G	X：−0.66	前腰围档差 ×2/3 = 1×2/3 = 0.66	G 处省道位于前腰围 2/3 处，常数档差为 0
	Y：0.5	同 A 点	
H	X：−0.33	同 F 点	
	Y：0.25	腰臀距档差 ×1/2 = 0.5×1/2 = 0.25	保“型”【知识链接 −5】，省尖位于腰臀距的 1/2 左右
I	X：−0.66	同 G 点	
	Y：0.25	同 H 点	

注：表中“+”“−”代表移动方向，“+”代表向右或上方移动，“−”代表向左或下方移动。

（2）后裙片推档：以后中线和臀围线作为坐标公共线，两线交点作为放码原点，各放码点的推档量与档差分配说明见表 7–6，推档图见图 7–6。

表 7-6　后裙片各放码点的推档量与档差分配说明

单位：cm

放码点	推档量	档差分配说明	备注
O	X：0	放码原点，不缩放	
	Y：0	放码原点，不缩放	
A	X：0	位于 Y 轴上，不缩放	
	Y：0.5	腰臀距档差	
B	X：1	△（W/4−2）= △ W/4 = 1	△ W = 4；常数档差为 0
	Y：0.5	同 A 点	
C	X：0.9	△（H/4−1）= △ H/4 = 0.9	△ H = 3.6；常数档差为 0
	Y：0	位于 X 轴上，不缩放	
D	X：0.9	同 C 点	
	Y：−1	△ SL− 腰臀距档差 = 1.5−0.5 = 1	△ SL = 1.5
E	X：0	位于 Y 轴上，不缩放	
	Y：−1	同 D 点	
F	X：0	位于 Y 轴上，不缩放	
	Y：−0.5	E 点档差 ×1/2 = 1×1/2 = 0.5	保“型”，F 点位于 OE 的 1/2 处附近
G	X：0.33	前腰围档差 ×1/3 = 1×1/3 = 0.33	F 处省道位于前腰围 1/3 处，常数档差为 0
	Y：0.5	同 A 点	
H	X：0.66	前腰围档差 ×2/3 = 1×2/3 = 0.66	G 处省道位于前腰围 2/3 处，常数档差为 0
	Y：0.5	同 A 点	
I	X：0.33	同 G 点	
	Y：0.2	腰臀距档差 ×2/5 = 0.5×2/5 = 0.2	保“型”，省尖位于腰臀距的 2/5 处左右
J	X：0.66	同 H 点	
	Y：0.2	同 I 点	

注：表中“＋”“−”代表移动方向，“＋”代表向右或上方移动，“−”代表向左或下方移动。

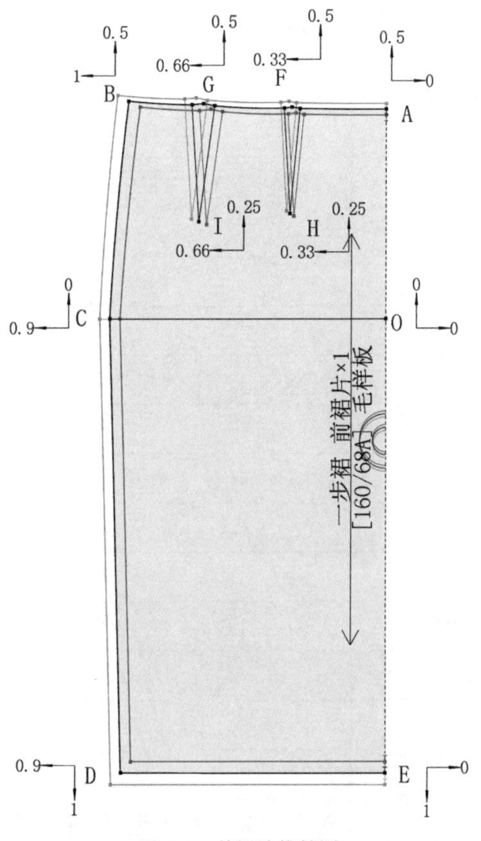

图 7-5 前裙片推档图

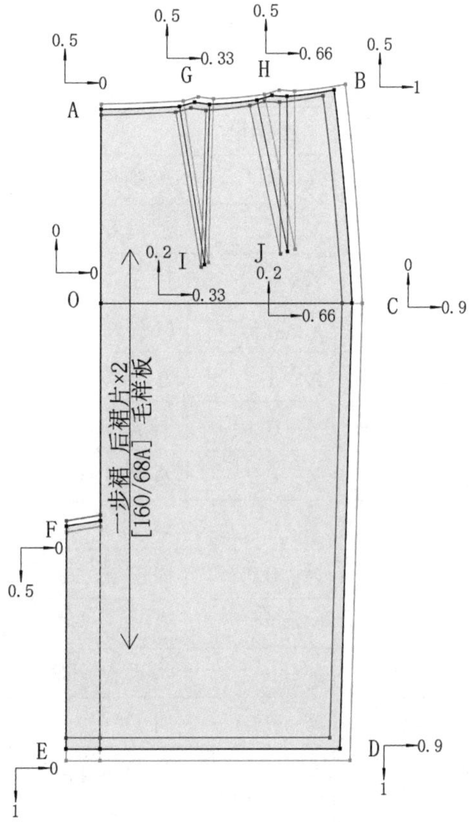

图 7-6 后裙片推档图

（3）裙腰推档：以里襟侧后中线和腰上口线作为坐标公共线，两线交点作为放码原点，各放码点的推档量与档差分配说明见表 7-7，推档图见图 7-7。

表 7-7 裙腰各放码点的推档量与档差分配说明

单位：cm

放码点	推档量	档差分配说明	备注
O	X：0	放码原点，不缩放	
	Y：0	放码原点，不缩放	
O'	X：0	位于 Y 轴上，不缩放	
	Y：0	△腰宽 = 0	常数档差为 0
A	X：1	△（W/4-2）= △ W/4 = 1	△ W = 4
	Y：0	位于 X 轴上，不缩放	
B	X：1	同 A 点	
	Y：0	同 O' 点	

续表

放码点	推档量	档差分配说明	备注
C	X：2	△ W/2 = 2	
	Y：0	位于 X 轴上，不缩放	
D	X：2	同 C 点	
	Y：0	同 O' 点	
E	X：3	△ W/2+ △（W/4+2）= 3	
	Y：0	位于 X 轴上，不缩放	
F	X：3	同 E 点	
	Y：0	同 O' 点	
G	X：4	△ W = 4	
	Y：0	位于 X 轴上，不缩放	
H	X：4	同 G 点	
	Y：0	同 O' 点	

注：表中“+”“-”代表移动方向，“+”代表向右或上方移动，“-”代表向左或下方移动。

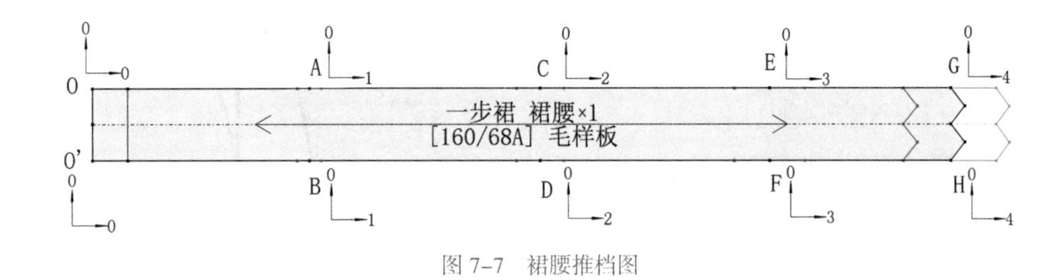

图 7-7　裙腰推档图

【知识链接-1】面料缩率

面料在湿、热、自然放松等状态下均会产生收缩现象。面料缩率是指面料收缩前后的尺寸变化，其计算公式为：

缩水率 =（试验前实测距离 - 试验后实测距离）/ 试验前实测距离 ×100%

面料产生收缩主要有两个原因。一是与纤维的吸湿性有关。吸湿性好的纤维浸水后，纤维会膨胀，直径增大，长度缩短，面料产生缩水；而面料干燥后，纱线之间的阻力致使面料尺寸难以恢复如初。二是与面料的生产工艺有关。在制造、染整加工中，纱线和面料受外力拉伸而变形，并留下潜在的应变。面料一旦浸入水中并处于自由状态，伸长部分会不同程度地恢复出现缩水现象。

面料的缩率通常在样板中进行加放。如经测试得到，面料的经向缩率 $S_{经}=4\%$，纬向缩率 $S_{纬}=2\%$，假设服装成品衣长是 64 cm，胸围是 100 cm，则：

制板衣长 = 成品衣长 ×（$1+S_{经}$）= 64 ×（1+4%）= 66.6 cm

制板胸围 = 成品胸围 ×（$1+S_{纬}$）= 100 ×（1+2%）= 102 cm

【知识链接-2】臀围、腰围分配方法

一、臀围分配方法

为使裙装从侧面看比较均衡，应在臀围的二等分位置向后移动 1 cm，加大前片宽，作为前后差，见图 7-8。因此，臀围的分配采用：前臀围 = 1/4 臀围 +1（前后差），后臀围 = 1/4 臀围 -1（前后差）。

二、腰围分配方法

由于人体的前腰围大于后腰围，因此把侧缝线从臀围处向上延续，保持均衡，绘制出的前后腰围尺寸有 2 cm 的前后差。因此，腰围的分配采用：前腰围 = 1/4 腰围 +2（前后差），后腰围 = 1/4 腰围 -2（前后差）。

三、腰围、臀围的分配原则

腰围、臀围分配的前后差量并非一成不变，根据款式侧缝位置可适当前移或后移。如裙装有侧缝袋时，侧缝线需整体前移，在移动时要保持侧缝线的协调（侧缝非直线等的特殊款式除外）。如当前后臀围均采用 1/4 臀围时，前腰围 = 1/4 腰围 +1（前后差），后腰围 = 1/4 腰围 -1（前后差）。

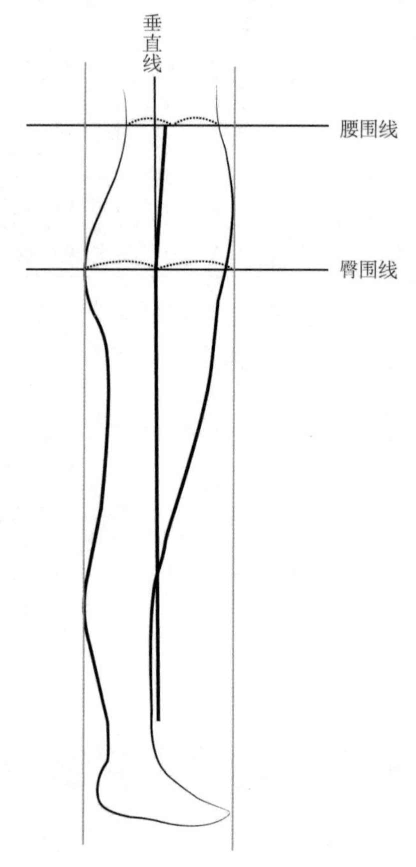

图 7-8 人体侧面图

四、臀腰差的处理

为使裙子能很好地贴合人体，臀腰差的合理分配是关键。在图 7-9 的人体腰臀截面图上，我们可以看到，从前中心线到后中心线，它们的差量分别是 A、B、C、D、E、F。这些量在结构处理中，一般如下分配：

A 和 B：前片省量；

C：前侧劈势量；

D：后侧劈势量；

E 和 F：后片省量。

省道是为了使服装适合人体体型曲线，在衣片上缝去的部分。人体的腰臀部是上小下大的圆台状结构，在设计紧身裙时，省道设计是解决腰臀差的方法之一。省道的设计主要包括省道的位置、大小、长度等因素。设计时应根据款式要求与人体局部形态综合考虑。

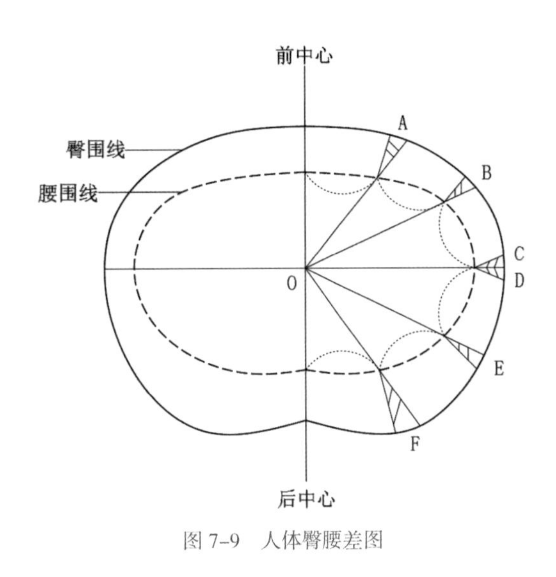

图 7-9　人体臀腰差图

【知识链接-3】裙省的设计

一、裙省的位置设计

为了让裙子看起来有立体感，造型优美，省的位置起到重要的作用。借助立体裁剪，我们发现无论从前面、后面还是侧面来看，均衡感最好的省的位置是前后腰围的三等分向侧缝方向偏移点，可以使省道保持好的均衡位置。

二、裙省的省量设计

裙省的省量，每个省一般应控制在 1.5 ～ 3 cm。省量过小，起不到收省的效果；省量过大会使省尖过于尖凸，即使经熨烫处理也难以消失。因此在设计时，根据具体的臀腰差，如果省量大于 4 cm，则一分为二；如果小于 1 cm，则合二为一。整个腰围的裙片省个数一般为 4、6、8 个，若为 4 或 8 个，则每个裙片中省的个数是 1 或 2 个（四开身结构）；若为 6 个，则前裙片共 2 个，后裙片共 4 个，均对称出现。

不同的臀腰差，省道的数量也是不同的，见表 7-8。

表 7-8　裙装臀腰差与省道数量的对应关系

单位：cm

臀腰差	0 ～ 13	14 ～ 25	26 及以上
前片省道数量	0（侧缝劈势处理）	1	2
后片省道数量	0（侧缝劈势处理）	1 或 2	2

三、裙省的长度设计

省道的长度由人体的体型决定。人体前侧最突出处在中臀围线（约位于腰围线与臀围线的 1/2 处），因此前腰省长度一般不超过中臀围线；人体后侧最突出处在臀围线处，因此后腰省长度可接近但不到臀围线，否则工艺制作时容易起鼓包。见图 7-10。

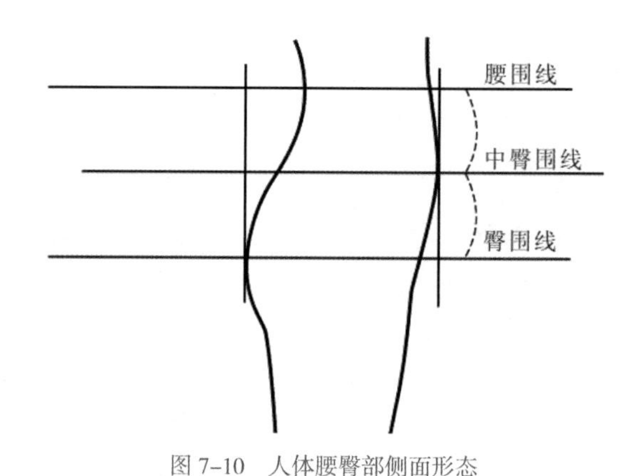

图 7-10　人体腰臀部侧面形态

【知识链接-4】排料的相关知识

一、排料的概念

排料，也称排版、套料，是指一个产品排料图的设计过程。在满足设计、制作等要求的前提下，将服装各规格的所有裁片样板在指定的面料幅宽内进行科学排列，以最小面积或最短长度排出用料定额。目的是使面料的利用率达到最高，以降低产品成本，同时为铺料、裁剪等工序做准备。

二、排料的原则

排料时一般遵循以下原则：

（1）裁片的经向方向与面料的经向方向一致，对于没有方向性的面料可以进行倒顺排料；对于有方向性的面料，以主要裁片的方向和图案为标准，保证面料方向和图案的一致。

（2）要做到先排面积大的样板，后排面积小的样板，充分利用各大样板之间的缝隙，将小样板插入。

（3）排料时，最好将样板的直边对直边，斜边对斜边，紧密套排，减少缝隙，提高面料使用率。如袖等略呈三角形的样板可颠倒并排，凸缘对凹口，使样板之间靠紧套排，最大程度地节省面料。

（4）若样板不能紧密套排，不可避免地出现缝隙时，可将两片样板的缺口合并，使空隙加大，在空隙中再排入其他小片样板。

【知识链接-5】服装推档保型中“量”与“型”的关系

一、保“量”与保“型”的关系

在进行服装工业纸样推档时，首先要根据国家标准确定该款式主要部位的档差值，如裙长、腰围、臀围等的档差值；再根据该款式的结构特点确定细部规格的档差值，如省长、省位、衩高等的档差值。

在确定细部规格的档差值时，一定要考虑款式结构的特点和人体体型的变化规律，合理地运用“制图公式”和“图形比例”。在推档中，根据“制图公式”得出的是“量”，而根据“图形比例”得出的是“型”，只有做到“量”与“型”的协调统一，才能保证推档后的系列样板更加准确。

如何处理好保“量”与保“型”的关系涉及到服装工业纸样设计中理论知识和实践经验的综合运用能力。一般来说，“量”是为“型”服务的，但“型”又受到“量”的制约，两者辩证考虑，达到既保“量”又保“型”。

二、保型需注意的几个问题

1. 保型与人体的吻合性

服装结构设计是以人体体型为基础进行的，为了有更多的选择才有了服装工业纸样的推档。因而，在推档过程中，要保证推档后的服装工业纸样符合不同人体体型的需求。

2. 保型与服装款式特点的一致性

虽然服装推档的基本原理是相同的，但是针对不同的款式造型，需注意的重点是不一样的。如弹性面料的紧身款式，在确定部分档差值时必须考虑面料弹性因素。

3. 保型与人体穿着效果的关系

服装推档技术的最终目的，是使某一款式的服装能最大限度地符合不同人体体型的需求，这就决定了推档后的纸样一定要符合人体的总体穿着效果。

项目二　育克分割低腰裙版型设计实战演练

育克分割低腰裙是一款日常穿着的休闲裙，腰部加入育克，使腰至臀部贴合人体，属于半紧身造型。此款裙装臀部以下呈小A形，并在前中心加入1个对折阴褶。育克的加入给人以轻松、活跃的感觉，适合休闲活动。

根据企业的订单要求，通过款式分析、样板制作以及系列样板制作，完成育克分割低腰裙的版型设计，详细订单见表7-9。

表7-9　育克分割低腰裙原始订单

<table>
<tr><td colspan="2">品名：育克分割低腰裙</td><td colspan="2">款号：××</td><td>下单日期：××</td><td>完成时间：××</td></tr>
<tr><td colspan="4">款式说明：
本款裙子呈A字形的半紧身造型，上端加入育克，并有腰带装饰；前中设有1个对折阴褶，裙长在膝盖以上，右侧装隐形拉链。</td><td colspan="2">款式图</td></tr>
<tr><td rowspan="2"></td><td colspan="3">成品规格</td><td colspan="2" rowspan="2">面料：牛仔面料</td></tr>
<tr><td>155/64A</td><td>160/68A</td><td>165/72A</td></tr>
<tr><td>裙长</td><td>48.5</td><td>50</td><td>51.5</td><td colspan="2" rowspan="5">辅料：
1. 缝纫线（配色、涤棉）
2. 隐形拉链
3. 黏合衬</td></tr>
<tr><td>腰围</td><td>70</td><td>74</td><td>78</td></tr>
<tr><td>臀围</td><td>90.4</td><td>94</td><td>97.6</td></tr>
<tr><td>腰臀距</td><td>17.5</td><td>18</td><td>18.5</td></tr>
<tr><td>腰带宽</td><td>2</td><td>2</td><td>2</td></tr>
<tr><td colspan="2">设计：×××</td><td colspan="2">制版：×××</td><td>样衣：×××</td><td>核对：×××</td></tr>
</table>

任务一　款式分析

一、款式造型分析

本款裙子整体造型呈A字形，腰至臀部贴合人体，属于半紧身造型的休闲裙。上端加入育克【知识链接-1】，并有腰带装饰；前中设1个阴褶，裙长在膝盖以上，右侧装隐形拉链。

二、面料缩率确定

育克分割低腰裙属于休闲风格的裙装，采用的面料较为多样化。一般选用织造紧密的织物，以全棉、全麻、皮革等天然材料为主，也可用混纺、化纤、合成皮革等。

本款裙装采用牛仔面料，经过面料缩率测试，该牛仔面料的缩率：经向为 5.0%，纬向为 2.0%。

三、制版规格设计

不同类型的面料，面料性能和缩率会有所差别，此外工艺手段也会影响服装的成品尺寸，因此要综合考虑以上因素设计制版规格。

本款裙装的成品主要部位规格尺寸允许偏差与一步裙相同，在此不再赘述。综合缩率以及工艺手段等的影响因素，计算育克分割低腰裙中间码 160/68A 相关部位的制版规格：

裙长 = 50 ×（1+5.0%）≈ 52.5

腰围 = 74 ×（1+2.0%）≈ 75.5

臀围 = 94 ×（1+2.0%）≈ 95.9

腰臀距 = 18 ×（1+5.0%）≈ 18.9

因此，手工制板时育克分割低腰裙制版规格见表 7–10。

表 7–10　育克分割低腰裙制版规格

单位：cm

号型	部位规格				
	裙长	腰围	臀围	腰臀距	腰带宽
160/68A	52.5	75.5	95.9	18.9	2

任务二　样板制作

一、结构设计

本款裙装制图方法可以在裙原型的基础上进行制图。

第一步：根据款式在裙原型上确定低腰位置【知识链接 –2】并绘制出新的腰围线，确定裙长后依据款式图比例画出育克分割线、裙摆展开线。见图 7–11。

第二步：转移省道画顺育克；根据款式展开裙摆量；最后前中加入褶裥【知识链接 –3】。见图 7–12。

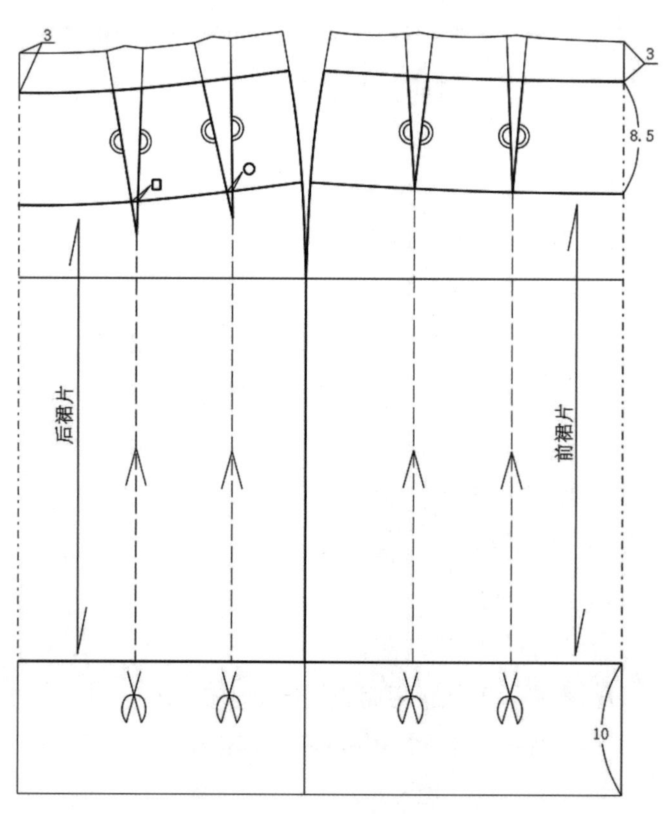

图 7-11　育克分割低腰裙框架图

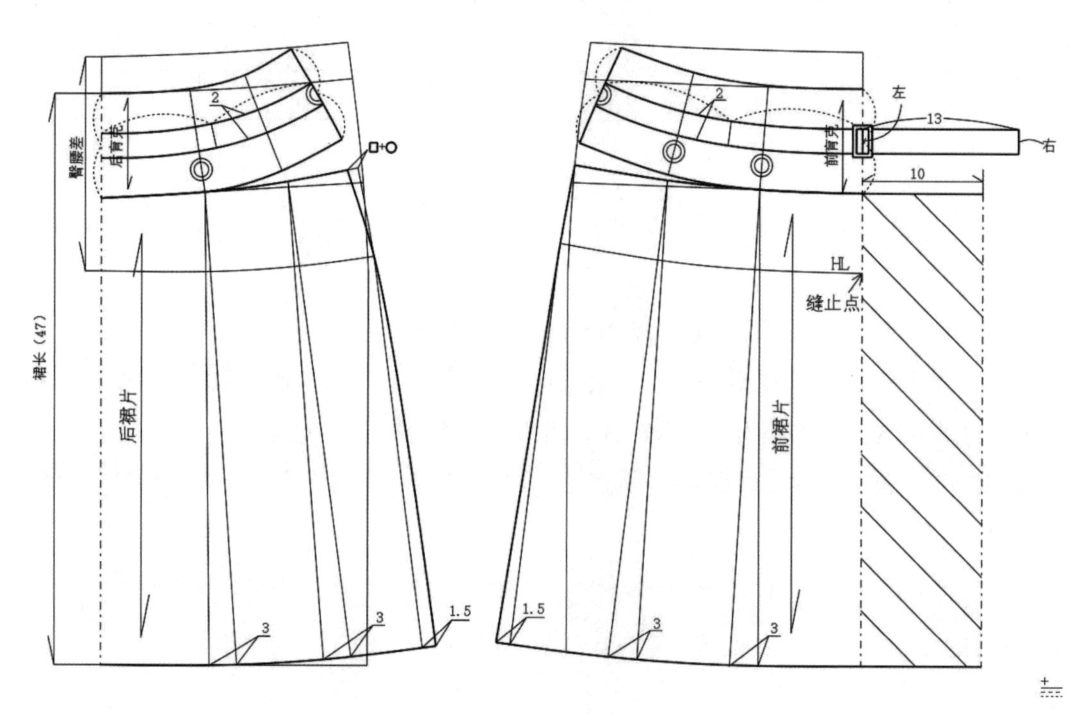

图 7-12　育克分割低腰裙结构图

二、样板制作

1. 样板放缝（见图 7–13）

（1）前后育克上下缝份为 1 cm，侧缝缝份为 1~1.5 cm。

（2）前后裙片上口缝份为 1 cm，侧缝缝份为 1~1.5 cm，底边的缝份为 2.5 cm，褶裥位置刀眼。

（3）腰带四周放缝 1 cm。

（4）串带袢直接是毛样板，不用放缝。

2. 样板标注

（1）后腰中点做对位记号；育克前后中点位置做好相对应的对位记号，以便装育克。

（2）前后裙片裙摆处做卷边宽度的记号；臀围线处做对位记号。

（3）腰带侧缝、前中位置做好对位记号。

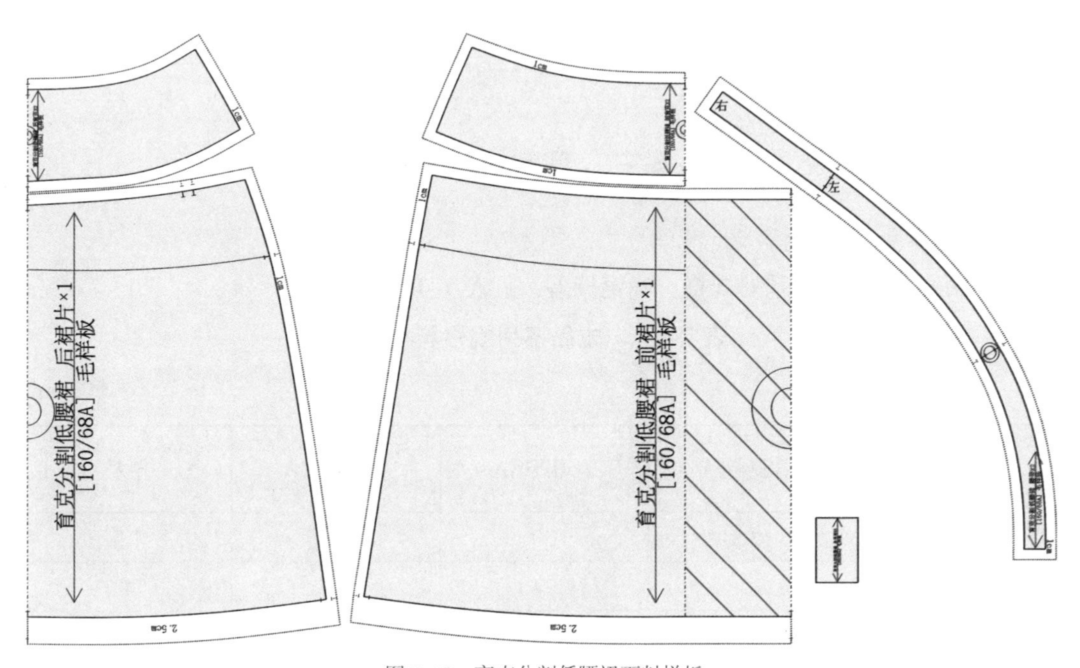

图 7–13　育克分割低腰裙面料样板

三、排料

排料的裁片采用已经完成放缝的面料样板。这款育克分割低腰裙采用幅宽 144 cm 的牛仔面料制作，单层单件平铺排料如图 7–14 所示。裙片经向丝绺与布边平行，样板紧密套排，单件用料为 85 cm 左右。

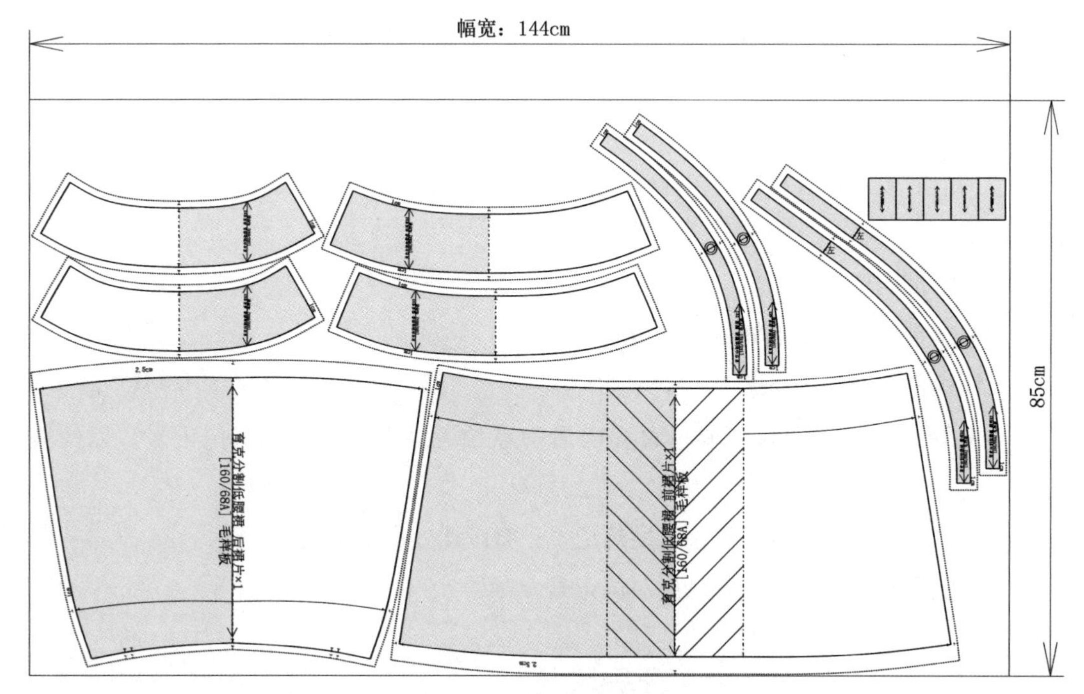

图 7-14 面料样板排料图

任务三 系列样板制作

一、档差与成品系列规格

根据订单中的成品系列规格，确定档差，见表 7-11。

表 7-11 成品系列规格与档差

单位：cm

部位＼规格	155/64A	160/68A	165/72A	档差
裙长（SL）	48.5	50	51.5	1.5
腰围（W）	70	74	78	4
臀围（H）	90.4	94	97.6	3.6
腰臀距	17.5	18	18.5	0.5
腰带宽	2	2	2	0

二、样板推档

（1）前片推档：对初学者而言，将前裙片和前育克看成一个完整的裙片进行推档比较好理解。因此，以前中线和臀围线作为坐标公共线，两线交点作为放码原点，各放码点的推档量与档差分配说明见表 7-12，推档图见图 7-15。

表 7–12　前片各放码点的推档量与档差分配说明

单位：cm

放码点	推档量	档差分配说明	备注
O	X：0	放码原点，不缩放	
	Y：0	放码原点，不缩放	
A	X：0	位于 Y 轴上，不缩放	
	Y：0.5	腰臀距档差	
B	X：–1	△（W/4+2）= △ W/4 = 1	△ W = 4；常数档差为 0
	Y：0.5	同 A 点	
C	X：–0.9	△（H/4+1）= △ H/4 = 0.9	△ H = 3.6；常数档差为 0
	Y：0	位于 X 轴上，不缩放	
D	X：–0.9	同 C 点	
	Y：–1	△ SL– 腰臀距档差 = 1.5–0.5 = 1	△ SL = 1.5
E	X：0	位于 Y 轴上，不缩放	
	Y：–1	同 D 点	
F	X：0	褶裥宽度为 10（常数）	常数档差为 0
	Y：–1	同 D 点	
G	X：0	同 F 点	
	Y：0.25	腰臀距档差 ×1/2 = 0.5×1/2 = 0.25	保“型”，按比例位于腰臀距档差的 1/2 附近
H/H'	X：0	位于 Y 轴上，不缩放	
	Y：0.25	同 G 点	
I/I'	X：0.95	$(X_B+X_C)/2 = 0.95$	保“型”，位于 B 点和 C 点 X 轴方向的 1/2 处
	Y：0.25	同 H 点	

注：表中“+”“–”代表移动方向，“+”代表向右或上方移动，“–”代表向左或下方移动。

（2）后片推档：以后中线和臀围线作为坐标公共线，两线交点作为放码原点，各放码点的推档量与档差分配说明见表 7–13，推档图见图 7–16。

表 7-13 后片各放码点的推档量与档差分配说明

单位：cm

放码点	推档量	档差分配说明	备注
O	X：0	放码原点，不缩放	
	Y：0	放码原点，不缩放	
A	X：0	位于 Y 轴上，不缩放	
	Y：0.5	腰臀距档差	
B	X：1	△（W/4−2）= △ W/4 = 1	△ W = 4；常数档差为 0
	Y：0.5	同 A 点	
C	X：0.9	△（H/4−1）= △ H/4 = 0.9	△ H = 3.6；常数档差为 0
	Y：0	位于 X 轴上，不缩放	
D	X：0.9	同 C 点	
	Y：−1	△ SL− 腰臀距档差 = 1.5−0.5 = 1	△ SL = 1.5
E	X：0	位于 Y 轴上，不缩放	
	Y：−1	同 D 点	
F/F'	X：0	位于 Y 轴上，不缩放	
	Y：0.25	腰臀距档差 ×1/2 = 0.5×1/2 = 0.25	保“型”，按比例位于腰臀距档差的 1/2 附近
G/G'	X：0.95	（X_B+X_C）/2 = 0.95	保“型”，位于 B 点和 C 点 X 轴方向的 1/2 处
	Y：0.25	同 F 点	

注：表中“+”“−”代表移动方向，“+”代表向右或上方移动，“−”代表向左或下方移动。

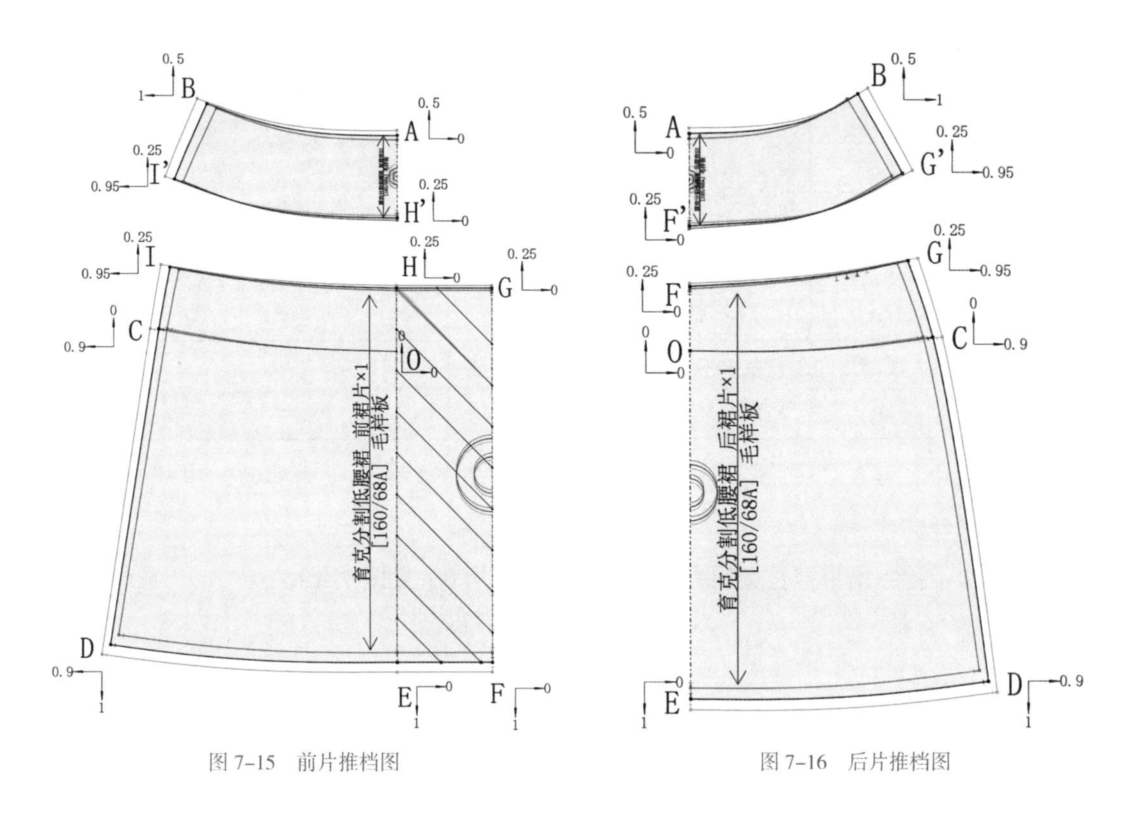

图 7-15　前片推档图　　　　图 7-16　后片推档图

（3）腰带推档：以后中线和腰上口线作为坐标公共线，两线交点作为放码原点，各放码点的推档量与档差分配说明见表 7-14，推档图见图 7-17。

表 7-14　腰带各放码点的推档量与档差分配说明

单位：cm

放码点	推档量	档差分配说明	备注
O	X：0	放码原点，不缩放	
	Y：0	放码原点，不缩放	
O'	X：0	位于 Y 轴上，不缩放	
	Y：0	△腰宽 = 0	常数档差为 0
A	X：0.96	△（W/4−2）= △ W/4 = 1	弧形腰带既要保证档差，又需兼顾保"型"，量出 X、Y 档差值
	Y：0.25		
A'	X：0.96	腰宽档差为 0，A 和 A' 档差量相同	
	Y：0.25		
B	X：1.67	△ W/2 = 2	弧形腰带既要保证档差，又需兼顾保"型"，量出 X、Y 档差值
	Y：0.93		

续表

放码点	推档量	档差分配说明	备注
B'	X：1.67	腰宽档差为 0，B 和 B' 档差量相同	
	Y：0.93		
C	X：1.67	BC 长度为常数，常数档差为 0，因此档差量同 B 点	
	Y：0.93		
C'	X：1.67	腰宽档差为 0，C 和 C' 档差量相同	
	Y：0.93		

注：表中"+""-"代表移动方向，"+"代表向右或上方移动，"-"代表向左或下方移动。

（4）串带袢：串带袢长宽均为常数，因此档差为 0，见图 7-18。

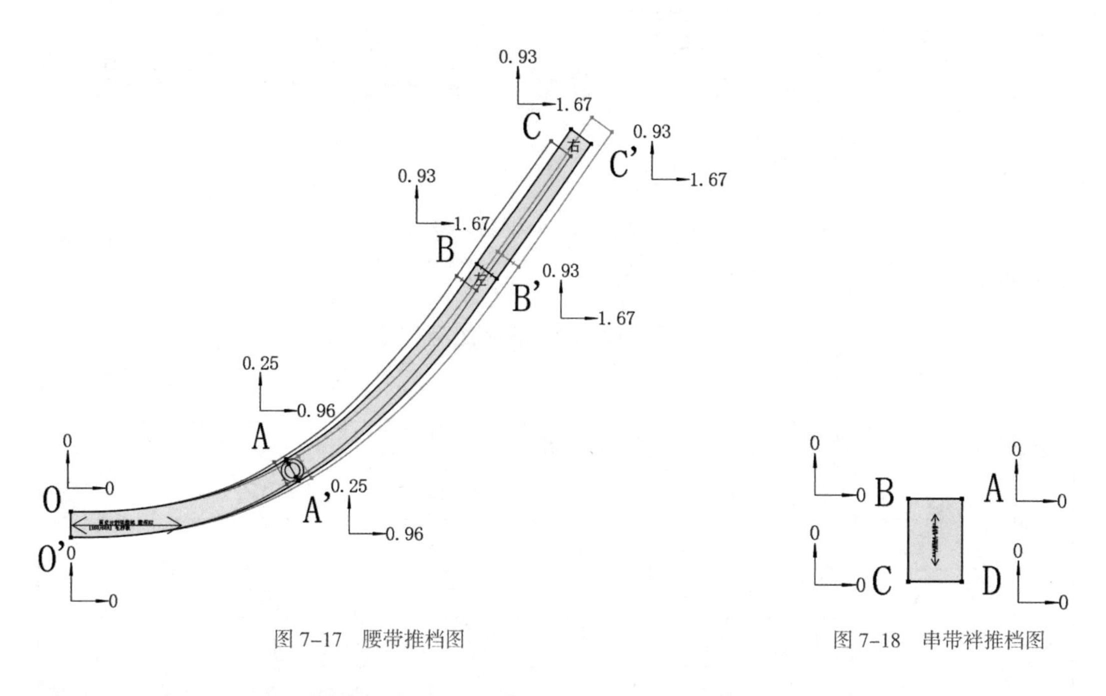

图 7-17 腰带推档图

图 7-18 串带袢推档图

（5）育克放码：前后育克单独放码，以前后中心线和育克下口线作为坐标公共线，两线交点作为放码原点，各放码点的推档量与档差分配说明见表 7-15 和表 7-16，推档图见图 7-19。

通过育克的放码，可以知道选择不同的坐标公共线，从数学角度上来讲就是坐标轴的平移，其结果应是一样的，但是对于具体的服装样板推档来讲，选择合适的坐标公共线会起到事半功倍的效果。

表 7–15　前育克各放码点的推档量与档差分配说明

单位：cm

放码点	推档量	档差分配说明	备注
O	X：0	放码原点，不缩放	
	Y：0	放码原点，不缩放	
A	X：0	位于 Y 轴上，不缩放	
	Y：0.25	腰臀距档差 ×1/2 = 0.5×1/2 = 0.25	保“型”，按比例位于腰臀距档差的 1/2 附近
B	X：−1	△（W/4+2）= △ W/4 = 1	△ W = 4；常数档差为 0
	Y：0.25	同 A 点	
C	X：−0.95	（$X_{腰侧点}$ + $X_{臀侧点}$）/2 = 0.95	保“型”，位于腰侧点和臀侧点 X 轴方向的 1/2 处附近
	Y：0	同 O 点	

注：表中“+”“−”代表移动方向，“+”代表向右或上方移动，“−”代表向左或下方移动。

表 7–16　后育克各放码点的推档量与档差分配说明

单位：cm

放码点	推档量	档差分配说明	备注
O	X：0	放码原点，不缩放	
	Y：0	放码原点，不缩放	
A	X：0	位于 Y 轴上，不缩放	
	Y：0.25	腰臀距档差 ×1/2 = 0.5×1/2 = 0.25	保“型”，按比例位于腰臀距档差的 1/2 附近
B	X：1	△（W/4+2）= △ W/4 = 1	△ W = 4；常数档差为 0
	Y：0.25	同 A 点	
C	X：0.95	（$X_{腰侧点}$ + $X_{臀侧点}$）/2 = 0.95	保“型”，位于腰侧点和臀侧点 X 轴方向的 1/2 处附近
	Y：0	同 O 点	

注：表中“+”“−”代表移动方向，“+”代表向右或上方移动，“−”代表向左或下方移动。

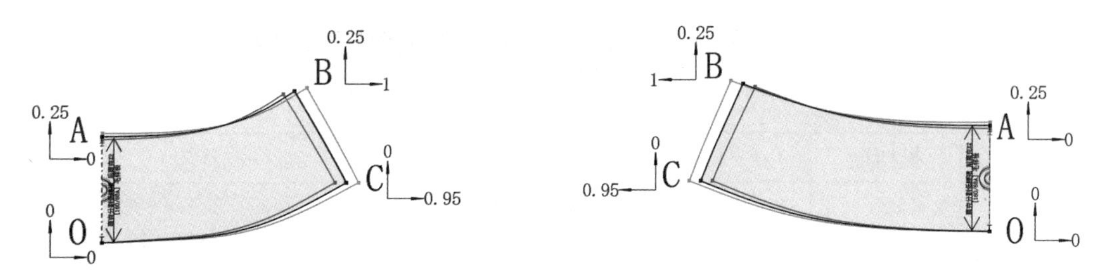

图 7-19　育克推档图

【知识链接-1】裙身中线的运用

服装中的线是三维意义上立体的线，不仅有长度、方向、位置的变化，还有宽度、厚度、色彩、质感的变化。在结构设计中，线可以通过组合、穿插等形式，使裙装富于变化和设计感，主要有结构线和装饰线两种形式。

结构线即功能线，以人体体型为基础，既能满足人体的基本活动，使穿着舒适、方便，同时也能体现人体造型的线条。结构线多以省尖结束点为设计基点，通过省道转移将腰省融入到分割线中，以此进行各种形式的结构造型设计，如图 7-20（a）所示。

装饰线既没有改变裙身造型和功能的作用，也没有使裙身符合体型造型的作用，它的作用局限于装饰裙身的美观作用。装饰线遵循以审美性为主的设计原则，在位置、长短、数量上不受省道的限制，如图 7-20（b）所示。

在实际的设计中，结构线和装饰线并不孤立存在，往往是两者结合使用，这样既能满足设计的审美性，又能满足裙装的合体性，如图 7-20（c）所示。

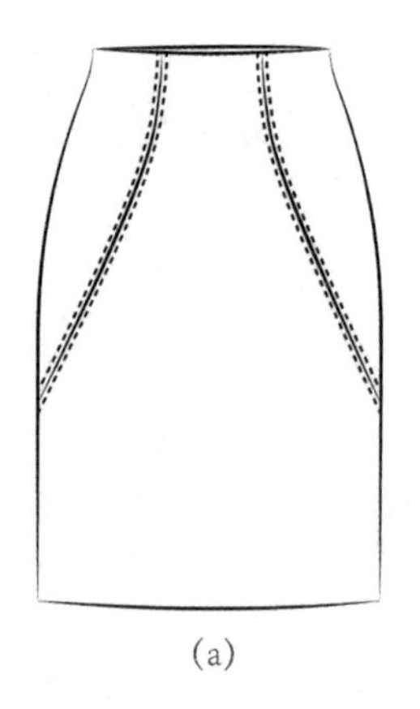

(a)

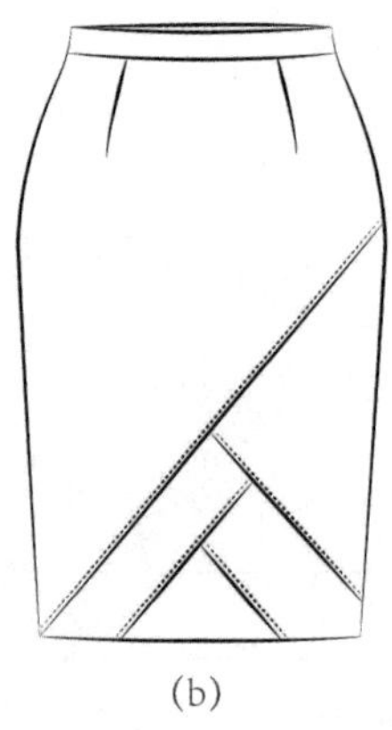

(b)

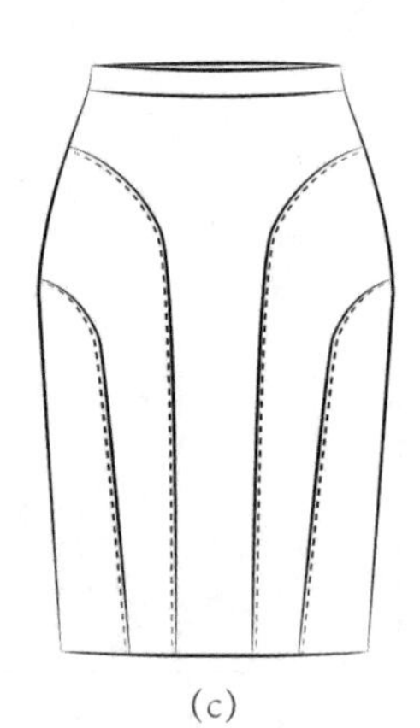

(c)

图 7-20　裙身中线的运用

【知识链接-2】裙（裤）腰设计

裙腰有多种形式，按照腰位的高低可分为高腰、中腰、低腰 3 种形式，按照工艺方式可分为连体腰和分体腰 2 种形式。

一、按腰位的高低（见图 7-21）

（1）高腰：指明显高过自然腰节线位置的腰位，一般在腰节线以上 3 cm 或者更高，以胸围下线为裙（裤）腰高低的底线，在此区间都属于高腰范畴。

（2）中腰：指在人体实际腰节线位置附近的腰位，是现代裙（裤）装常用的腰位选择。

（3）低腰：指裙（裤）腰在肚脐以下，以人体的胯骨为主要基点的腰位，一般不低于腹围线。

图 7-21　腰位分类图

二、按工艺方式

（1）连体腰：腰头与裙（裤）身无明显分割线的腰造型，视觉上腰头缺失，实际上含有腰头的作用，见图 7-22（a）所示。

（2）分体腰：指腰头与裙（裤）身有明显的分割线，根据其造型又可分为宽腰头、窄腰头和无腰头 3 种形式，见图 7-22（b）所示。

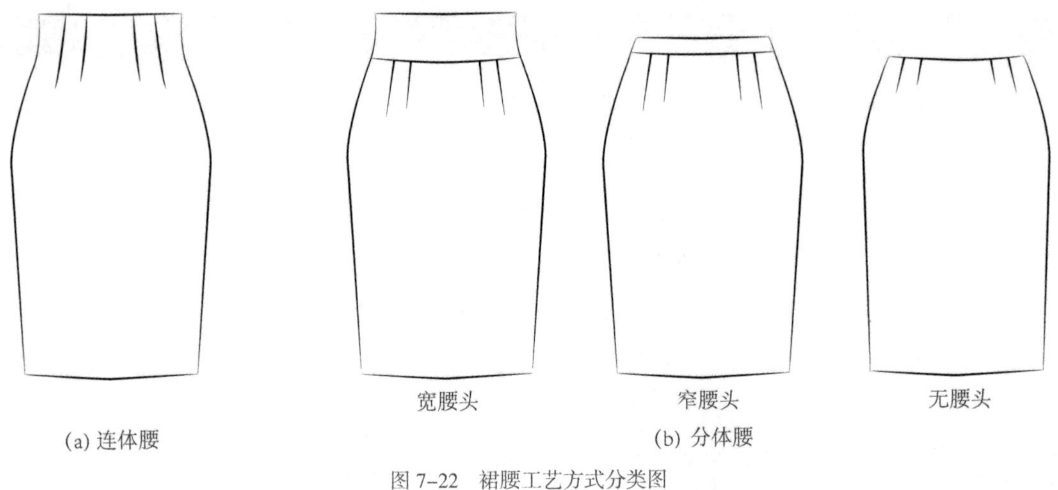

图 7-22 裙腰工艺方式分类图

【知识链接-3】褶裥的相关知识

一、褶裥的定义

褶裥是为了使服装适合人体体型曲线，在衣片上折叠的部分。褶裥是省道的变形形式之一，既有省道的功能，又有立体装饰效果，凝聚了服装造型的结构性和艺术性，集中体现服装的实用功能和视觉审美。

二、褶裥的分类

褶裥的形成方式多样，种类也很多，根据结构和工艺的不同，可以分为自由褶和规律褶两种形式。

1. 自由褶

自由褶，即不规则褶裥，指利用面料的堆积和悬垂特性产生的肌理效果，是对面料的一边或两边进行抽缩处理，或通过结构处理使面料形成自然、均匀的波浪造型。自由褶的形成不受规律约束，具有随意、自然、活泼的特点，但是造型有一定的不可控性，不恰当地运用自由褶，易产生膨胀感。自由褶又可分为波浪褶、缩褶和塔克褶三种形式。

（1）波浪褶

波浪褶是指面料在经过一定的结构处理后，形成自然、均匀的结构造型，这种造型在外观上似波浪，如图 7-23（a）所示，会在视觉上给人一种飘逸的立体感，并且波浪褶是通过结构处理而产生的，因此它不会束缚人体的活动。

（2）缩褶

缩褶，又称抽褶或碎褶，是指在面料中选择一条缩褶线，对其进行加量，并在后续缝制过程中对其进行缩缝而形成的褶裥，如图 7-23（b）所示。缩褶是设计师最常使用的一种创作手法。

（3）塔克褶

塔克褶又称悬垂褶、堆砌褶，是一种只需固定褶根，其余部位自然展开堆积的褶裥，如图 7–23（c）所示。塔克褶结合了缩褶和规律褶的优点，既目标明确又随意自然，可赋予服装一种造型上的华丽精致感。

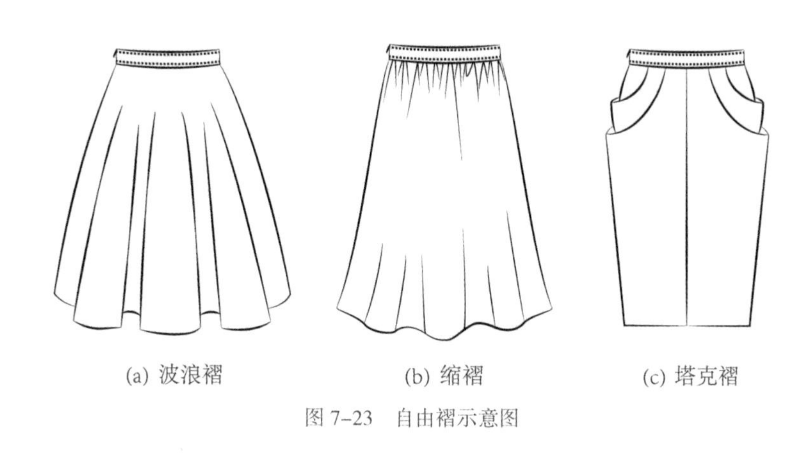

(a) 波浪褶　　(b) 缩褶　　(c) 塔克褶

图 7–23　自由褶示意图

2. 规律褶

规律褶指人为设计，利用熨烫或缝纫定型的手段形成的具有一定规律性的面料重叠效果，褶根固定有序，褶形、褶量和褶距均呈现出规律性。规律褶具有含蓄、庄重、大方的特点，造型上有一定的规律可循，结构和工艺上有一定的可控性。规律褶可分为顺褶和工字褶。

（1）顺褶

顺褶是一种在面料上直接进行相同褶距和褶量排列折叠的褶裥，如图 7–24(a)所示。顺褶常应用于裙装，常见的有百褶裙，有时也会在服装的领部、肩部和袖部等部位作为装饰出现。

（2）工字褶

工字褶是指褶裥方向相同的褶型，褶量大小根据结构设计来定，一般情况下，隐藏在暗处的褶量不超过明褶的两倍，以免出现褶量重叠的现象，如图 7–24（b）所示。工字褶又有阳褶和阴褶之分。阳褶是指面料最终的造型是褶子的两边统一向外折叠所形成的造型，阴褶是指褶子的两边统一向内折叠所形成的造型。阳褶和阴褶是相反又相通的，阳褶和阴褶同时存在于一件服装的正反面。

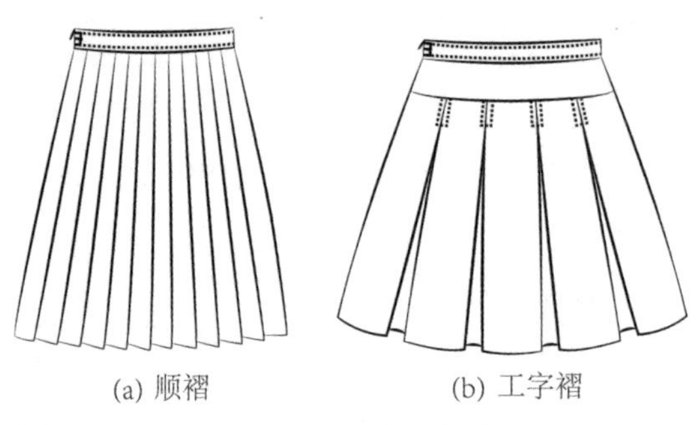

图 7-24 规律褶示意图

服装中打褶手法多种多样，其运用也可以相互转化和组合。成功的服装结构设计，不仅具有其基本的功能性，更要与设计结合，遵从现代的审美法则，从而设计出最理想的服装款式。

项目三　鱼尾裙版型设计实战演练

鱼尾裙是指裙体呈鱼尾状的裙子。裙子在上半部与身体紧密贴合，裙摆的臀部或膝部突然向下展开呈波浪状。收腰包臀的紧体设计勾勒出女性圆润的臀部到大腿修长曼妙的曲线，往下逐渐展开成鱼尾。

鱼尾裙上半身合体充分展现女性特有的 S 形优美曲线，下半身裙摆犹如美人鱼般婀娜多姿，使纤细的腰肢与撑起的胯部形成鲜明对比。它流畅的裙身曲线和夸张的下摆，比任何一款裙子都更能彰显女性的优雅、性感和妩媚。

根据企业的订单要求，通过款式分析、样板制作以及系列样板制作，完成鱼尾裙的版型设计，详细订单见表 7–17。

表 7–17　鱼尾裙原始订单

<table>
<tr><td colspan="2">品名：鱼尾裙</td><td colspan="2">款号：××</td><td>下单日期：××</td><td>完成时间：××</td></tr>
<tr><td colspan="4">款式说明：
本款裙子为高腰，裙身较长，腰部至膝部紧身设计，充分勾勒出女性臀、腿部修长的 S 型曲线，膝围线以下裙摆突然绽开，形态飘逸，形同鱼尾，因此得名。</td><td colspan="2">款式图</td></tr>
<tr><td rowspan="2"></td><td colspan="3">成品规格</td><td colspan="2" rowspan="2">面料：丝绒面料</td></tr>
<tr><td>155/64A</td><td>160/68A</td><td>165/72A</td></tr>
<tr><td>裙长</td><td>72</td><td>74</td><td>76</td><td colspan="2" rowspan="5">辅料：
1. 缝纫线（配色、涤棉）
2. 隐形拉链
3. 黏合衬</td></tr>
<tr><td>腰围</td><td>64</td><td>68</td><td>72</td></tr>
<tr><td>臀围</td><td>88.4</td><td>92</td><td>95.6</td></tr>
<tr><td>腰臀距</td><td>17.5</td><td>18</td><td>18.5</td></tr>
<tr><td>腰宽</td><td>6</td><td>6</td><td>6</td></tr>
<tr><td colspan="2">设计：×××</td><td colspan="2">制版：×××</td><td>样衣：×××</td><td>核对：×××</td></tr>
</table>

任务一 款式分析

一、款式造型分析

本款裙子为连身高腰裙，前后一共有 8 片组成，裙身较长，“鱼肚”的三围（即腰部、臀部及大腿中部 3 个围度）呈合体造型，“鱼尾”的展开位置在膝围线上端。

二、面料缩率确定

鱼尾裙宜采用悬垂性好的弹性面料，既能满足“鱼肚”处三围合体的要求，又不限制穿着行走的舒适度。若使用非弹性材料，则裙摆绽开位置应提高至臀部下方，最起码要提高到大腿中部，否则会行走困难。

本款鱼尾裙采用略有弹性的丝绒面料，经过面料缩率测试，该丝绒面料的缩率：经向为 1.5%，纬向为 1.0%。

三、制板规格设计

综合缩率以及工艺手段等的影响因素，计算鱼尾裙中间码 160/68A 相关部位的制板规格：

裙长 = 74 ×（1+1.5%）≈ 75.1

腰围 = 68 ×（1+1.0%）≈ 68.7

臀围 = 92 ×（1+1.0%）≈ 92.9

腰臀距 = 18 ×（1+1.5%）≈ 18.3

腰宽 = 6 ×（1+1.0%）≈ 6.1

因此，手工制版时鱼尾裙制板规格见表 7–18。

表 7–18 鱼尾裙制板规格

单位：cm

号型	部位规格				
	裙长	腰围	臀围	腰臀距	腰宽
160/68A	75.1	68.7	92.9	18.3	6.1

任务二 样板制作

一、结构设计

第一步：分割线、裙摆线的绘制方法：前后臀围线的 1/2 作裙摆线的垂线，以这条线为基准来决定分割线。臀围线向下 10 cm 作分割线的辅助线，圆顺绘制弧线，下摆线与分割线应成直角，并弧线画顺。见图 7–25。

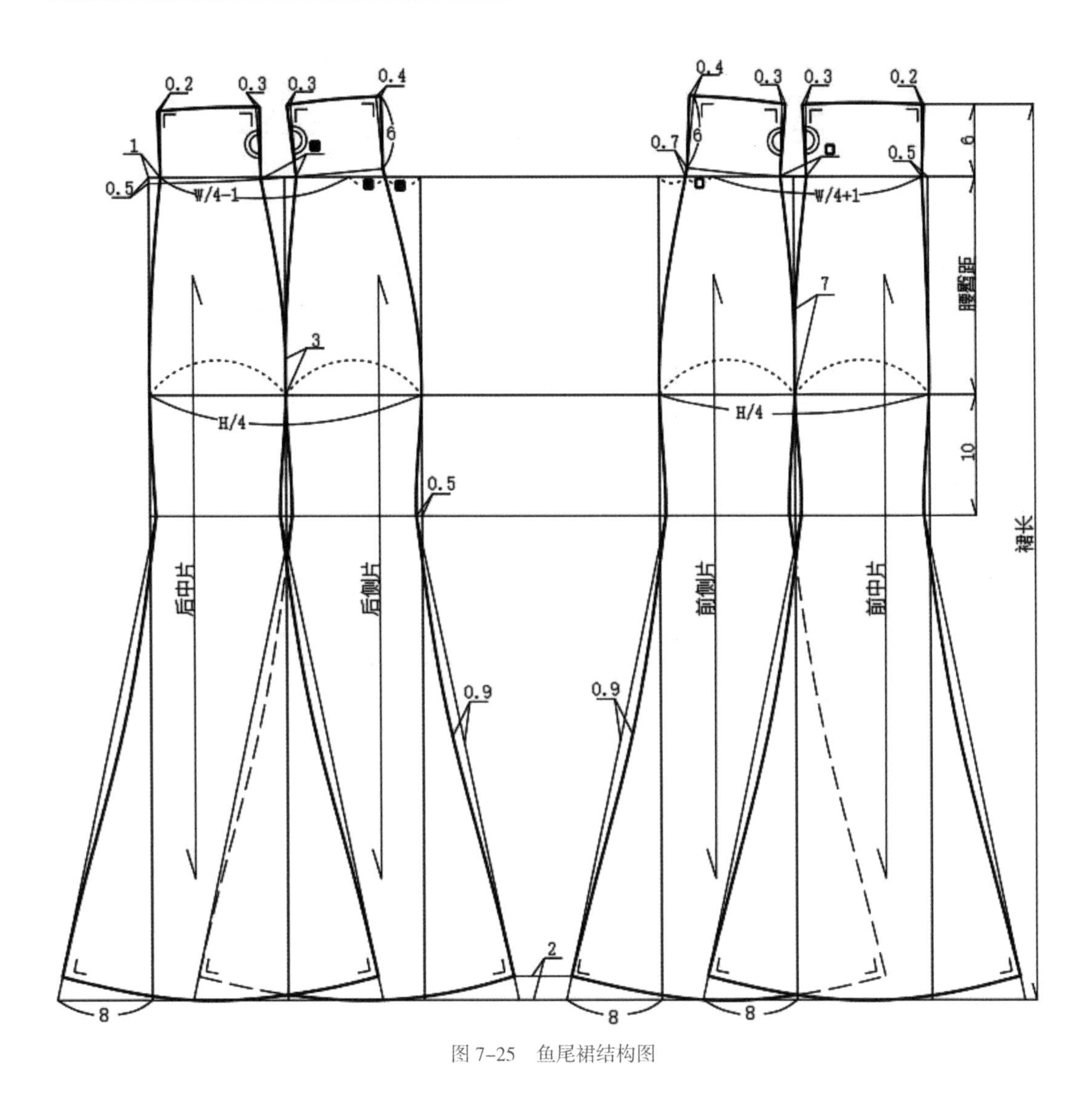

图 7-25　鱼尾裙结构图

第二步：鱼尾裙的腰贴制图见图 7-26。

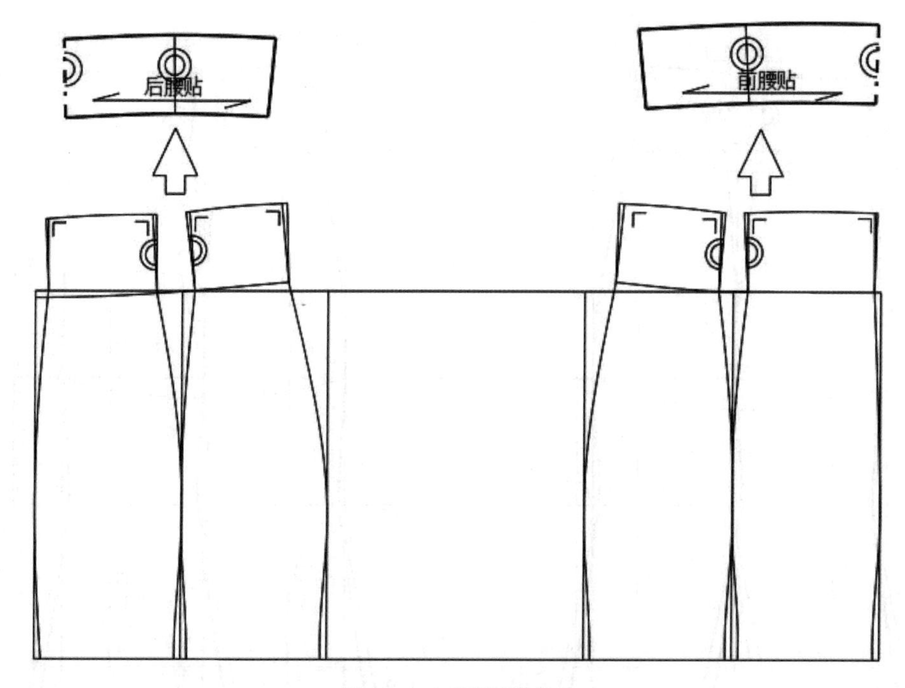

图 7–26 鱼尾裙腰贴做法

二、样板制作

1. 样板放缝（见图 7–27）

（1）前后裙片腰口缝份为 1 cm，拼接处缝份为 1.2 cm，底边缝份为 2 cm。

（2）前后腰贴上下口缝份为 1 cm，侧边缝份为 1.2 cm。

2. 样板标注

（1）裙片常规缝份为 1 cm，不必打刀眼；特殊缝份处需打刀眼，如裙片拼合缝处、腰贴侧缝等处。

（2）前后裙片臀围线、裙摆展开位置做对位记号；后中位置做拉链安装止点记号；裙摆处做卷边宽度的记号。

（3）腰贴在前后中心线位置、裙片分割线位置做对位记号。

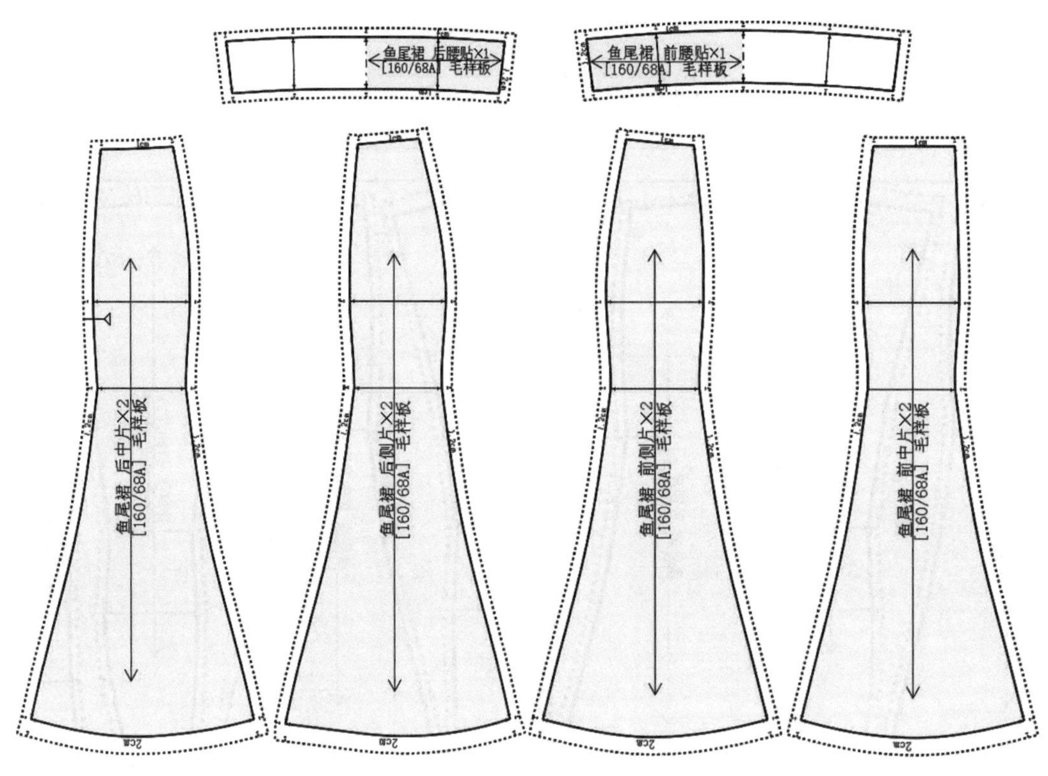

图 7-27 面料样板

三、排料

排料的裁片采用已经完成放缝的面料样板。这款鱼尾裙采用幅宽 144 cm 的丝绒面料制作，单层单件平铺排料，如图 7-28 所示。裙片经向丝绺与布边平行，样板紧密套排，单件用料为裙长的 2 倍左右。

一般而言，如面料无特殊要求，可采用 7-28（a）中的方法，衣片的经向方向与面料的经线方向相一致，裁片可以调转方向进行排料；对于有方向性（如灯芯绒、丝绒等）和图案的面料，不能进行倒顺排料，只能以主要裁片的方向和图案为标准，保证裁片方向的一致，如图 7-28（b）中所示。

本款鱼尾裙采用丝绒面料，只能采用图 7-28（b）中的排料方案。就单层单件排料而言，两者的面料利用率一致，但是对于大批量生产的排料而言，倒顺排料能有效提高面料的利用率。在实际的生产过程中，要根据具体的款式选用合适的排料方案。

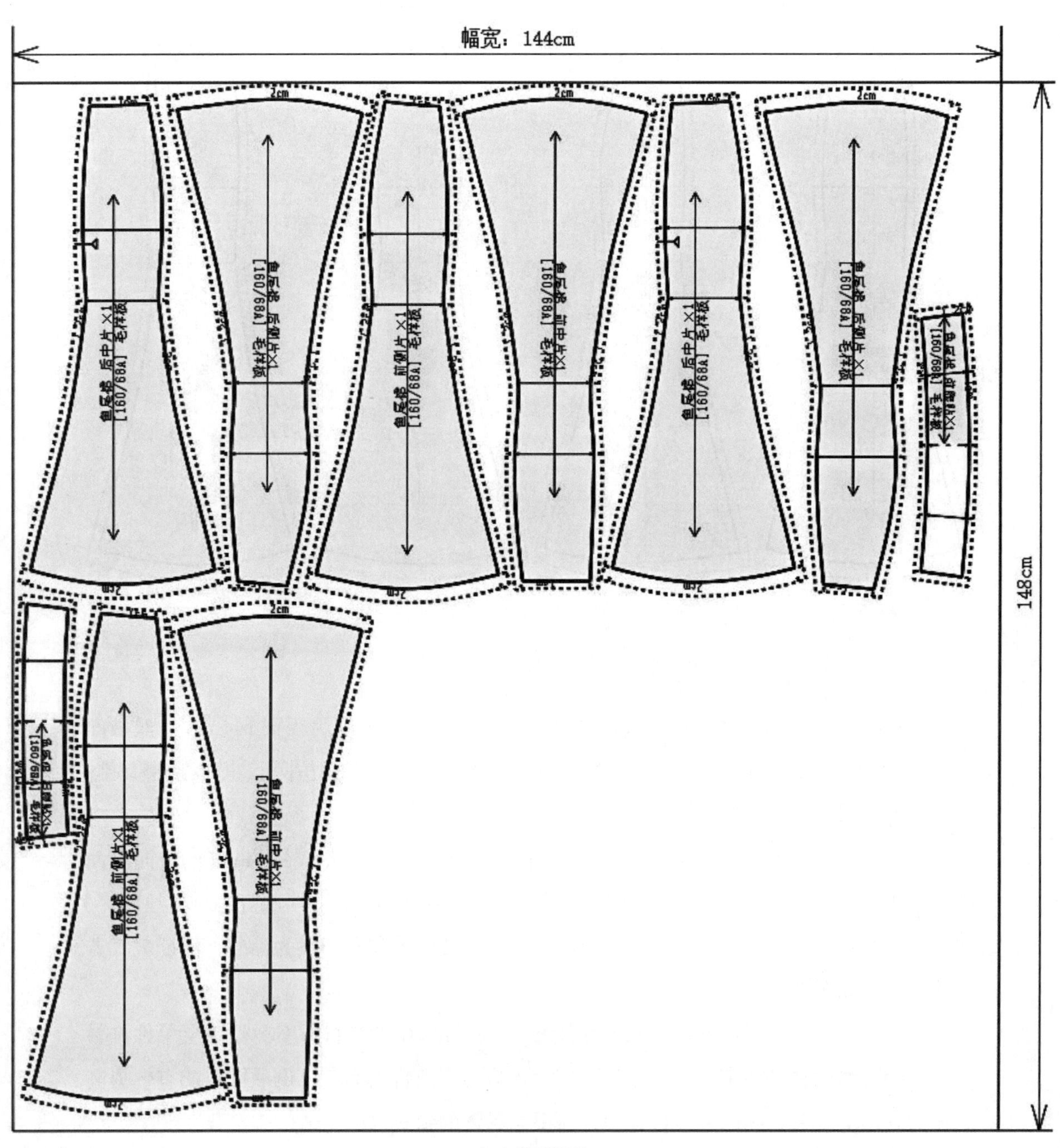
幅宽：144cm
148cm
鱼尾裙 后中片×1 [160/68A] 毛样板
鱼尾裙 后侧片×1 [160/68A] 毛样板
鱼尾裙 前侧片×1 [160/68A] 毛样板
鱼尾裙 前中片×1 [160/68A] 毛样板
2cm

（a）倒顺排料

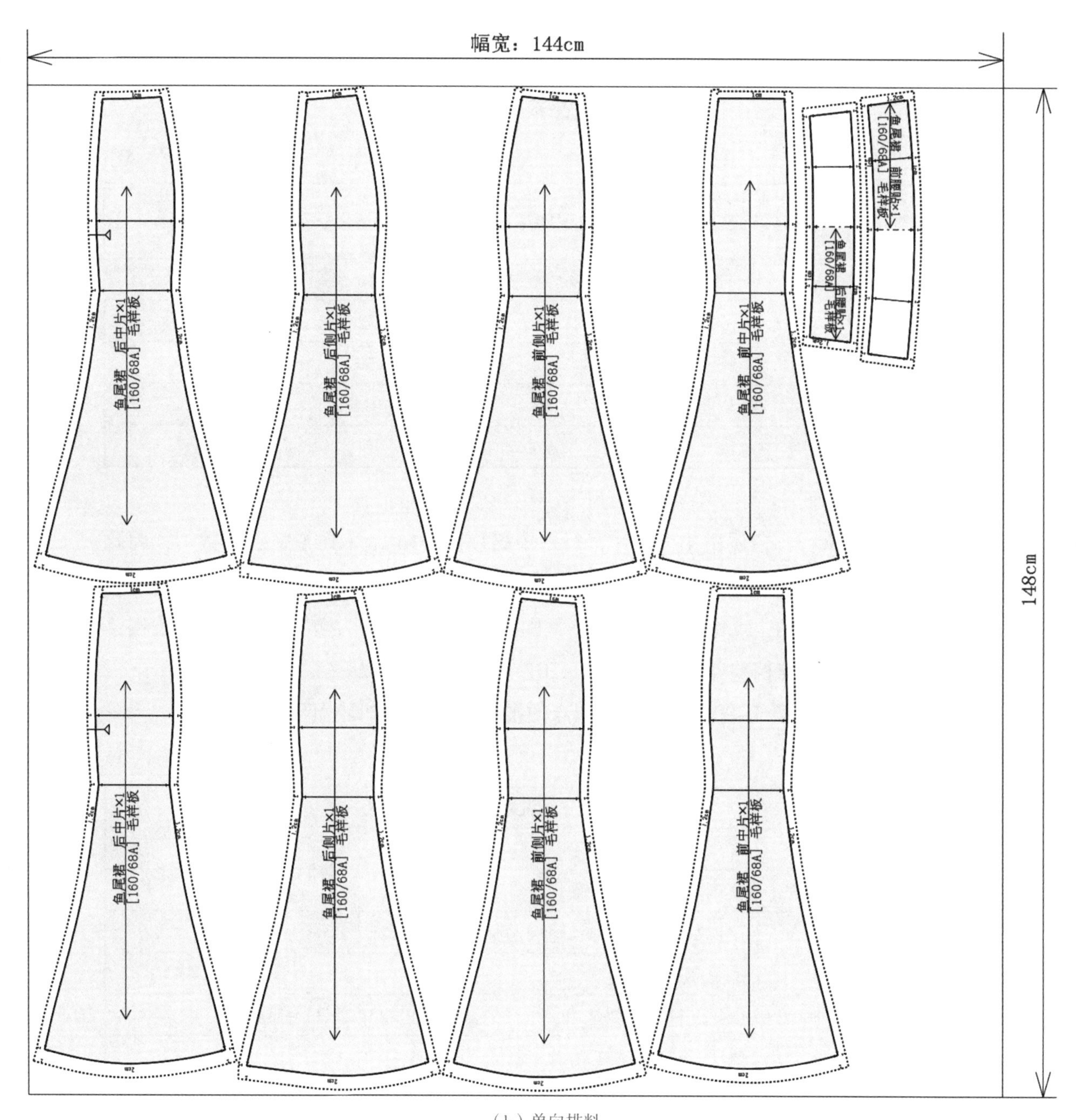

（b）单向排料

图 7-28　面料样板排料图

任务三　系列样板制作

一、档差与成品系列规格

根据订单中的成品系列规格，确定档差，见表 7–19。

表 7–19　成品系列规格与档差

单位：cm

部位＼规格	155/64A	160/68A	165/72A	档差
裙长（SL）	72	74	76	2
腰围（W）	64	68	72	4
臀围（H）	88.4	92	95.6	3.6
腰臀距	17.5	18	18.5	0.5
腰宽	6	6.1	6	0

二、样板推档

（1）裙片推档：鱼尾裙 4 个裙片，每一个裙片占 1/16H，1/16（W ± 常数），因此每个裙片臀围档差为 1/16 △ H，腰围档差 1/16 △ W。四个裙片的放码方法和放码量相同。以每个裙片臀围线的中点作为放码原点，臀围线和其垂直线作为坐标公共线进行推档，各放码点的推档量与档差分配说明见表 7–20，推档图见图 7–29。

表 7–20　裙片各放码点的推档量与档差分配说明

单位：cm

放码点	推档量	档差分配说明	备注
O	X：0	放码原点，不缩放	
	Y：0	放码原点，不缩放	
A	X：0.23	1/4 △ H × 1/2 × 1/2 = 1/16 △ H = 0.225	△ H = 3.6
	Y：0	位于 X 轴上，不缩放	
B	X：−0.23	1/4 △ H × 1/2 × 1/2 = 1/16 △ H = 0.225	△ H = 3.6
	Y：0	位于 X 轴上，不缩放	
C	X：0.25	1/4 △ W × 1/2 × 1/2 = 1/16 △ W = 0.25	△ W = 4，常数档差为 0
	Y：0.5	腰臀距档差 = 0.5	
D	X：−0.25	1/4 △ W × 1/2 × 1/2 = 1/16 △ W = 0.25	△ W = 4，常数档差为 0
	Y：0.5	同 C 点	

续表

放码点	推档量	档差分配说明	备注
E	X：0.23	同 A 点	
	Y：−0.25	BF ≈ 1/2 腰臀距 = 0.25	保“型”
F	X：−0.23	同 B 点	
	Y：−0.25	同 F 点	
G	X：0.23	同 A 点	
	Y：−1.5	△ SL− 腰臀距档差 = 1.5	△ SL = 2
H	X：−0.23	同 B 点	
	Y：−1.5	同 G 点	

注：表中“+”“−”代表移动方向，“+”代表向右或上方移动，“−”代表向左或下方移动。

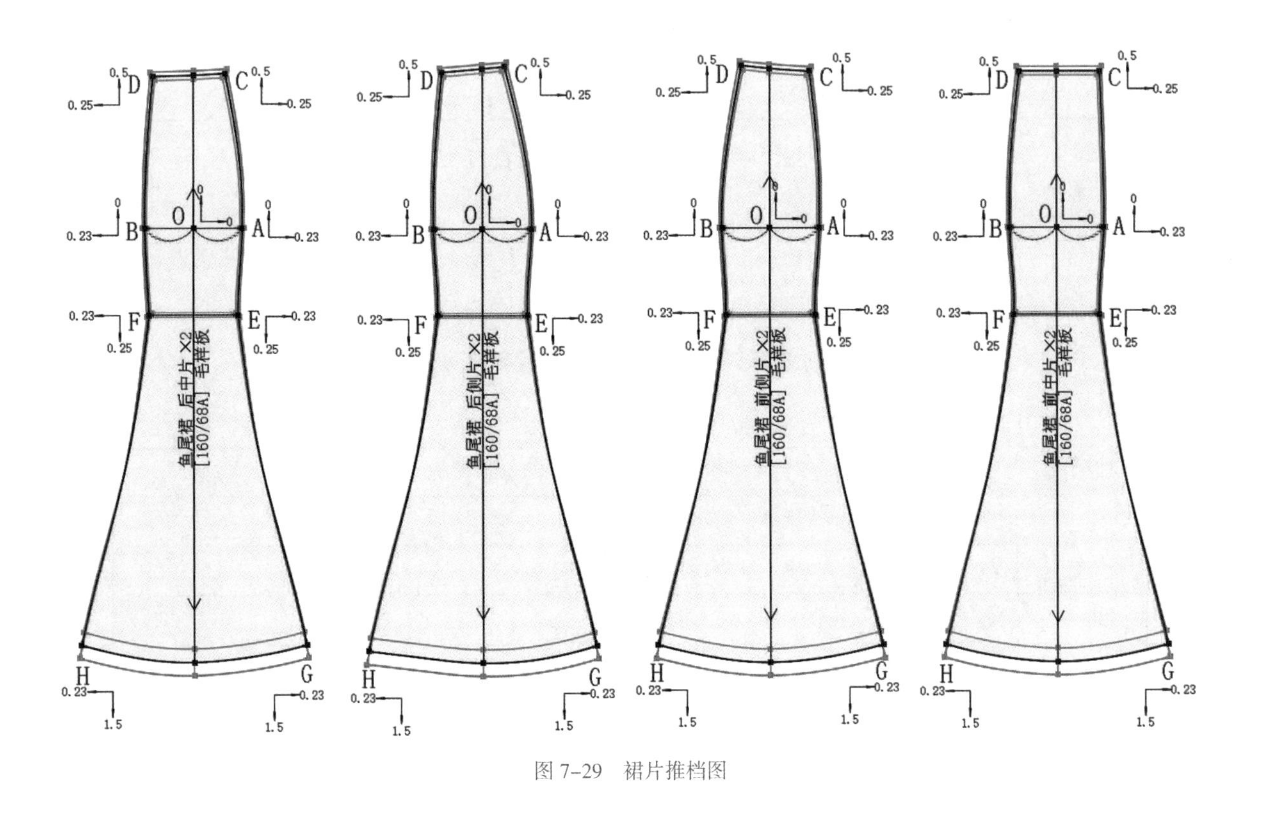

图 7–29　裙片推档图

（2）前腰贴推档：以前中线和下口线作为坐标公共线，两线交点作为放码原点，各放码点的推档量与档差分配说明见表 7–21，推档图见图 7–30。

表 7-21　前腰贴各放码点的推档量与档差分配说明

单位：cm

放码点	推档量	档差分配说明	备注
O	X：0	放码原点，不缩放	
	Y：0	放码原点，不缩放	
O'	X：0	位于 Y 轴上，不缩放	
	Y：0	腰贴档差为 0	腰贴为常数，常数档差为 0
A	X：−0.5	△ W/4 × 1/2 = △ W/8 = 0.5	△ W = 4
	Y：0	位于 X 轴上，不缩放	
A'	X：−0.5	同 A 点	
	Y：0	同 O' 点	
B	X：−1	△ W/4 = 1	
	Y：0	位于 X 轴上，不缩放	
B'	X：−1	同 B 点	
	Y：0	同 O' 点	

注：表中“+”“−”代表移动方向，“+”代表向右或上方移动，“−”代表向左或下方移动

（3）后腰贴推档：以后中线和下口线作为坐标公共线，两线交点作为放码原点，各放码点的推档量与档差分配说明见表 7-22，推档图见图 7-30。

表 7-22　后腰贴各放码点的推档量与档差分配说明

单位：cm

放码点	推档量	档差分配说明	备注
O	X：0	放码原点，不缩放	
	Y：0	放码原点，不缩放	
O'	X：0	位于 Y 轴上，不缩放	
	Y：0	腰贴档差为 0	腰贴为常数，常数档差为 0
A	X：0.5	△ W/4 × 1/2 = △ W/8 = 0.5	△ W = 4
	Y：0	位于 X 轴上，不缩放	
A'	X：0.5	同 A 点	
	Y：0	同 O' 点	

续表

放码点	推档量	档差分配说明	备注
B	X：1	△ W/4 = 1	
	Y：0	位于 X 轴上，不缩放	
B'	X：1	同 B 点	
	Y：0	同 O' 点	

注：表中“+”“–”代表移动方向，“+”代表向右或上方移动，“–”代表向左或下方移动。

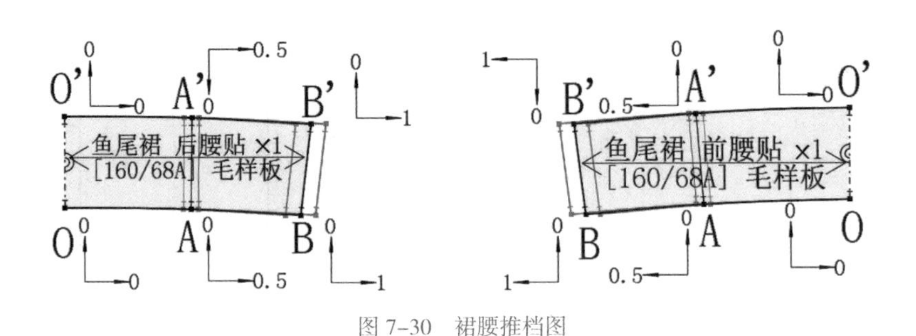

图 7–30　裙腰推档图

【知识链接–1】鱼尾裙造型的结构处理方式

鱼尾裙造型的结构处理方法，除了在每条分割缝中增加裙摆展开量之外，还可以选用插角、剪切展开、部分剪切等方式。

一、插角

以直裙造型为基础，把裙身纵向分割成若干（8/12/16 等）份（见图 7–31）后，在每个分割线中插入展开量，见图 7–32。

二、剪切展开

将裙摆横向剪下，再纵向分割后呈扇形展开，见图 7–33。

三、部分剪切

本款鱼尾裙绽开点较低，在裙片下摆中剪下一部分进行分割后呈扇形展开，形式有直线分割与曲线分割等，见图 7–34。

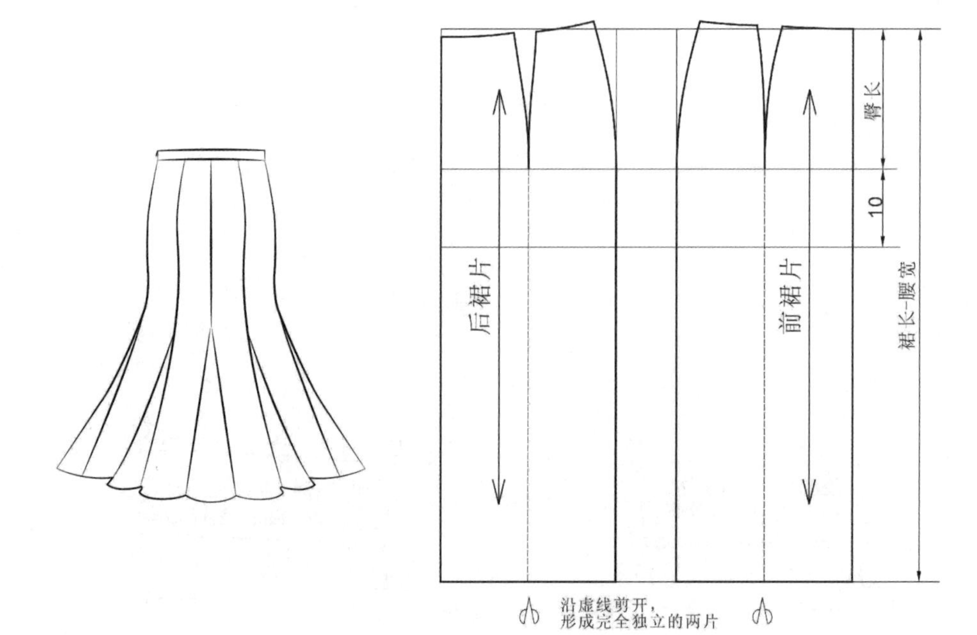

图 7-31 插角鱼尾裙框架图

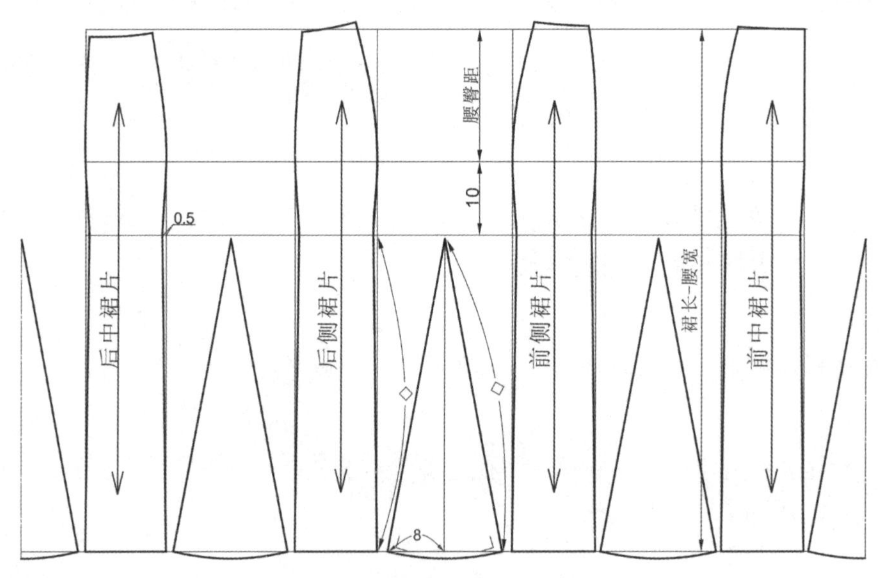

图 7-32 插角鱼尾裙结构图

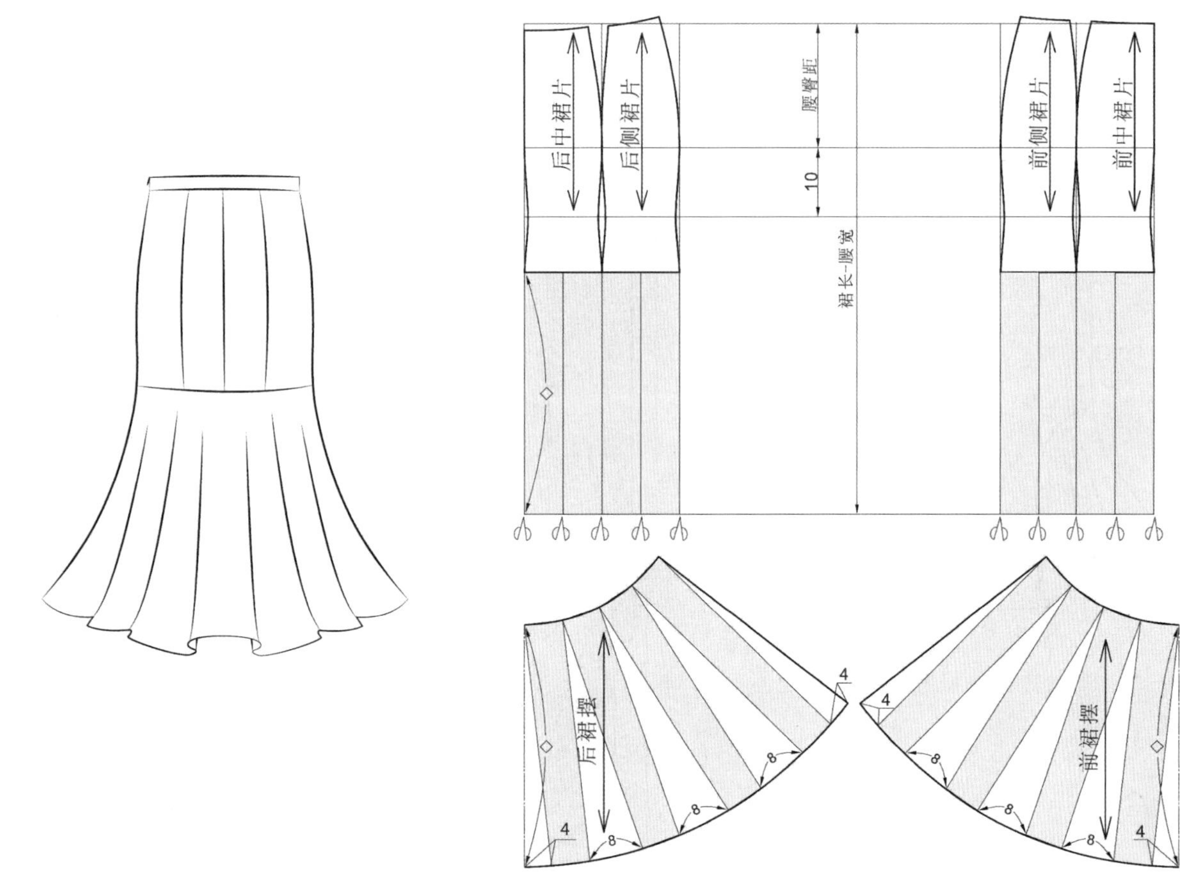

图 7-33　剪切展开法鱼尾裙结构图

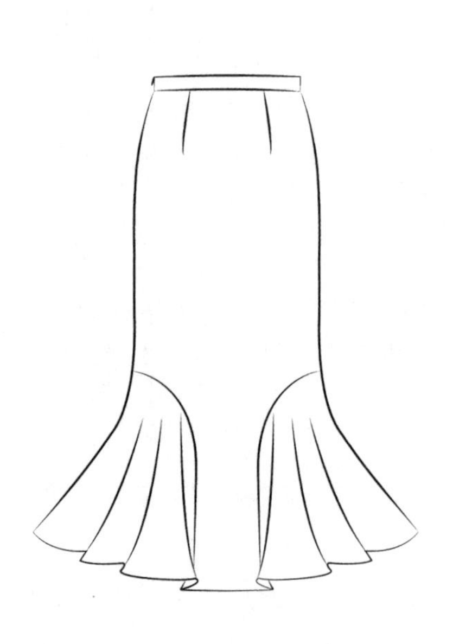

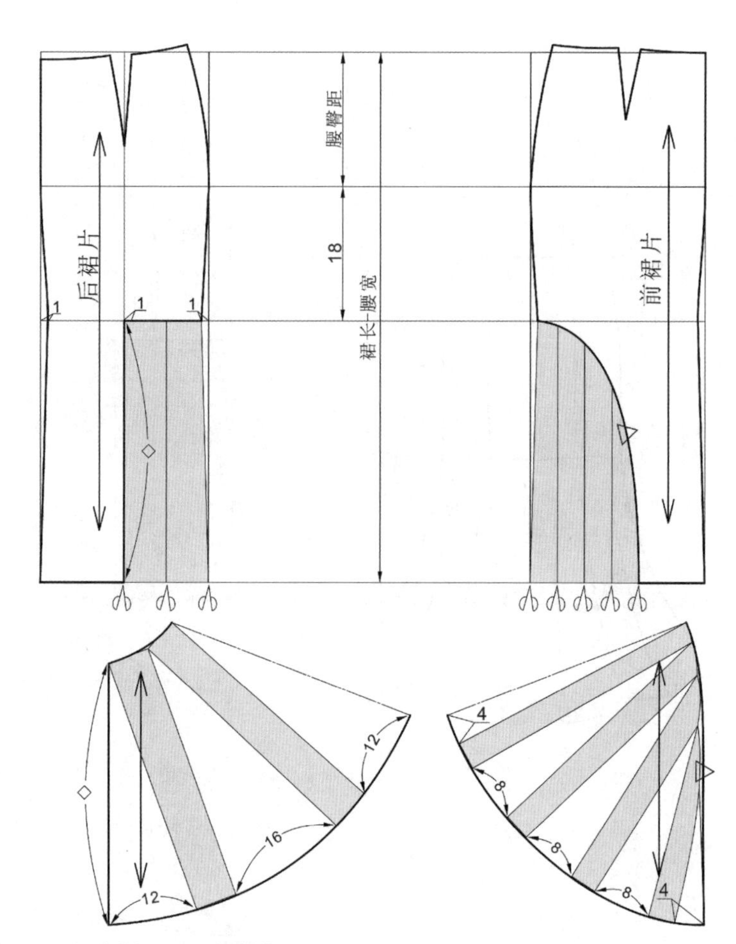

图 7-34 部分剪切法鱼尾裙结构图

项目四　波浪裙版型设计实战演练

波浪裙是指从腰围到裙摆逐渐张大，下摆飘逸的裙子。由于从腰到下摆形状像喇叭花开放的样子，因此也叫喇叭裙。可由 1 片、2 片、4 片、6 片、8 片以及更多数量的裙片组成。

波浪裙多为斜丝裁剪，裙摆宽裕，裙身线条流畅，动感显著，有自然的波浪和流动美，能展现女性婀娜多姿的体态和柔美的气质。波浪裙应用范围广泛，根据使用面料的变化，既可作为日常服装，也可作为社交礼服。

根据企业的订单要求，通过款式分析、样板制作以及系列样板制作，完成波浪裙的版型设计，详细订单见表 7–23。

表 7–23　波浪裙原始订单

<table>
<tr><td colspan="2">品名：波浪裙</td><td colspan="2">款号：××</td><td>下单日期：××</td><td>完成时间：××</td></tr>
<tr><td colspan="4">款式说明：
本款裙子是全圆型波浪裙，裙长至小腿中部，装直腰，右侧缝上端装隐形拉链。</td><td colspan="2">款式图</td></tr>
<tr><td rowspan="2"></td><td colspan="3">成品规格</td><td colspan="2" rowspan="2">面料：直贡缎</td></tr>
<tr><td>155/64A</td><td>160/68A</td><td>165/72A</td></tr>
<tr><td>裙长</td><td>72.5</td><td>75</td><td>77.5</td><td colspan="2" rowspan="3">辅料：
1. 缝纫线（配色、涤棉）　2. 隐形拉链
3. 黏合衬　4. 纽扣 1 粒</td></tr>
<tr><td>腰围</td><td>66</td><td>70</td><td>74</td></tr>
<tr><td>腰宽</td><td>3</td><td>3</td><td>3</td></tr>
<tr><td colspan="2">设计：×××</td><td colspan="2">制版：×××</td><td>样衣：×××</td><td>核对：×××</td></tr>
</table>

任务一　款式分析

一、款式造型分析

本款裙子是由 2 片 180° 裙片组成的全圆型波浪裙，裙长至小腿中部，装直腰，右侧缝上端装隐形拉链。行走时，裙摆随身摆动，富有动感和韵律美。

二、面料缩率确定

波浪裙的面料选择范围较广，多采用经纬向弹力、质感相同的面料。双绉、斜纹绸等丝织物，府绸、贡缎等棉织物和悬垂性较好的轻薄型化纤织物都可使用。

不同的面料与波浪形态有直接关系，要根据服用目的来选择。一般悬垂性好的面料波浪可大些，质地较厚较硬实的面料波浪宜小些。表现飘逸感时多选择薄料，薄棉料、纱料、丝绸料等都可用来突出悬垂效果。

本款波浪裙采用悬垂性较好的直贡缎面料，经过面料缩率测试，该面料的缩率：经向为 3.5%，纬向为 3.0%。

三、制板规格设计

综合缩率以及工艺手段等的影响因素，计算波浪裙中间码 160/68A 相关部位的制版规格：

裙长 = 75 ×（1+3.5%）≈ 77.6

腰围 = 70 ×（1+3.0%）≈ 72.1

腰宽 = 3 ×（1+3.0%）≈ 3.1

因此，手工制板时波浪裙制版规格见表 7–24。

表 7–24　波浪裙制版规格

单位：cm

号型	部位规格		
	裙长	腰围	腰宽
160/68A	77.6	72.1	3.1

••● 任务二　样板制作 ●••

一、结构设计【知识链接 –1】

绘制波浪裙结构图，根据圆周率计算腰口半径 = W/2π，绘制波浪裙前后裙片，再绘制裙腰带。注意在圆摆的正斜丝绺处（与经纱方向呈 45° 的地方）去掉 1 ～ 3 cm（下摆斜丝位置穿着时会因受拉伸而变长，变长量根据面料的质地性能而定），将下摆圆弧画顺。见图 7–35。

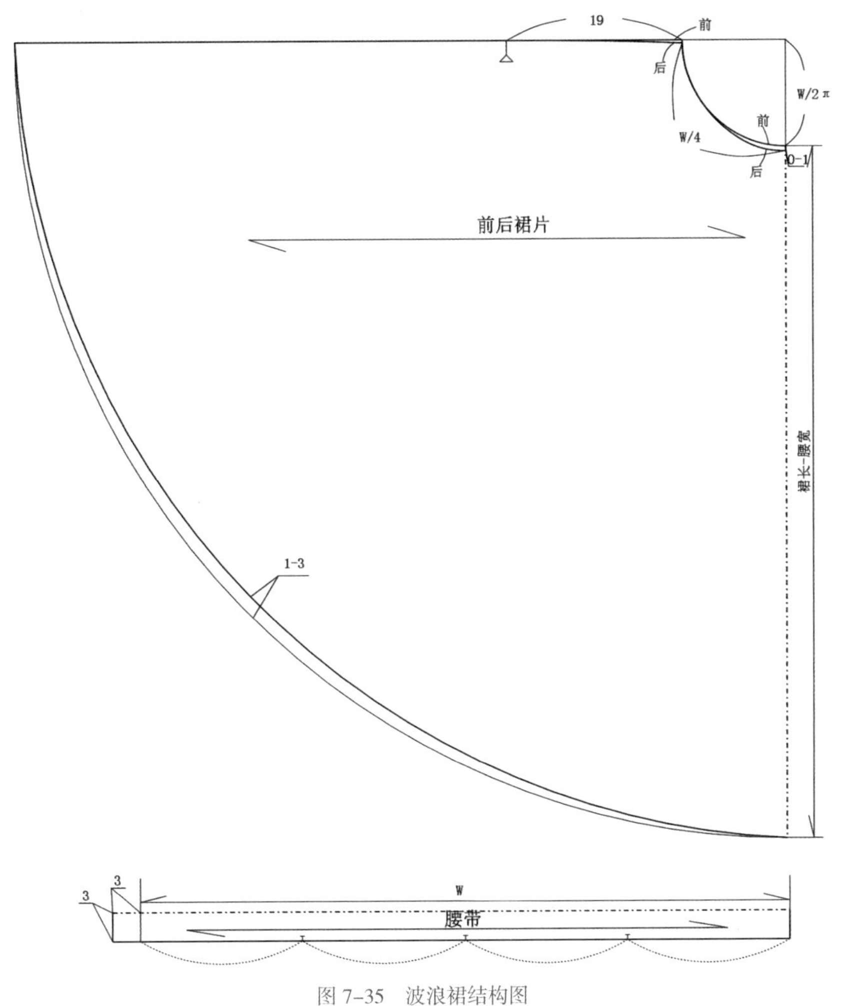

图 7-35　波浪裙结构图

二、样板制作

1. 样板放缝（见图 7-36）

（1）前后裙片腰口缝份为 0.8 cm，侧缝缝份为 1 ～ 1.5 cm，底边的缝份为 0.8 cm。

（2）裙腰装腰位置缝份为 0.8 cm，其余放缝 1 cm。

2. 样板标注

（1）腰带在侧缝、前后中点位置做好相对应的对位记号，以便装腰。

（2）前后裙片裙摆处做卷边宽度的记号。

（3）装隐形拉链处做拉链安装止点记号。

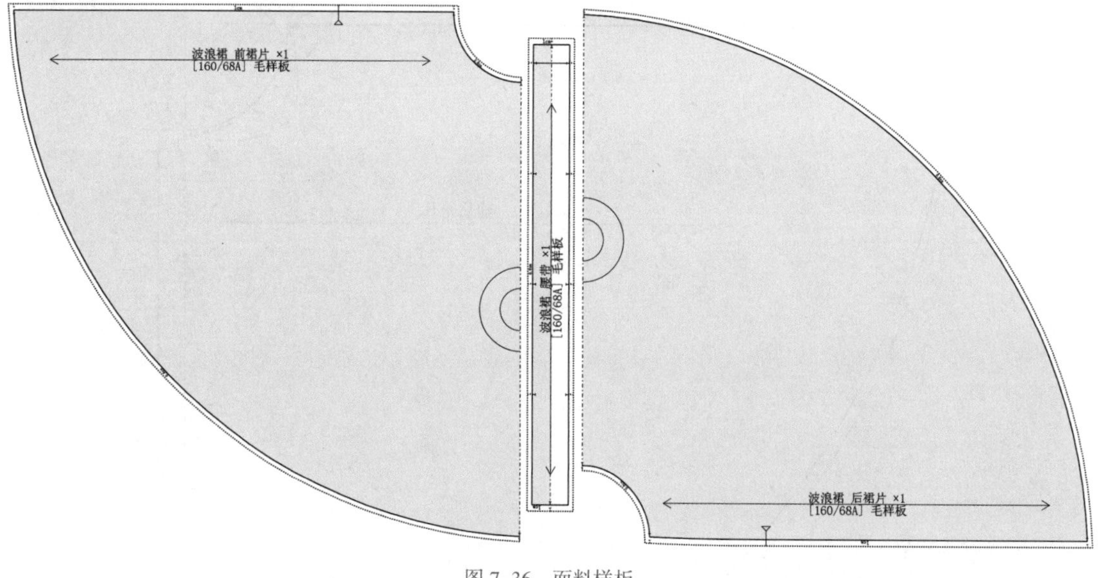

图 7-36　面料样板

三、排料

排料的裁片采用已经完成放缝的面料样板，这款波浪裙采用幅宽 144 cm 的直贡缎面料制作，单层单件平铺排料如图 7-37 所示。裙片经向丝绺与布边平行，样板紧密套排，单件用料为 260 cm 左右。

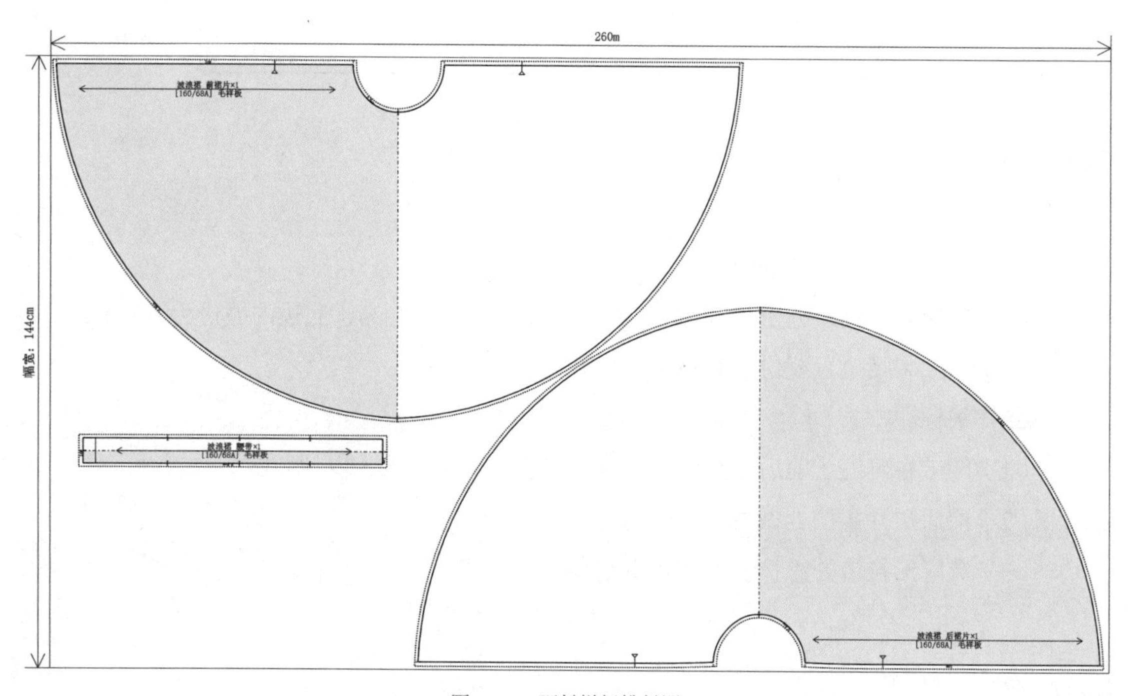

图 7-37　面料样板排料图

任务三　系列样板制作

一、档差与成品系列规格

根据订单中的成品系列规格，确定档差，见表 7–25。

表 7–25　成品系列规格与档差

单位：cm

部位＼规格	155/64A	160/68A	165/72A	档差
裙长（SL）	72.5	75	77.5	2.5
腰围（W）	66	70	74	4
腰宽	3	3	3	0

二、样板推档

（1）前后裙片推档：前后裙片推档方法一致。以前裙片为例，以前中线和侧缝线作为坐标公共线，两线交点作为放码原点，各放码点的推档量与档差分配说明见表 7–26，推档图见图 7–38。

表 7–26　前后裙片各放码点的推档量与档差分配说明

单位：cm

放码点	推档量	档差分配说明	备注
O	X：0	放码原点，不缩放	
	Y：0	放码原点，不缩放	
A	X：−0.64	$\Delta W/2\pi = 0.64$	$\Delta W = 4$
	Y：0	位于 X 轴上，不缩放	
B	X：0	位于 Y 轴上，不缩放	
	Y：−0.64	$\Delta W/2\pi = 0.64$	$\Delta W = 4$
C	X：−3.14	$\Delta W/2\pi + \Delta SL = 3.14$	$\Delta W = 4$，$\Delta SL = 2.5$
	Y：0	位于 X 轴上，不缩放	
D	X：0	位于 Y 轴上，不缩放	
	Y：−3.14	$\Delta W/2\pi + \Delta SL = 3.14$	$\Delta W = 4$，$\Delta SL = 2.5$

注：表中“+”“−”代表移动方向，“+”代表向右或上方移动，“−”代表向左或下方移动。

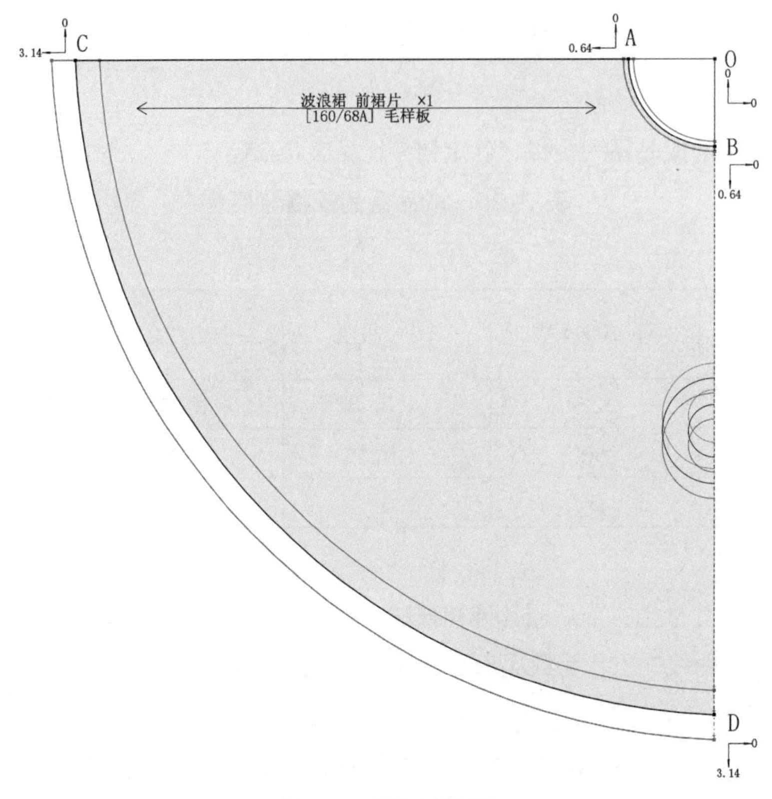

图 7-38　前裙片推档图

（2）腰带推档：推档方法与一步裙的相同，不再赘述。

【知识链接-1】波浪裙结构设计方法

波浪裙结构设计方法一般有两种，一种是根据圆周率进行分割的方法，还有一种是合并省的展开方法。

1. 根据圆周率进行分割的方法

波浪裙根据裙摆的大小，对应不同的圆周率，一般波浪的大小可以分为 1/4 圆、1/2 圆（半圆）、3/4 圆、全圆，如果波浪量更大，甚至可以 3/2 圆或者 2 个全圆。利用圆周率，根据腰围尺寸算出圆的半径，并绘制相应的圆。在波浪裙制图时，要注意在圆摆的正斜丝绺处要根据面料的质地性能，去掉面料的伸长量（下摆斜丝位置穿着时会因受拉伸而变长）。

假设裙长为 L，腰围尺寸为 W，则计算出对应的腰口半径（见图 7-39）：

1/4 圆的腰口半径 $R = 2W/\pi$

1/2 圆的腰口半径 $R = W/\pi$

3/4 圆的腰口半径 R = 2W/3 π

全圆的腰口半径 R = W/2 π

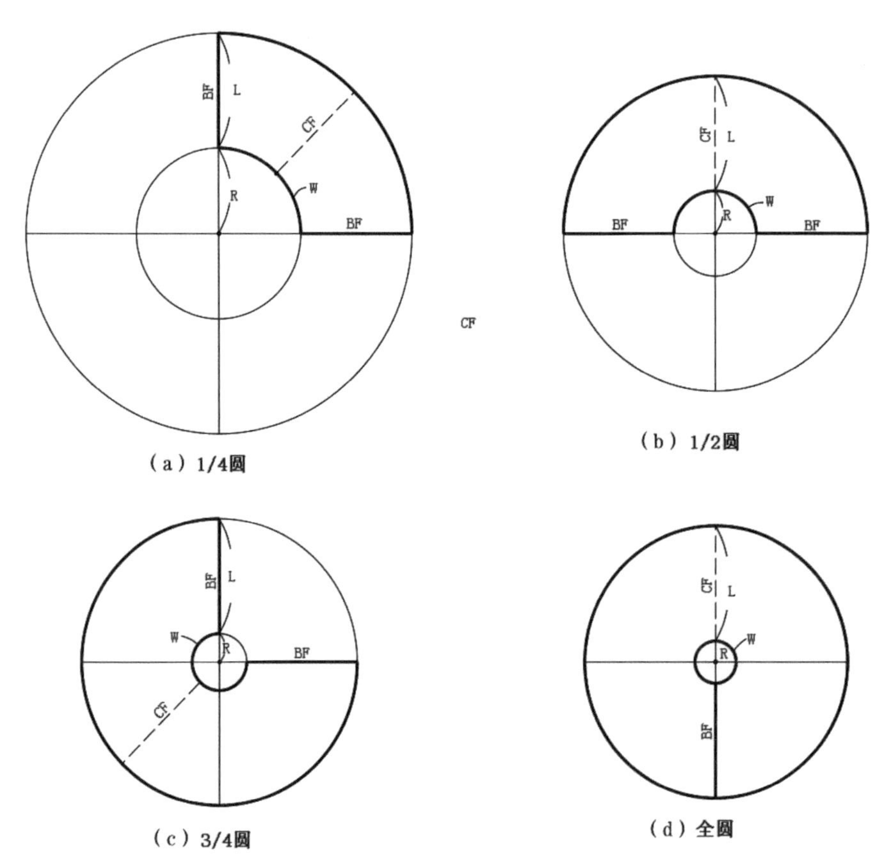

图 7-39　不同圆周率的腰口半径图

2. 合并省的展开方法

按照人体规格制作出基本裙片并确定波浪展开位置；根据波浪量合并腰省，将裙摆拉展到合适的宽度；最后再绘制波浪裙外轮廓，连接圆顺，见图 7-40。

若波浪裙波浪量较小，可以减少裙摆展开量，将两个省道合并成一个省道，见图 7-41。

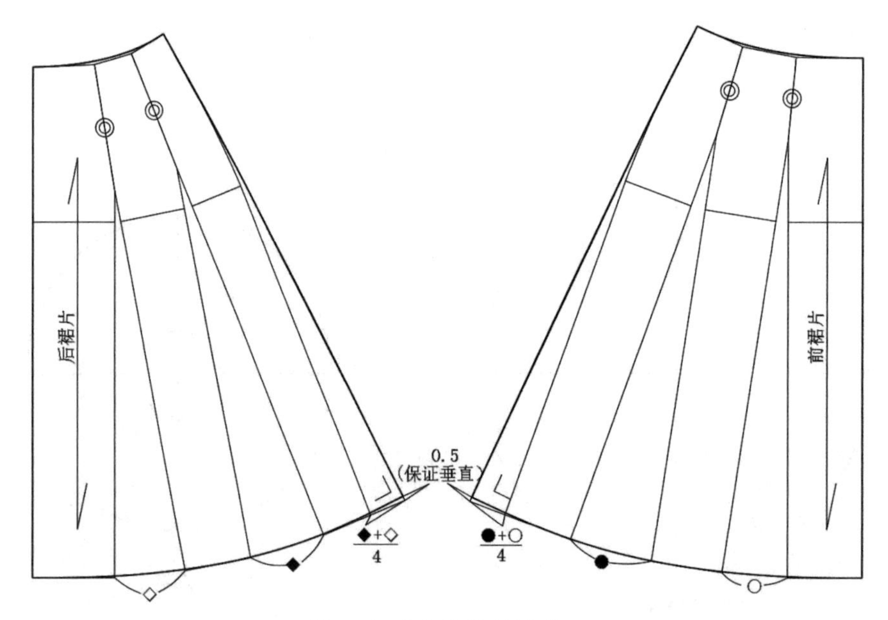

图 7–40　合并省的展开方法一

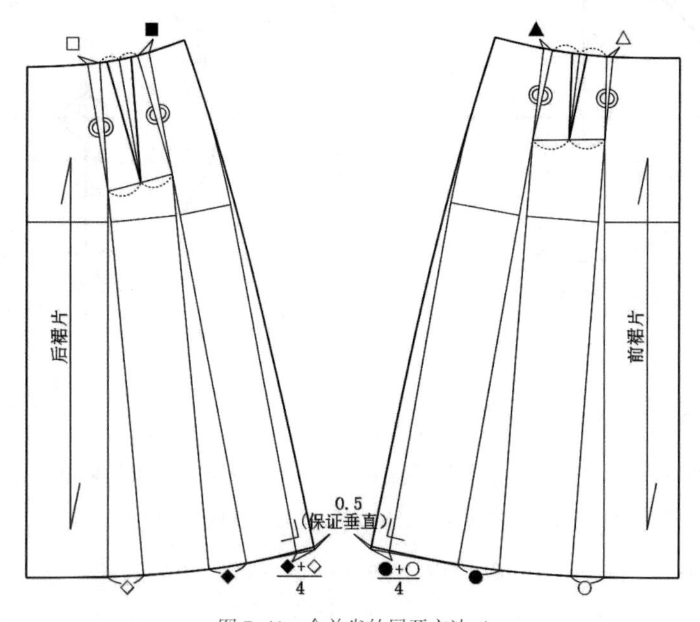

图 7–41　合并省的展开方法二

若波浪裙波浪量较大，在两个省道合并的基础上还不能满足波浪量，则可以在两省合并的基础上再剪切展开至所需的波浪量，见图 7–42。

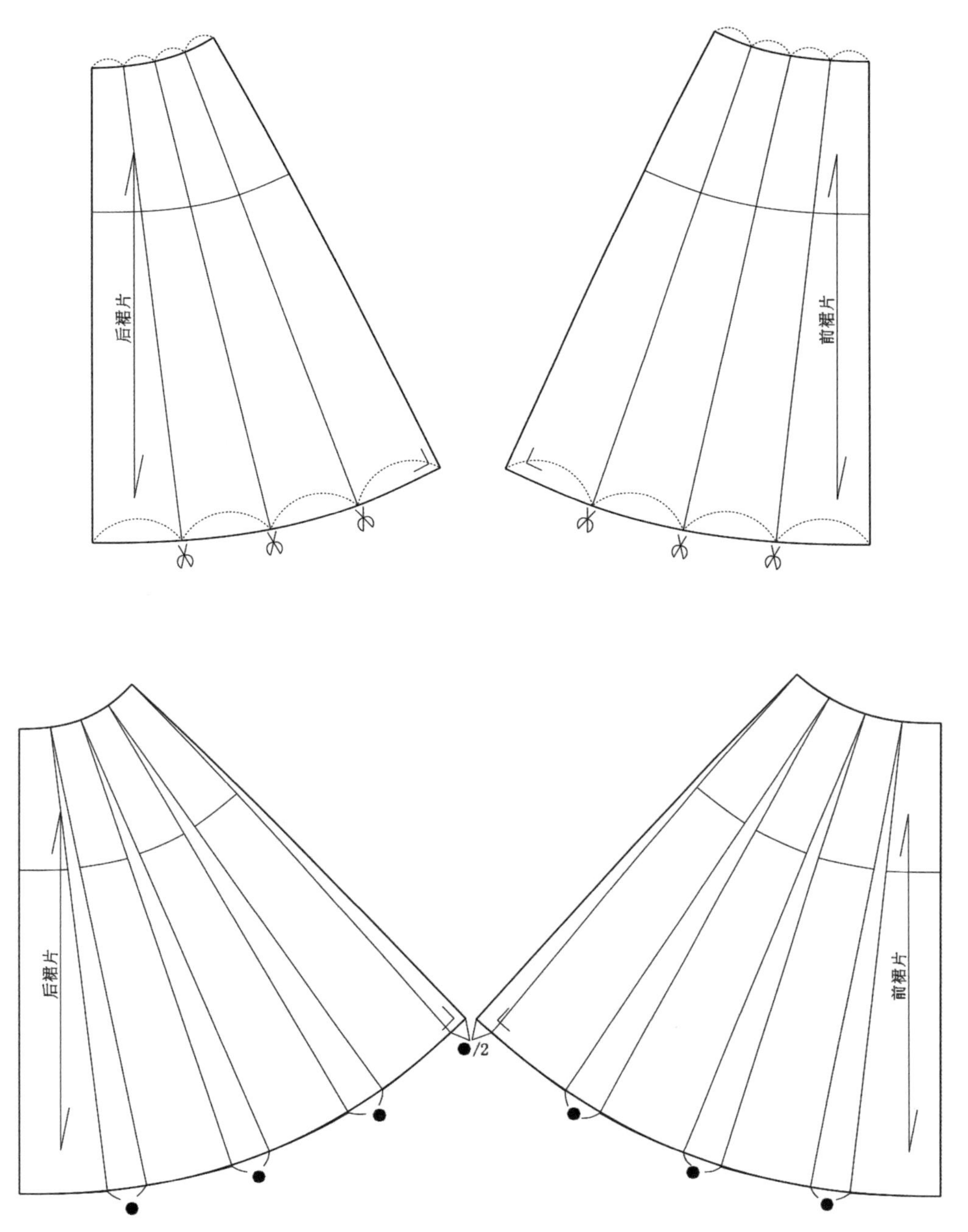

图 7–42　合并省的展开方法三

第八章　裤装版型设计实战演练

项目五　女西裤版型设计实战演练

西裤属于正装裤，通常与西装上衣配套穿着，是人们在办公室等社交场合穿着的裤装。一般而言，男西裤在设计上形成了相对固定的模式；而女西裤在男西裤风格、造型、结构等特征的基础上，增加了符合女性自身体型特征和生理需求的元素，在省裥、口袋、裤腰等部位可进行变化，风格造型更加多变。

西裤用料考究，颜色的选取以咖啡色、黑色、灰色、米色等中性色为主，易与上装协调搭配。隐条或者条纹面料有拉长效果，视觉上更显苗条修长；也可用小方格、犬牙格等，要避免使用横条，横条在视觉上显胖。

根据企业的订单要求，通过款式分析、样板制作以及系列样板制作，完成女西裤的版型设计，详细订单见表 8-1。

表 8-1　女西裤原始订单

<table>
<tr><td>品名：女西裤</td><td>款号：××</td><td>下单日期：××</td><td>完成时间：××</td></tr>
<tr><td colspan="2">款式说明：
本款女西裤为装腰型直腰，5 个串带袢。前裤片左右各 2 个反褶裥，后裤片左右各 2 个省，侧缝设直插袋。前中开门襟装拉链，裤管略呈锥形。</td><td colspan="2">款式图</td></tr>
</table>

续表

<table>
<tr><td colspan="2">品名：女西裤</td><td colspan="2">款号：××</td><td>下单日期：××</td><td>完成时间：××</td></tr>
<tr><td rowspan="2"></td><td colspan="3">成品规格</td><td colspan="2" rowspan="2">面料：中薄型精纺羊毛面料</td></tr>
<tr><td>155/64A</td><td>160/68A</td><td>165/72A</td></tr>
<tr><td>裤长</td><td>97</td><td>100</td><td>103</td><td colspan="2" rowspan="6">辅料：
1. 缝纫线（配色、涤棉）
2. 拉链
3. 黏合衬
4. 纽扣</td></tr>
<tr><td>腰围</td><td>66</td><td>70</td><td>74</td></tr>
<tr><td>臀围</td><td>96.4</td><td>100</td><td>103.6</td></tr>
<tr><td>直裆（含腰）</td><td>28.25</td><td>29</td><td>29.75</td></tr>
<tr><td>脚口 /2</td><td>19</td><td>20</td><td>21</td></tr>
<tr><td>腰宽</td><td>3.5</td><td>3.5</td><td>3.5</td></tr>
<tr><td colspan="2">设计：×××</td><td colspan="2">制版：×××</td><td>样衣：×××</td><td>核对：×××</td></tr>
</table>

任务一　款式分析

一、款式造型分析

本款女西裤属于合体的直筒裤，臀部有适当松量。装腰型直腰，5 个串带袢。前裤片左右各设 2 个反褶裥，后裤片左右各设 2 个省，侧缝直插袋。前中右侧开门装拉链，裤管略呈锥形。女西裤常与西装配套穿着，突显合体、庄重的风格特征，能弥补体型的不足，适合任何人穿着。

二、面料缩率确定

由于西裤常与西装配套穿着，面料的选取与西装一样，毛料、呢绒、化纤面料均可采用，如法兰绒、华达呢、美丽诺、直贡呢、隐条呢、哔叽、凡立丁、派力司、中长花呢等。化纤面料易洗快干，保型性好，但易产生静电吸附在腿上从而影响穿着效果。

本款女西裤采用中薄型精纺羊毛面料，经过面料缩率测试，该精纺羊毛面料的缩率：经向为 3.5%，纬向为 3.5%。

三、制板规格设计

裙装与裤装同为下装，腰围、臀围放松量原理与裙装相似，在此不再赘述。

在裤装结构中，直裆是裤子结构的关键部位，它的深浅直接影响裤子裆底活动量的大小与穿着的舒适性和美观度。如果直裆太深，会产生落裆现象，影响穿着的美观；如果直裆太浅，会出现勒裆问题，影响运动的舒适性，且会牵扯腰头。因此，直裆的合理取值就显得尤为重要。

裤装直裆的确定与人体的股上长有密切关系，其关系见图 8–1。对于正常腰的装腰

款式，直裆（含腰）= 股上长 + 裆底松量 + 腰宽；对于低腰的装腰款式，直裆 = 股上长 + 裆底松量 − 低腰量。

而裆底松量的设计根据裤装风格的不同，取值范围不同。通常，贴体风格裤装裆底松量为 0 cm，合体风格裤装的裆底松量为 0 ～ 1 cm，较宽松风格的为 1 ～ 2 cm，宽松风格的为 2 ～ 3 cm，裙裤为 3 cm。

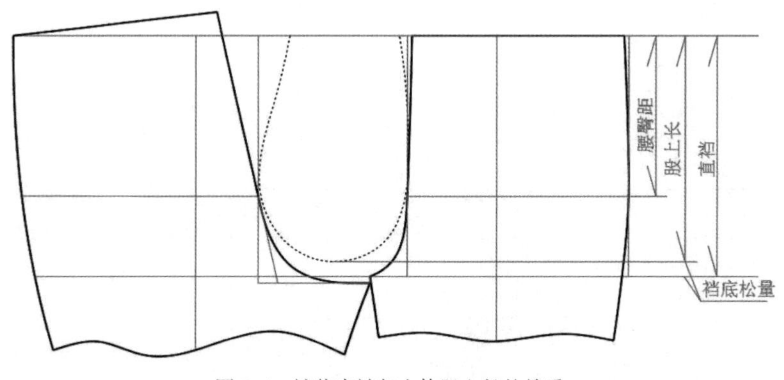

图 8-1　裤装直裆与人体股上长的关系

根据国家标准 GB/T 2666-2017，裤装成品主要部位规格尺寸允许偏差见表 8-2。

表 8-2　女西裤主要部位规格尺寸允许偏差

单位：cm

部位名称	规格尺寸允许偏差
裤长	±1.5
腰围	±1.0

综合缩率以及工艺手段等的影响因素，计算女西裤中间码 160/68A 相关部位的制版规格：

裤长 = 100 ×（1+3.5%）≈ 103.5

腰围 = 70 ×（1+3.5%）≈ 72.5

臀围 = 100 ×（1+3.5%）≈ 103.5

直裆（含腰）= 29 ×（1+3.5%）≈ 30

脚口 /2 = 20 ×（1+3.5%）≈ 20.7

腰宽 = 3.5 ×（1+3.5%）≈ 3.6

因此，手工制板时女西裤制版规格见表 8-3。

表 8-3　女西裤制版规格

单位：cm

号型	部位规格					
	裤长	腰围	臀围	直裆（含腰）	脚口 /2	腰宽
160/68A	103.5	72.5	103.5	30	20.7	3.6

任务二　样板制作

一、结构设计

第一步：首先绘制基础线，包括裤长线、横裆线、后横裆低落线、臀围线、中裆线和脚口线，再确定前后腰围、臀围分配量【知识链接 -1】、后裆倾斜角【知识链接 -2】和前后裆宽【知识链接 -3】，绘制前后挺缝线和脚口。见图 8-2。

第二步：绘制轮廓线，先绘制上下裆线、侧缝线，确定前片裥位、后片省位后绘制前片双裥、后片双省【知识链接 -4】。见图 8-3。

第三步：绘制零部件，包括腰头、门里襟、侧袋布及袋垫。见图 8-4。

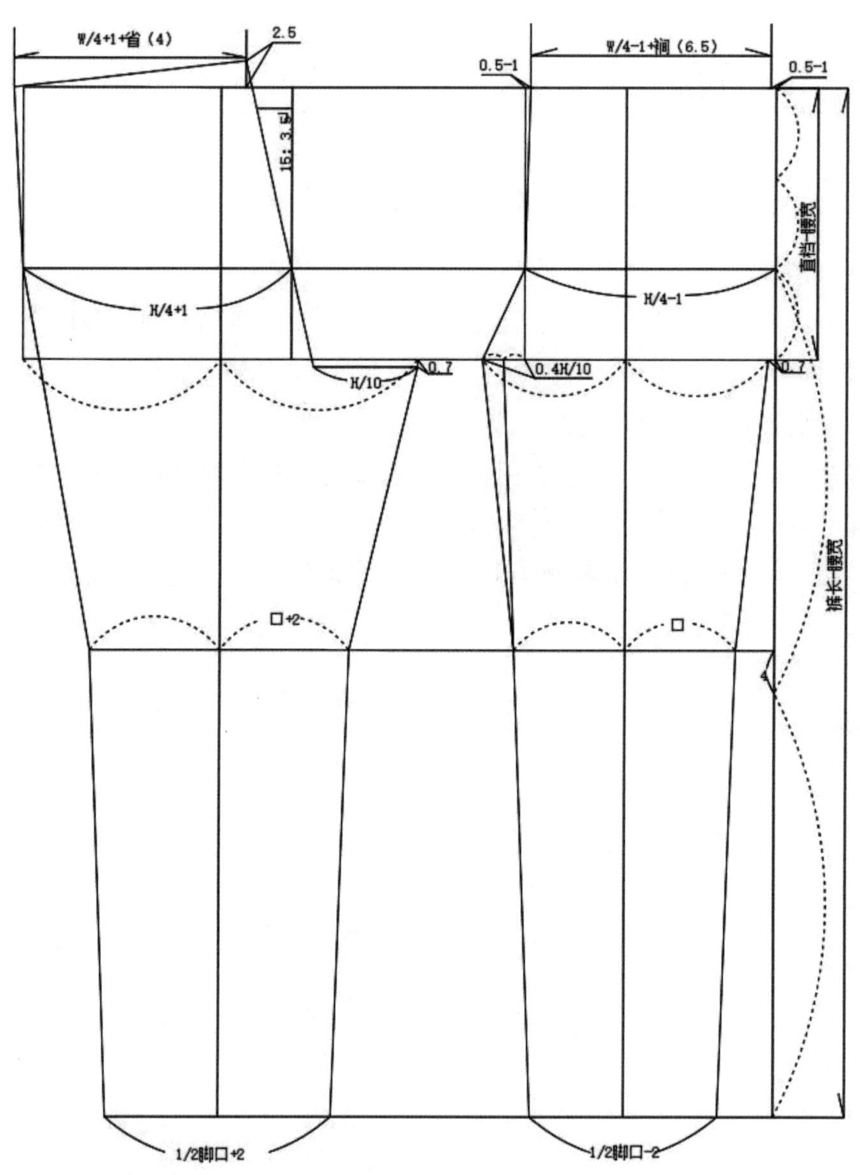
W/4+1+省（4）
2.5
0.5-1
W/4-1+裥（6.5）
0.5-1
15：3.5
直裆-腰宽
H/4+1
H/4-1
H/10
0.7
0.4H/10
0.7
裤长-腰宽
□+2
□
1/2脚口+2
1/2脚口-2

图 8-2 女西裤框架图

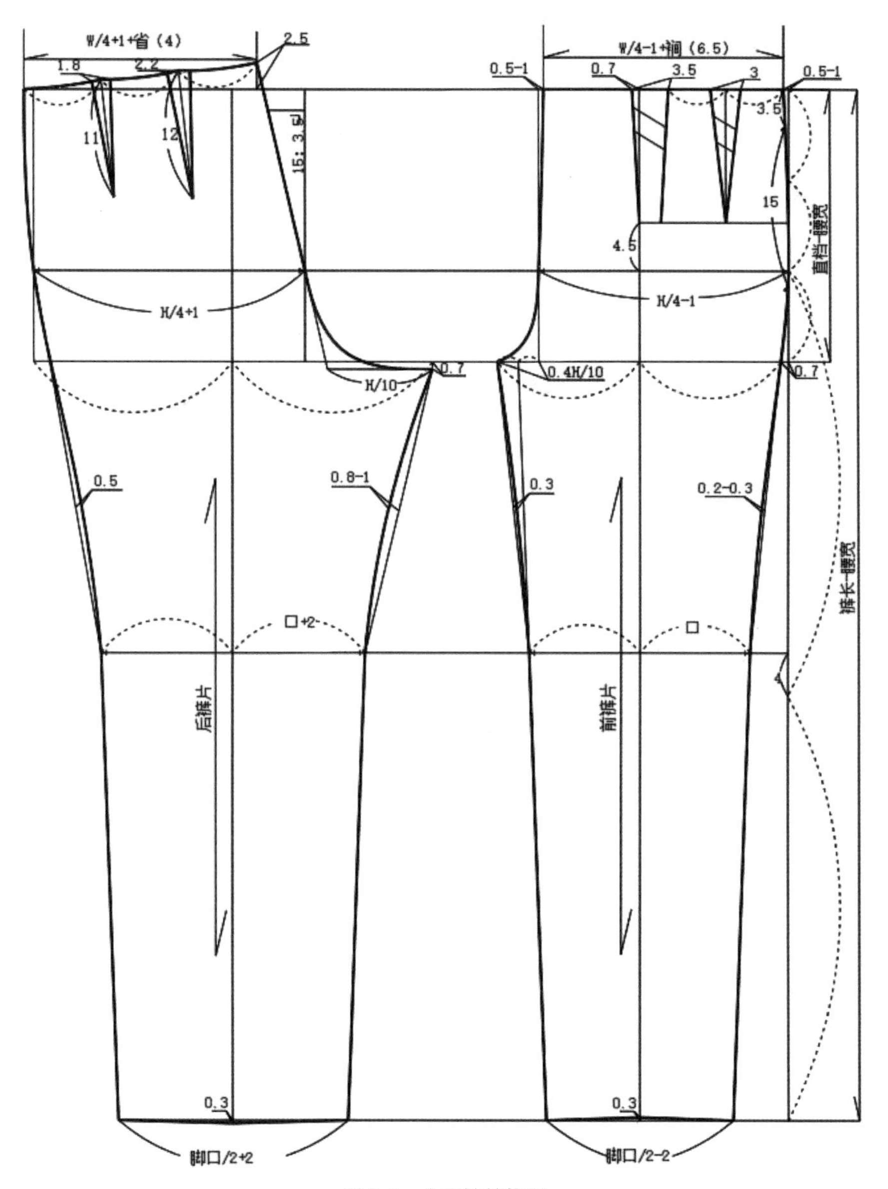
W/4+1+省（4）
2.5
1.8
2.2
11
12
15: 3.5
H/4+1
H/10
0.7
0.5
0.8-1
□+2
后裤片
0.3
脚口/2+2
W/4-1+褶（6.5）
0.5-1
0.7
3.5
3
0.5-1
3.5
15
4.5
直裆-腰宽
H/4-1
0.4H/10
0.7
0.3
0.2-0.3
□
前裤片
裤长-腰宽
0.3
脚口/2-2

图 8-3　女西裤结构图

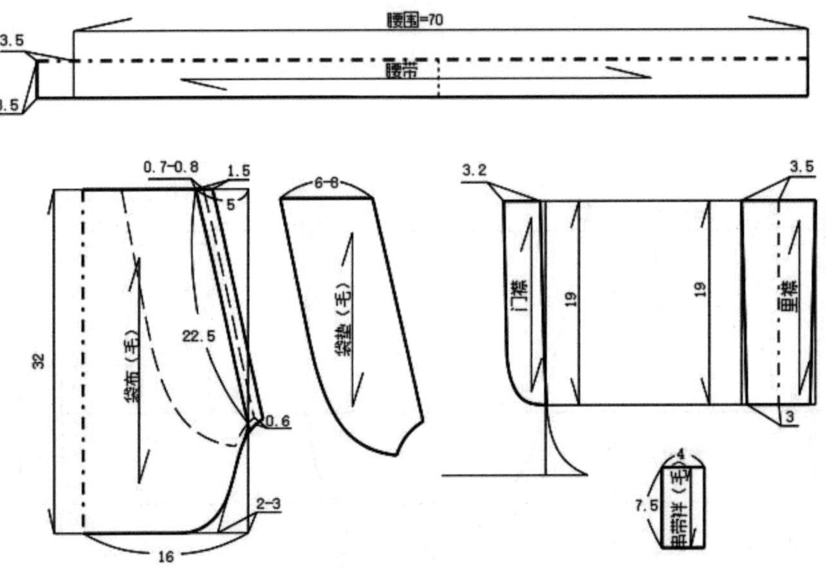

图 8-4 女西裤零部件

二、样板制作

1. 样板放缝（见图 8-5 和图 8-6）

（1）前后裤片四周缝份大多为 1 cm；前片侧缝袋位置缝份 1.5 cm，后裆缝线缝份设置成 1.5 cm 到 1 cm 大小的缝，脚口缝份 3 ～ 4 cm。

（2）里襟比门襟要长，下口缝份里襟比门襟大。

（3）腰带四周放缝 1 cm。

2. 样板标注

（1）常规缝份 1 cm，不必打刀眼；特殊缝份处打刀眼，如脚口、侧缝袋袋口等。

（2）前后裤片臀围线、横裆线、中裆线、袋口位置做好对位记号。

（3）省位、裥位打刀眼，省尖位置钻孔，并与省尖相距 1 cm。

（4）腰带的侧缝、后中和串带袢位置做好对位记号。

三、排料

排料的裁片采用已经完成放缝的面料样板，女西裤采用幅宽 144 cm 的精纺羊毛面料制作，单层单件对折排料如图 8-7 所示。裤片经向丝绺与布边平行，样板紧密套排，单件用料为裤长 +5 cm 左右。

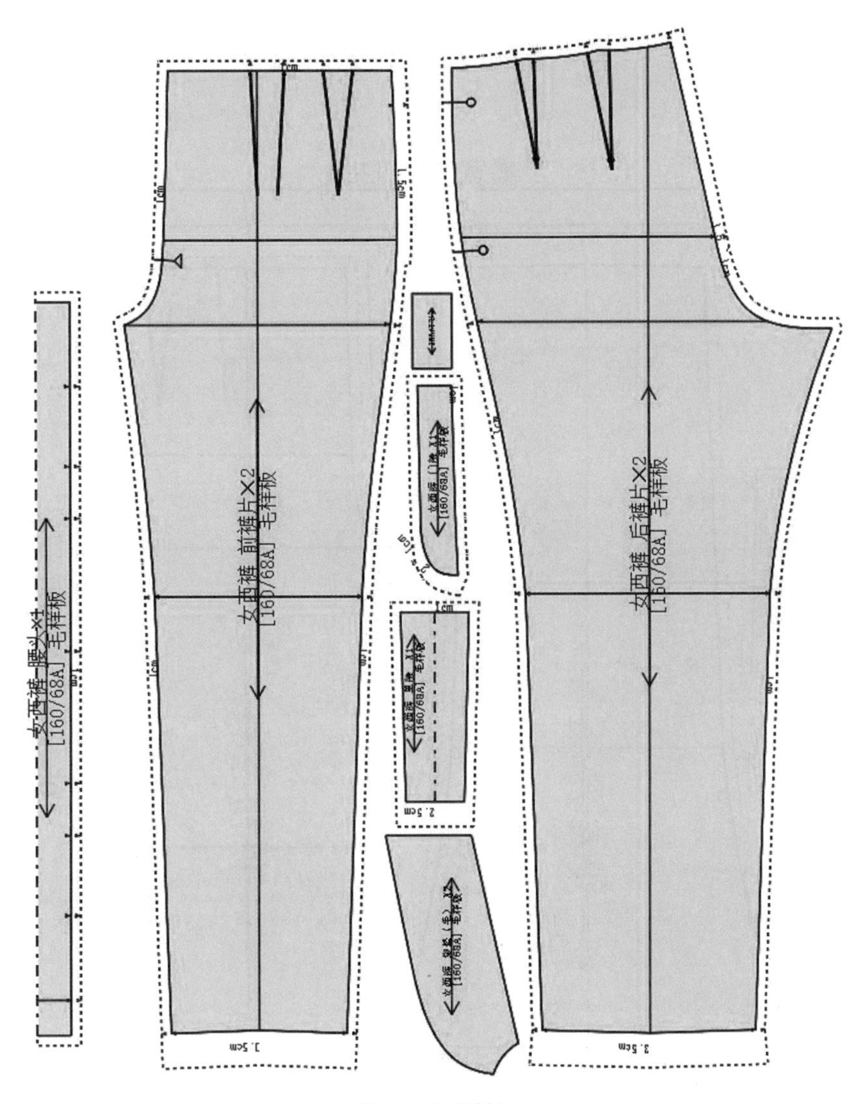

图 8-5　面料样板

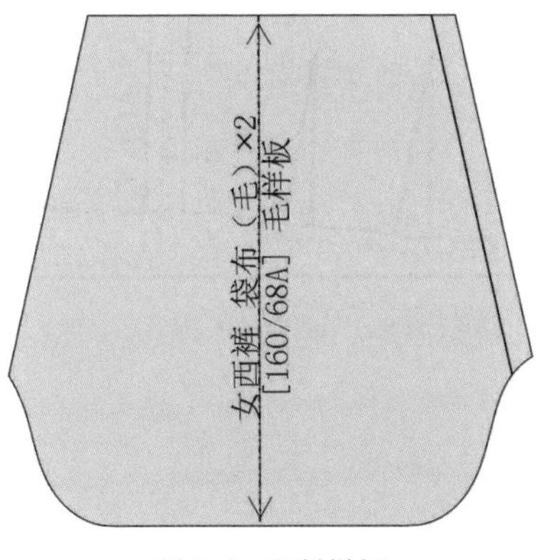

图 8-6　里料样板

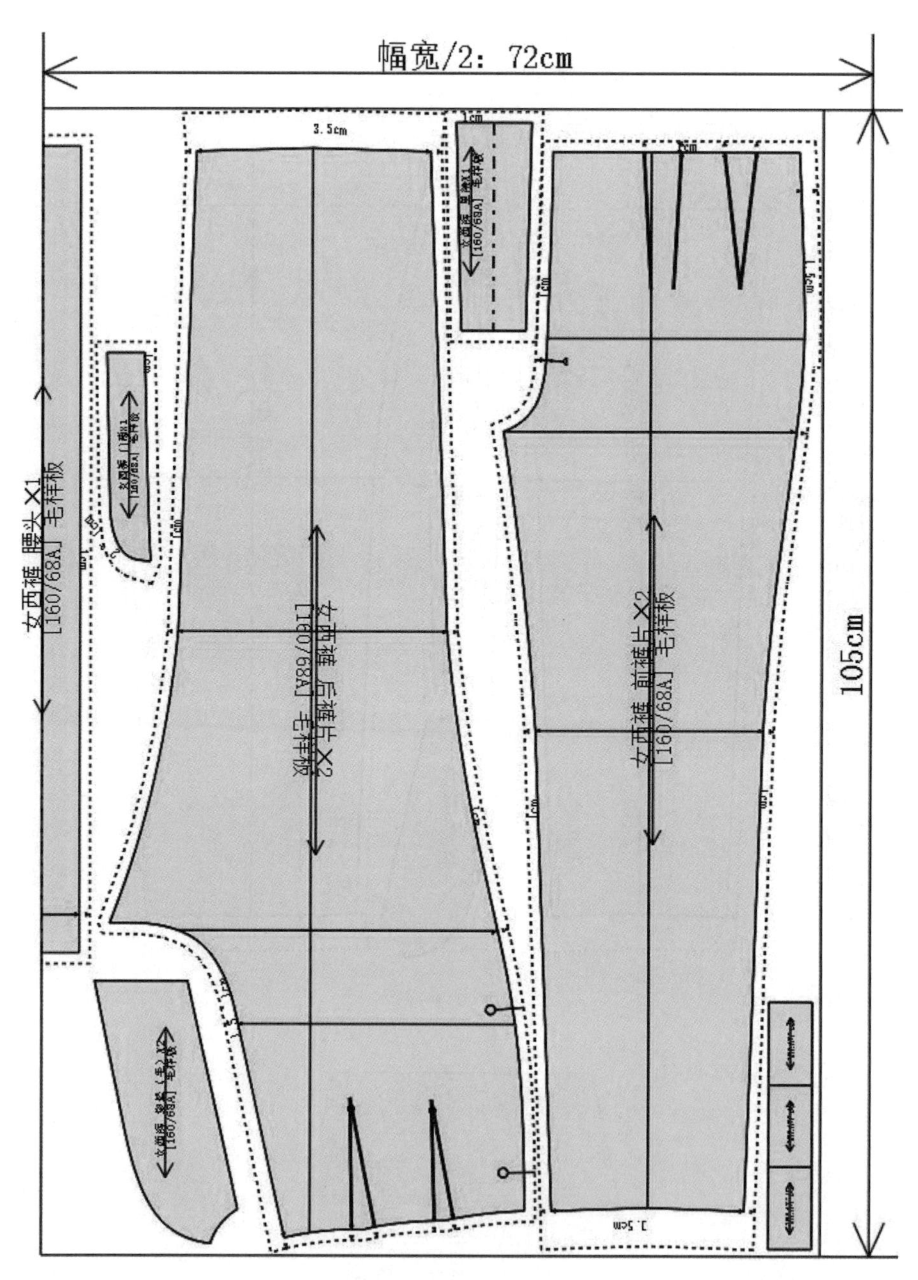
幅宽/2：72cm
105cm
女西裤 腰头 X1
[160/68A] 毛样板
女西裤 后裤片 X2
[160/68A] 毛样板
女西裤 前裤片 X2
[160/68A] 毛样板
3.5cm
3.5cm

图 8-7　面料样板排料图

任务三　系列样板制作

一、档差与成品系列规格

根据订单中的成品系列规格，确定档差，见表 8–4。

表 8–4　成品系列规格与档差

单位：cm

部位＼规格	155/64A	160/68A	165/72A	档差
裤长（TL）	97	100	103	3
腰围（W）	66	70	74	4
臀围（H）	96.4	100	103.6	3.6
直裆（BR）	28.25	29	29.75	0.75
脚口 /2（SB）	19	20	21	1
腰宽	3.5	3.5	3.5	0

二、样板推档

（1）前裤片推档：以前挺缝线和横裆线作为坐标公共线，两线交点作为放码原点，各放码点的推档量与档差分配说明见表 8–5，推档图见图 8–8。

表 8–5　前裤片各放码点的推档量与档差分配说明

单位：cm

放码点	推档量	档差分配说明	备注
O	X：0	放码原点，不缩放	
	Y：0	放码原点，不缩放	
A	X：0.52	[△（H/4–1）+ 0.4 △ H/10]/2	△ H = 3.6；常数档差为 0
	Y：0	位于 X 轴上，不缩放	
B	X：–0.52	[△（H/4–1）+ 0.4 △ H/10]/2	△ H = 3.6；常数档差为 0
	Y：0	位于 X 轴上，不缩放	
C	X：0.52	同 A 点	
	Y：0.25	△ BR/3	△ BR = 0.75，保证侧缝“型”不变
D	X：–0.38	△（H/4–1）$-X_C$ = 0.9–0.52 = 0.38	
	Y：0.25	同 C 点	

续表

放码点	推档量	档差分配说明	备注
E	X：−0.38	同 D 点	保证前裆弧线“型”不变
	Y：0.75	△ BR = 0.75	
F	X：0.62	△（W/4−1）$-X_E$ = 1−0.38 = 0.62	△ W = 4
	Y：0.75	同 E 点	
G	X：0.5	△ SB/2 = 0.5	△ SB = 1
	Y：−2.25	△ TL− △ BR = 2.25	△ TL = 3
H	X：−0.5	△ SB/2 = 0.5	△ SB = 1
	Y：−2.25	同 G 点	
I	X：0.5	同 G 点	
	Y：−1	[（△ TL−2 △ BR/3）/2− △ BR/3] = 1	
J	X：−0.5	同 H 点	
	Y：−1	同 I 点	
K	X：0	位于 Y 轴上，不缩放	
	Y：0.75	同 E 点	
L	X：0.31	X_F/2 = 0.62/2 = 0.31	KF 的 1/2 位置，保证省位
	Y：0.75	同 E 点	
M	X：0.31	同 L 点	保“型”
	Y：0.25	同 C 点	
N	X：0	同 K 点	保“型”
	Y：0.25	同 C 点	

注：表中“+”“−”代表移动方向，“+”代表向右或上方移动，“−”代表向左或下方移动。

（2）后裤片推档：以后挺缝线和横裆线作为坐标公共线，两线交点作为放码原点，各放码点的推档量与档差分配说明见表 8–6，推档图见图 8–9。

表 8–6 后裤片各放码点的推档量与档差分配说明

单位：cm

放码点	推档量	档差分配说明	备注
O	X：0	放码原点，不缩放	
	Y：0	放码原点，不缩放	

续表

放码点	推档量	档差分配说明	备注
A	X：−0.63	[△（H/4+1）+△H/10]/2	△H=3.6；常数档差为0
	Y：0	位于X轴上，不缩放	
B	X：0.63	[△（H/4+1）+△H/10]/2	△H=3.6；常数档差为0
	Y：0	位于X轴上，不缩放	
C	X：−0.63	同A点	
	Y：0.25	△BR/3	△BR=0.75，保证侧缝"型"不变
D	X：0.27	△（H/4+1）$-X_C$=0.9−0.63=0.27	
	Y：0.25	同C点	
E	X：0.27	同D点	保证后档弧线"型"不变
	Y：0.75	△BR=0.75	
F	X：−0.73	△（W/4+1）$-X_E$=1−0.27=0.73	△W=4
	Y：0.75	同E点	
G	X：−0.5	△SB/2=0.5	△SB=1
	Y：−2.25	△TL−△BR=2.25	△TL=3
H	X：0.5	△SB/2=0.5	△SB=1
	Y：−2.25	同G点	
I	X：−0.5	同G点	
	Y：−1	[（△TL−2△BR/3）/2−△BR/3]=1	
J	X：0.5	同H点	
	Y：−1	同I点	
K	X：−0.4	X_F−△（W/4−1）×1/3=0.4	保"型"
	Y：0.75	同E点	
L	X：−0.06	X_F−△（W/4−1）×2/3=0.06	保"型"
	Y：0.75	同E点	
M	X：−0.4	同K点	保"型"
	Y：0.3	△BR−省长变量=△BR−0.45=0.3	省长变量取0.45
N	X：−0.06	同L点	
	Y：0.3	同M点	

注：表中"+""−"代表移动方向，"+"代表向右或上方移动，"−"代表向左或下方移动。

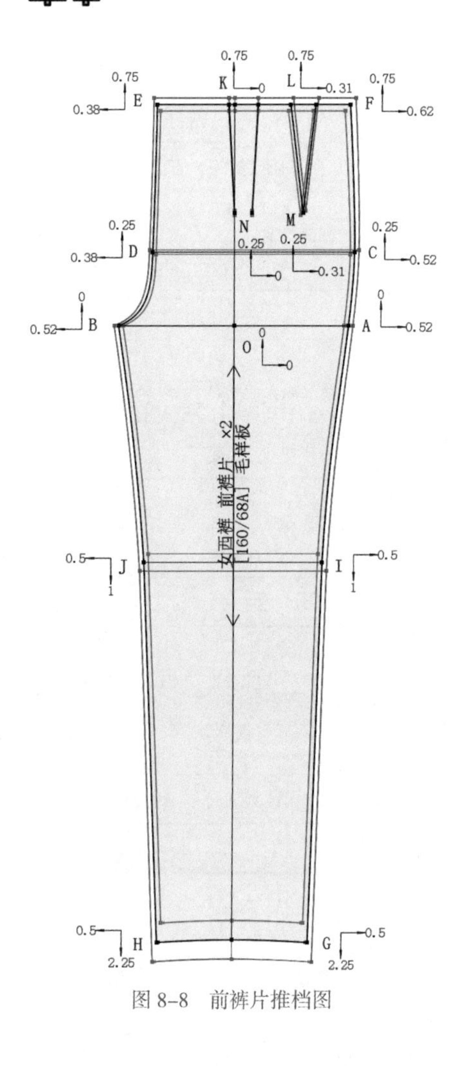

图 8-8 前裤片推档图

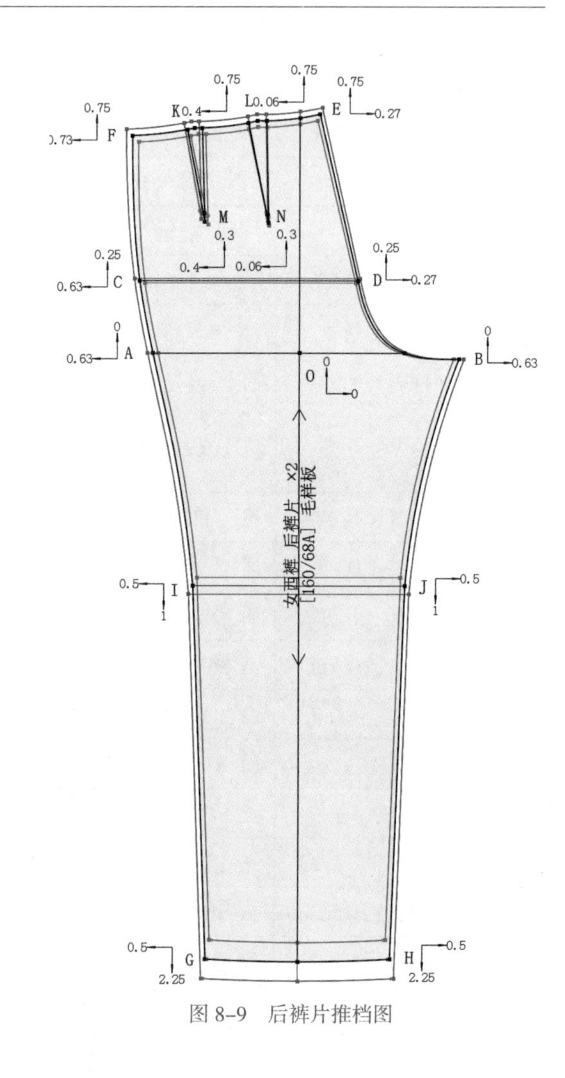

图 8-9 后裤片推档图

（3）门里襟推档：放码原点见图所示，各放码点的推档量与档差分配说明见表 8-6，推档图见图 8-10。

表 8-7 门里襟各放码点的推档量与档差分配说明

单位：cm

放码点	推档量	档差分配说明	备注
O	X：0	放码原点，不缩放	
	Y：0	放码原点，不缩放	
A/B	X：0	里襟宽度为常数	常数档差为 0
	Y：0	位于 X 轴上，不缩放	
C/D	X：0	里襟宽度为常数	常数档差为 0
	Y：−0.5	△ BR × 2/3 = 0.5	腰臀距档差；△ BR = 0.75

续表

放码点	推档量	档差分配说明	备注
E	X：0	门襟宽度为常数	常数档差为 0
	Y：0	位于 X 轴上，不缩放	
F	X：0	位于 Y 轴上，不缩放	
	Y：−0.5	△ BR × 2/3 = 0.5	腰臀距档差；△ BR = 0.75

注：表中“+”“−”代表移动方向，“+”代表向右或上方移动，“−”代表向左或下方移动。

（4）袋垫推档：放码原点见图所示，各放码点的推档量与档差分配说明见表 8–8，推档图见图 8–11。

表 8–8　袋垫各放码点的推档量与档差分配说明

单位：cm

放码点	推档量	档差分配说明	备注
O	X：0	放码原点，不缩放	
	Y：0	放码原点，不缩放	
A	X：0	袋垫宽度为常数	常数档差为 0
	Y：0	位于 X 轴上，不缩放	
B	X：0.11	沿 OB 方向延长 0.5 而量得 XY 方向的档差	袋口长度档差等于腰臀距档差；腰臀距档差 = △ BR × 2/3
	Y：−0.49		
C	X：0.11	同 B 点	
	Y：−0.49	同 B 点	

注：表中“+”“−”代表移动方向，“+”代表向右或上方移动，“−”代表向左或下方移动。

（5）其余零部件推档：腰头推档方法与女西裤的相同，串带袢推档方法与育克分割低腰裙的相同，不再赘述。

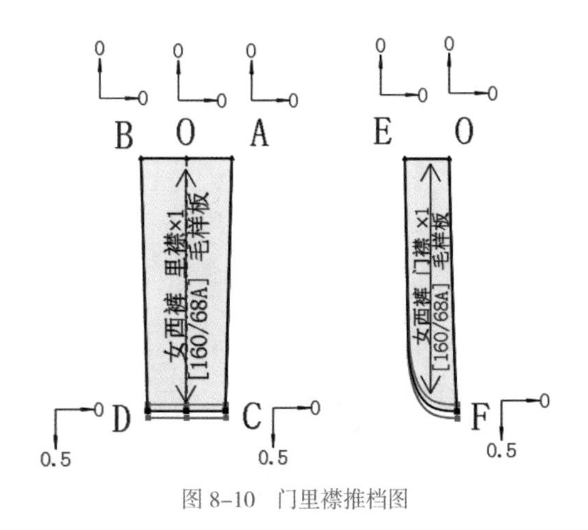

图 8-10 门里襟推档图

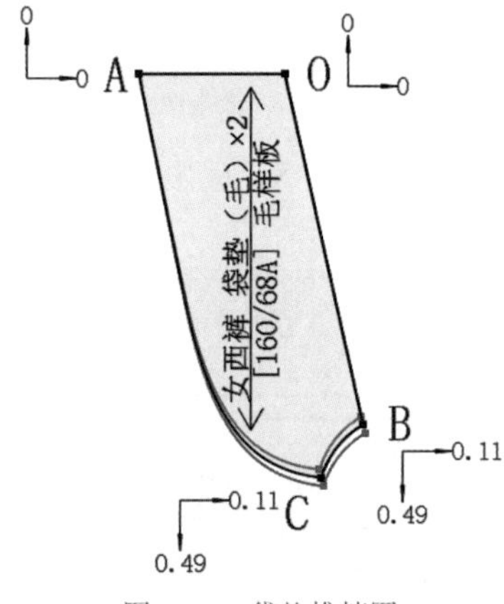

图 8-11 袋垫推档图

【知识链接-1】 臀围、腰围分配方法

一、臀围分配方法

一方面，考虑到人体体型特征，人体的臀部相对于腹部更加丰满，为使侧缝不偏后，后裤片的围度比前裤片的围度要大些；另一方面，在人体直立时，手臂自然前倾，裤装有侧袋时为了手能伸插自如，侧缝需偏前设计。因此，臀围的分配采用：前臀围 = 1/4 臀围 -1 ～ 2（前后差），后臀围 = 1/4 臀围 +1 ～ 2（前后差）。

二、腰围分配方法

在裤子的结构设计中，前后腰围的结构处理方法与前后臀围相似，但是由于人体的前腰围大于后腰围，因此为使侧缝线协调，前后腰围差量需不大于臀围。由此，腰围的分配采用：前腰围 = 1/4 腰围 -0 ～ 1 cm，后腰围 = 1/4 腰围 +0 ～ 1 cm。

三、臀腰差的处理

为使裤子能很好地贴合人体，臀腰差的合理分配是关键。在图 8-12 的人体腰臀差截面图上可以看到，从前中心线到后中心线，它们的差量分别是 A、B、C、D、E、F、G、H，这些量在结构处理中，一般如下分配：

A：前中劈势量；

B 和 C：前片褶裥量；

D：前侧劈势量；

E：后侧劈势量；

F 和 G：后片省道量；

H：后中困势量。

其在裤装结构中的具体形式如图 8-13 所示。

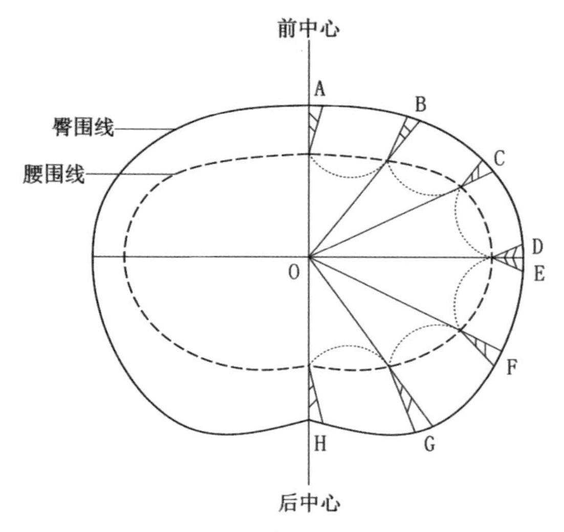

图 8-12　人体臀腰差截面图

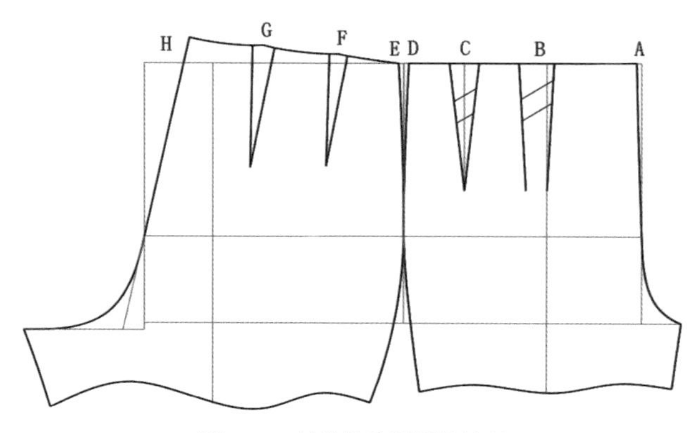

图 8-13　裤装结构臀腰差处理

【知识链接-2】后裆缝困势的确定

后裆缝困势是指后裆缝上端腰部处的偏进量。在结构设计中可用 15 ：X 来表示后裆缝困势的大小，裤装基本控制在 15 ：0 至 15 ：4 之间。

后裆缝困势的大小主要由人体臀部造型决定：正常体的后裆缝困势斜度为 15 ：3.5，平臀体为 15 ：3，凸臀体为 15 ：4。

后裆缝困势的大小还与裤装后片有无省道有关。有省道的情况下，后裆缝困势较小，一般控制在 15 ：2 至 15 ：4 之间；无省道的情况下，后裆缝困势较大，一般控制在 15 ：4 至 15 ：4.5 之间。对于后腰口收松紧的情况，后裆缝困势可以控制在 15 ：0 至 15 ：2 之间。

【知识链接-3】前后裆宽的确定

裆宽是裆部结构的一个重要参数，由人体躯干下部的厚度决定。一般裤装总裆宽取值 0.13H ～ 0.16H 即可满足裤装结构功能的要求。裤装的内裆缝把总裆宽分成前后裆宽（见图 8–14），一般前后裆宽的分配比例约为 1 ∶ 2，在应用时可根据款式风格进行适当调整。

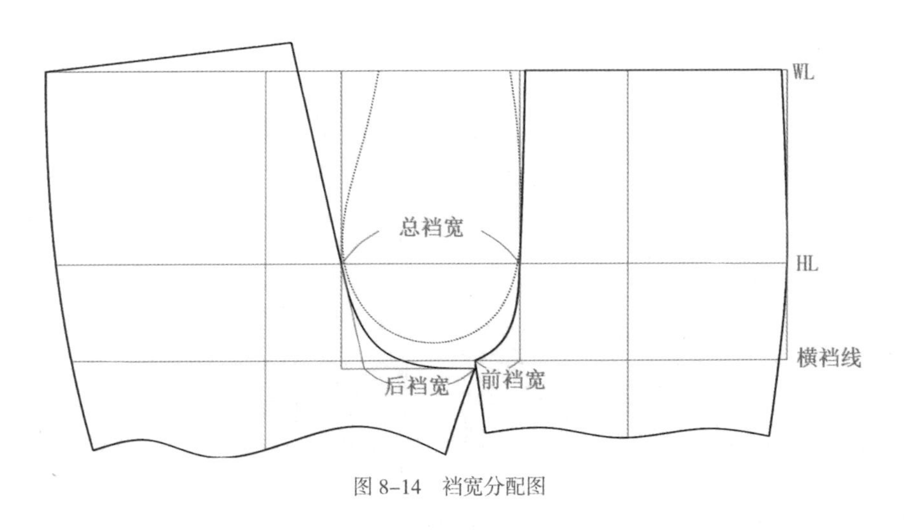

图 8–14　裆宽分配图

【知识链接-4】省裥的设计

1. 褶裥的设计

裤装中的褶裥，一般位于前裤片。不管褶裥数量的多少，褶裥量控制在 2 ～ 4 cm，靠近挺缝线的褶裥量大些，靠近侧缝线的褶裥量小些。褶裥数量一般为 1 ～ 2 个，宽松款式可取 3 ～ 4 个，甚至更多。褶裥位置如图 8–15 所示，不管褶裥数量有多少个，第 1 个褶裥一般位于挺缝线上。

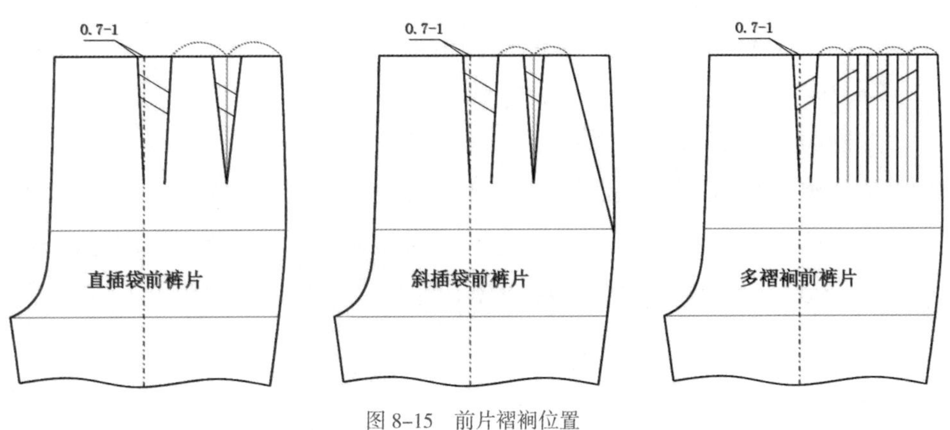

图 8–15　前片褶裥位置

2. 省道的设计

裤装中的省道，一般位于后裤片。不管省道数量多少，省道量均控制在 2 ~ 2.5 cm。在有省的情况下，省道数量一般为 1 个或 2 个。省道位置根据省道数量和有无后袋而定，如图 8–16 所示。

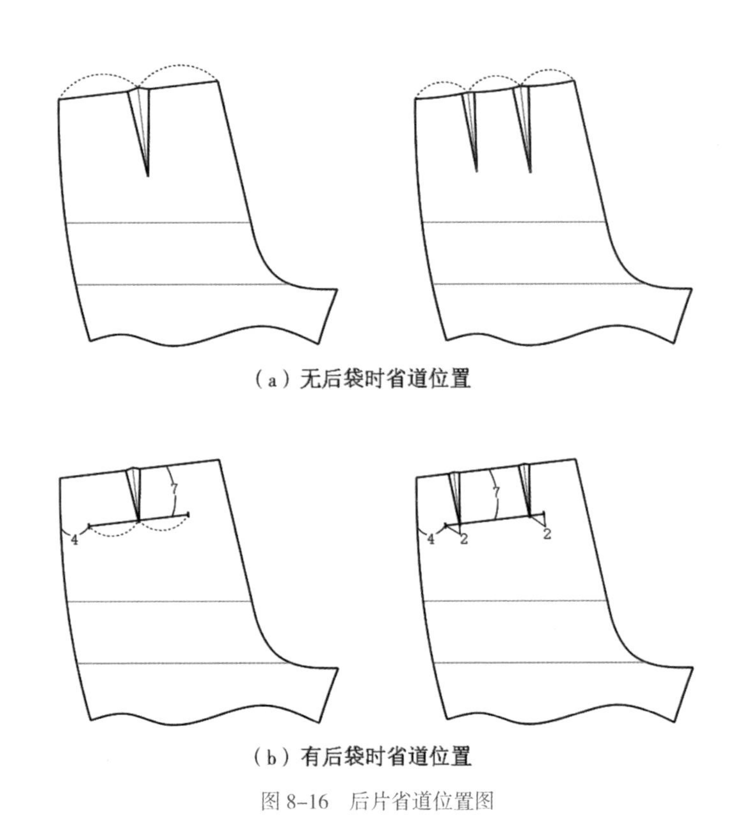

（a）无后袋时省道位置

（b）有后袋时省道位置

图 8–16　后片省道位置图

项目六 抽褶休闲裤版型设计实战演练

抽褶休闲裤是一种细腿裤，是臀部松量较少，向裤脚口逐渐变细。裤子整体松量较少，是比较合体的款式造型，具有动感设计，能够很好地突出腿部的苗条曲线。因为松量少，所以必须考虑日常运动所需的最小松量。在面料的选择上，宜选用伸缩性好且有弹性的面料。

根据企业的订单要求，通过款式分析、样板制作以及系列样板制作，完成抽褶休闲裤的版型设计，详细订单见表 8–9。

表 8–9 抽褶休闲裤原始订单

<table>
<tr><td colspan="2">品名：抽褶休闲裤</td><td colspan="2">款号：××</td><td>下单日期：××</td><td>完成时间：××</td></tr>
<tr><td colspan="4">款式说明：
本款抽褶休闲裤为低腰合体细腿裤，5 个串带袢。前后裤片左右各有 1 个贴袋，裤管下侧缝抽细褶。前中开门襟装拉链，后裤片上有育克。</td><td colspan="2">款式图</td></tr>
<tr><td rowspan="2"></td><td colspan="3">成品规格</td><td colspan="2" rowspan="2">面料：卡其面料</td></tr>
<tr><td>155/64A</td><td>160/68A</td><td>165/72A</td></tr>
<tr><td>裤长</td><td>91.5</td><td>94.5</td><td>97.5</td><td colspan="2" rowspan="6">辅料：
1. 缝纫线（配色、涤棉）
2. 拉链
3. 黏合衬
4. 纽扣</td></tr>
<tr><td>腰围</td><td>72</td><td>76</td><td>80</td></tr>
<tr><td>臀围</td><td>92.4</td><td>96</td><td>99.6</td></tr>
<tr><td>直裆（含腰）</td><td>22.25</td><td>23</td><td>23.75</td></tr>
<tr><td>脚口 /2</td><td>16</td><td>17</td><td>18</td></tr>
<tr><td>腰宽</td><td>4</td><td>4</td><td>4</td></tr>
<tr><td colspan="2">设计：×××</td><td colspan="2">制版：×××</td><td>样衣：×××</td><td>核对：×××</td></tr>
</table>

任务一　款式分析

一、款式造型分析

本款抽褶休闲裤是一种合体[知识链接-1]的细腿裤，臀部有适当松量。设计重点是裤管下侧缝内装细带抽褶，形成自然皱缩的立体效果。前裤片左右各有1个贴袋，前中开门襟装拉链；后裤片上有育克，左右各有1个贴袋。抽褶休闲裤的合体裤腿造型和细褶效果，能修饰腿部线条，使人显得纤细、苗条。

二、面料缩率确定

抽褶休闲长裤是春、秋、夏季的时尚裤型，面料宜选择吸湿透气性、抗皱性好的中厚型棉织物，如牛仔布、帆布、斜纹棉布、卡其、中粗条灯芯绒等。

本款抽褶休闲裤采用卡其面料，经过面料缩率测试，该卡其面料的缩率：经向为5.0%，纬向为2.0%。

三、制板规格设计

综合缩率以及工艺手段等的影响因素，计算抽褶休闲裤中间码160/68A相关部位的制版规格：

裤长 = 94.5 ×（1+5.0%）≈ 99.2

腰围 = 76 ×（1+2.0%）≈ 77.5

臀围 = 96 ×（1+2.0%）≈ 97.9

直裆（含腰）= 23 ×（1+5.0%）≈ 24.2

脚口 /2 = 17 ×（1+2.0%）≈ 17.3

腰宽 = 4 ×（1+2.0%）≈ 4.1

因此，手工制版时抽褶休闲裤制版规格见表8-10。

表8-10　抽褶休闲裤制版规格

单位：cm

号型	部位规格					
	裤长	腰围	臀围	直裆（含腰）	脚口 /2	腰宽
160/68A	99.2	77.5	97.9	24.2	17.3	4.1

任务二 样板制作

一、结构设计

第一步：绘制前后裤片结构图，根据款式图绘制前后裤片，确定前后省道位置以及裤管下侧抽缩位置的横向分割线。见图 8–17。

第二步：绘制前后裤片，确定前后裤片的展开量，各分割线处剪切拉展 2 cm，形成弯弧形前后裤片。见图 8–18。

第三步：绘制零部件，包括腰带、育克、门里襟及前后贴袋。见图 8–19。

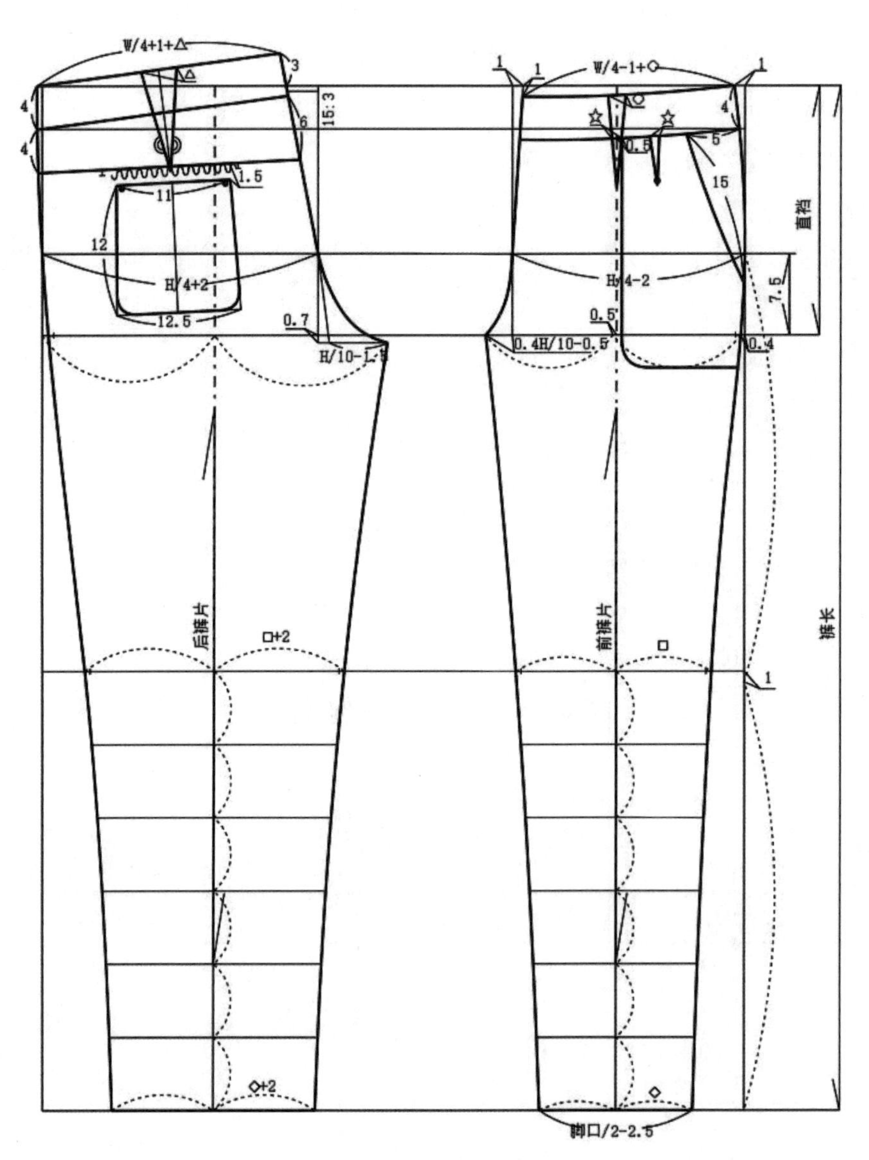

图 8–17 抽褶休闲裤结构图

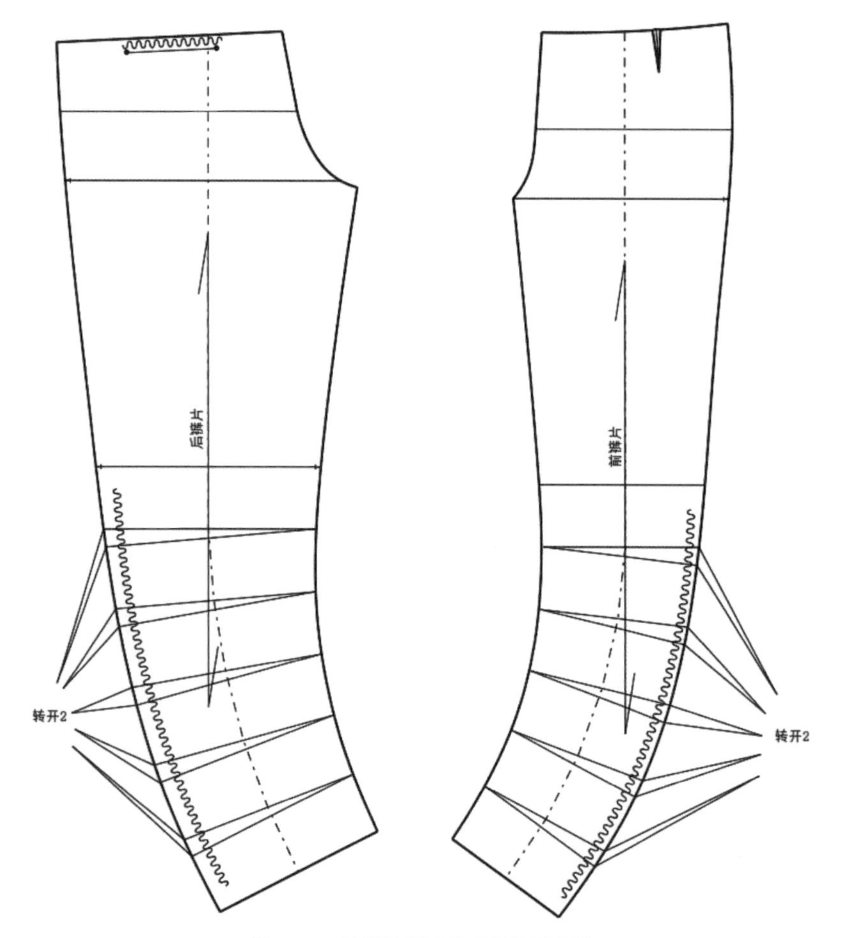

图 8-18　抽褶休闲裤前后裤片展开图

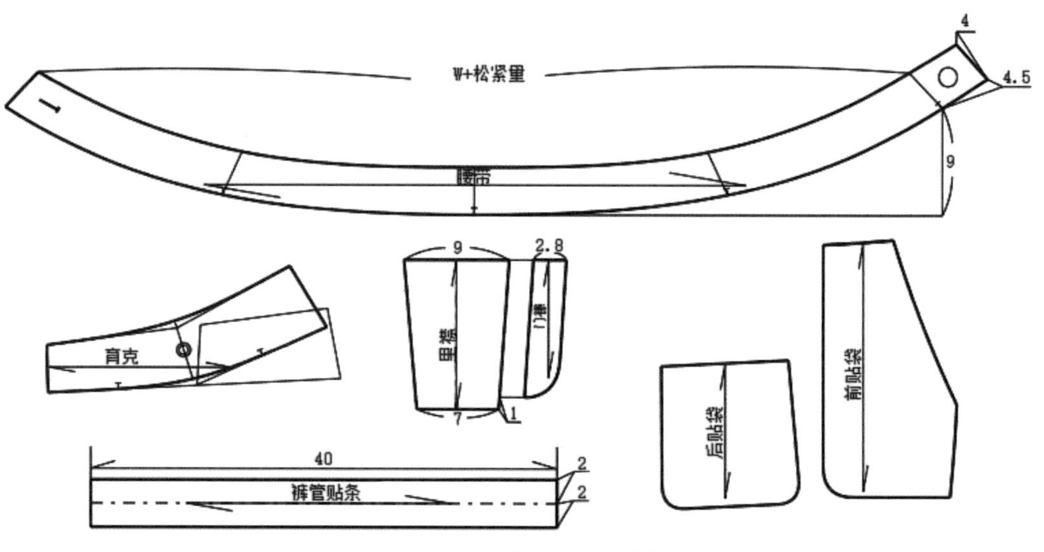

图 8-19　抽褶休闲裤零部件图

二、样板制作

1. 样板放缝（见图 8–20）

（1）前后裤片侧缝和内侧缝由于抽褶存在缝份为 1.5 cm，脚口缝份为 2.5 cm，育克拼接缝缝份为 1.2 cm，其余缝份为 1 cm。

（2）前贴袋侧缝处缝份为 1.5 cm，后贴袋上口缝份为 2.5 cm（缉线宽度 1.5 cm+1 cm 缝份），育克侧缝处缝份为 1.5 cm，下口缝份为 1.2 cm，其余缝份为 1 cm。

（3）其余零部件放缝方法与女抽褶休闲裤相似，不再赘述。

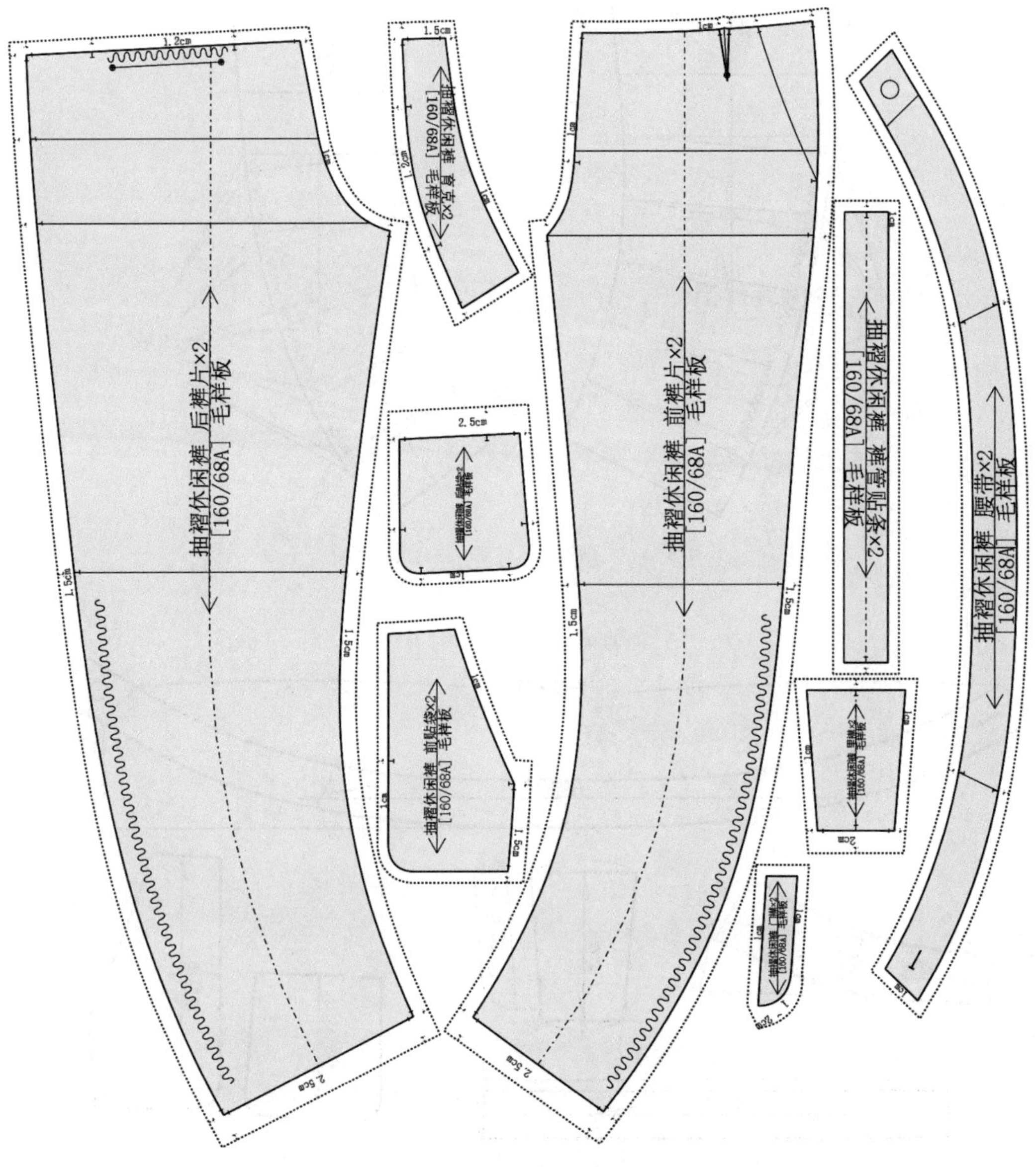

图 8–20 面料样板

2. 样板标注

样板标注方法与女抽褶休闲裤相似，不再赘述。

三、排料

排料的裁片采用已经完成放缝的面料样板。抽褶休闲裤采用幅宽 144 cm 的卡其面料制作，单层单件对折排料如图 8-21 所示。裤片经向丝绺与布边平行，样板紧密套排，单件用料为 120 cm 左右。

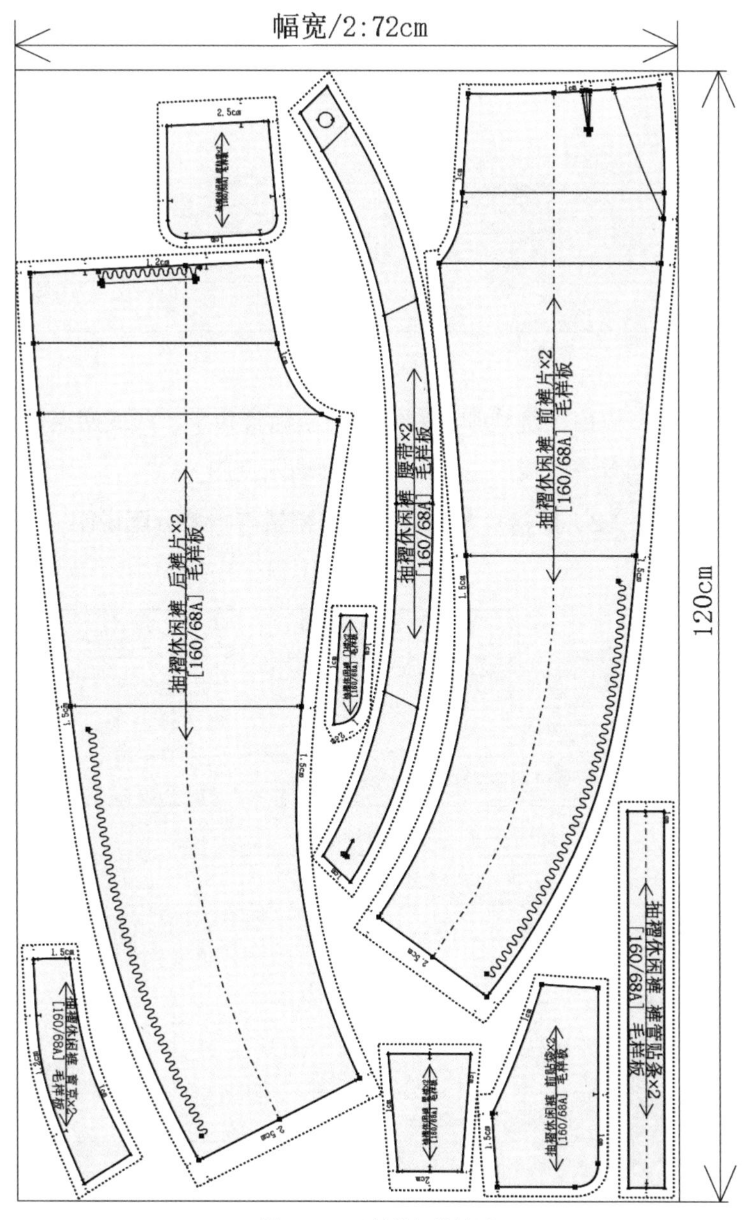

图 8-21　面料样板排料图

任务三　系列样板制作

一、档差与成品系列规格

根据订单中的成品系列规格，确定档差，见表 8–11。

表 8–11　成品系列规格与档差

单位：cm

部位＼规格	155/64A	160/68A	165/72A	档差
裤长（TL）	91.5	94.5	97.5	3
腰围（W）	72	76	80	4
臀围（H）	92.4	96	99.6	3.6
直裆（BR）	22.25	23	23.75	0.75
脚口 /2（SB）	16	17	18	1
腰宽	4	4	4	0

二、样板推档

（1）前裤片推档：以前挺缝线和横裆线作为坐标公共线，两线交点作为放码原点，各放码点的推档量与档差分配说明见表 8–12，推档图见图 8–22。

表 8–12　前裤片各放码点的推档量与档差分配说明

单位：cm

放码点	推档量	档差分配说明	备注
O	X：0	放码原点，不缩放	
	Y：0	放码原点，不缩放	
A	X：0.52	[△（H/4−2）+0.4△H/10]/2	△H＝3.6；常数档差为 0
	Y：0	位于 X 轴上，不缩放	
B	X：−0.52	[△（H/4−2）+0.4△H/10]/2	△H＝3.6；常数档差为 0
	Y：0	位于 X 轴上，不缩放	
C	X：0.52	同 A 点	
	Y：0.25	△BR/3	△BR＝0.75，保证侧缝“型”不变
D	X：−0.38	△（H/4−2）$-X_C$＝0.9−0.52＝0.38	
	Y：0.25	同 C 点	

续表

放码点	推档量	档差分配说明	备注
E	X：−0.38	同 D 点	保证前裆弧线“型”不变
	Y：0.75	△ BR = 0.75	
F	X：0.62	△（W/4−1）$-X_E$ = 1−0.38 = 0.62	△ W = 4
	Y：0.75	同 E 点	
G	X：−0.88	△ SB/2 = 0.5	变化脚口坐标轴后，量得放码量
	Y：−2.13	△ TL− △ BR = 2.25	
H	X：−1.7	△ SB/2 = 0.5	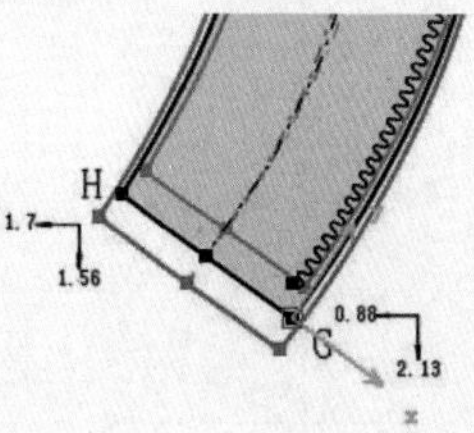
	Y：−1.56	△ TL− △ BR = 2.25	
I	X：0.5	△ SB/2 = 0.5	
	Y：−1	[（△ TL−2 △ BR/3）/2− △ BR/3] = 1	
J	X：−0.5	△ SB/2 = 0.5	
	Y：−1	同 I 点	
K	X：0.21	X_F/3 = 0.62/3 = 0.21	根据比例
	Y：0.75	同 E 点	
L	X：0.21	同 K 点	
	Y：0.55	省长档差取 0.2	
M	X：0.32	X_F− 袋口宽档差 = 0.62−0.3 = 0.32	袋口宽档差取 0.3
	Y：0.75	同 E 点	
N	X：0.52	同 C 点	
	Y：0.25	同 C 点	

注：表中“+”“−”代表移动方向，“+”代表向右或上方移动，“−”代表向左或下方移动。

（2）后裤片推档：以后挺缝线和横裆线作为坐标公共线，两线交点作为放码原点，各放码点的推档量与档差分配说明见表 8-13，推档图见图 8-23。

表 8-13 后裤片各放码点的推档量与档差分配说明

单位：cm

放码点	推档量	档差分配说明	备注
O	X：0	放码原点，不缩放	
	Y：0	放码原点，不缩放	
A	X：−0.63	[△（H/4+2）+△H/10]/2	△H＝3.6；常数档差为0
	Y：0	位于X轴上，不缩放	
B	X：0.63	[△（H/4+2）+△H/10]/2	△H＝3.6；常数档差为0
	Y：0	位于X轴上，不缩放	
C	X：−0.63	同A点	
	Y：0.25	△BR/3	△BR＝0.75，保证侧缝“型”不变
D	X：0.27	△（H/4+2）$-X_C$＝0.9−0.63＝0.27	
	Y：0.25	同C点	
E	X：0.27	同D点	保证后裆弧线“型”不变
	Y：0.75	△BR＝0.75	育克宽为常数，常数档差为0
F	X：−0.73	△（W/4+1）$-X_E$＝1−0.27＝0.73	△W＝4
	Y：0.75	同E点	育克宽为常数，常数档差为0
G	X：0.58	△SB/2＝0.5	变化脚口坐标轴后，量得放码量
	Y：−2.23	△TL−△BR＝2.25	
H	X：1.47	△SB/2＝0.5	
	Y：−1.78	△TL−△BR＝2.25	
I	X：−0.5	△SB/2＝0.5	
	Y：−1	[（△TL−2△BR/3）/2−△BR/3]＝1	
J	X：0.5	△SB/2＝0.5	
	Y：−1	同I点	

注：表中“+”“−”代表移动方向，“+”代表向右或上方移动，“−”代表向左或下方移动。

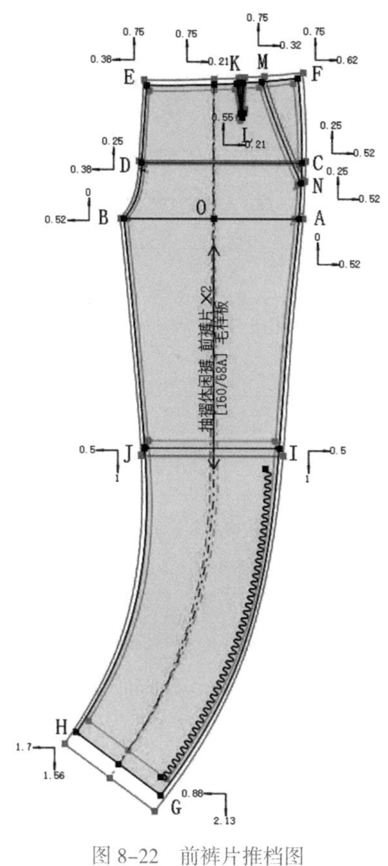

图 8-22　前裤片推档图

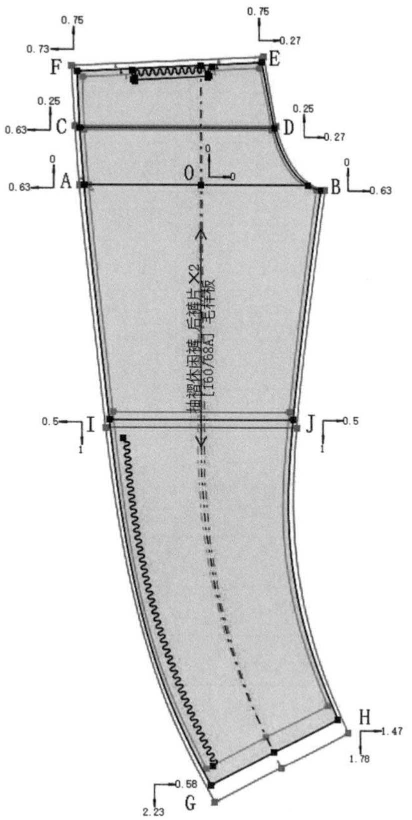

图 8-23　后裤片推档图

（3）腰带推档：以后中线和腰带下口线作为坐标公共线，两线交点作为放码原点，各放码点的推档量与档差分配说明见表 8-14，推档图见图 8-24。

表 8-14　腰带各放码点的推档量与档差分配说明

单位：cm

放码点	推档量	档差分配说明	备注
O	X：0	放码原点，不缩放	
	Y：0	放码原点，不缩放	
O'	X：0	位于 Y 轴上，不缩放	
	Y：0	腰宽档差为 0	
A	X：1	△（W/4+1）= 1	△ W = 4
	Y：0	位于 X 轴上，不缩放	
A'	X：1	同 A 点	
	Y：0	同 O' 点	

续表

放码点	推档量	档差分配说明	备注
B	X：2	△ W/2 = 2	△ W = 4
	Y：0	位于 X 轴上，不缩放	
B'	X：2	同 B 点	
	Y：0	同 O' 点	
C	X：−1	△（W/4+1）= 1	△ W = 4
	Y：0	位于 X 轴上，不缩放	
C'	X：−1	同 C 点	
	Y：0	同 O' 点	
D	X：−2	△ W/2 = 2	△ W = 4
	Y：0	位于 X 轴上，不缩放	
D'	X：−2	同 D 点	
	Y：0	同 O' 点	

注：表中“+”“−”代表移动方向，“+”代表向右或上方移动，“−”代表向左或下方移动。

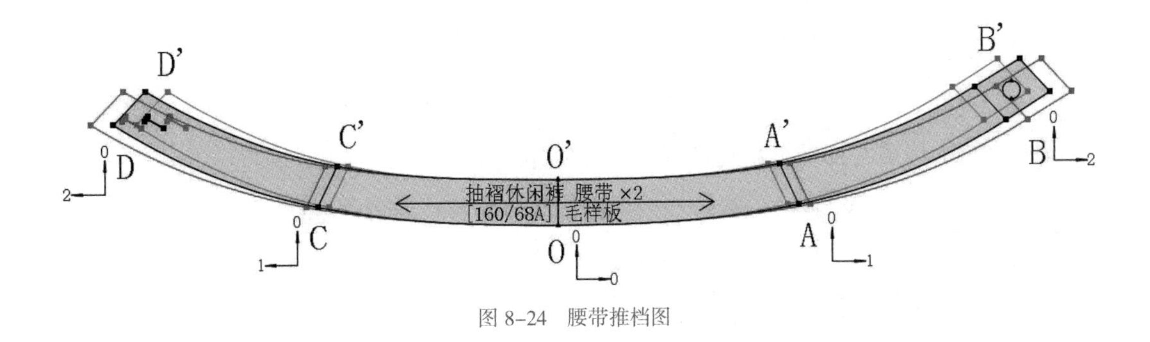

图 8–24 腰带推档图

（4）育克推档：放码原点见图 8–25 所示，各放码点的推档量与档差分配说明见表 8–15，推档图见图 8–25。

表 8–15 育克各放码点的推档量与档差分配说明

单位：cm

放码点	推档量	档差分配说明	备注
O	X：0	放码原点，不缩放	
	Y：0	放码原点，不缩放	

续表

放码点	推档量	档差分配说明	备注
A	X：0	位于 Y 轴上，不缩放	
	Y：0	育克宽为常数	常数档差为 0
B	X：1	△ W/4 = 1	△ W = 4
	Y：0	位于 X 轴上，不缩放	
C	X：1	△ W/4 = 1	△ W = 4
	Y：0	同 A 点	

注：表中“+”“-”代表移动方向，“+”代表向右或上方移动，“-”代表向左或下方移动。

（5）前贴袋推档：放码原点见图 8-26 所示，各放码点的推档量与档差分配说明见表 8-16，推档图见图 8-26。

表 8-16 前贴袋各放码点的推档量与档差分配说明

单位：cm

放码点	推档量	档差分配说明	备注
O	X：0	放码原点，不缩放	
	Y：0	放码原点，不缩放	
A	X：0.2	前贴袋宽度档差 - 袋口档差	前贴袋宽度变量取 0.5；袋口档差依据前片推档为 0.3
	Y：0	位于 X 轴上，不缩放	
B	X：0	位于 Y 轴上，不缩放	
	Y：-0.75	△ BR = 0.75	保“型”，长度位于横档线附近
C	X：0.5	前贴袋宽度变量取 0.5	
	Y：-0.5	△ BR × 2/3 = 0.5	保“型”，袋口线位于臀围线附近
D	X：0.5	同 C 点	
	Y：-0.75	同 B 点	

注：表中“+”“-”代表移动方向，“+”代表向右或上方移动，“-”代表向左或下方移动。

（6）后贴袋推档：放码原点见图 8-27 所示，各放码点的推档量与档差分配说明见表 8-17，推档图见图 8-27。

表 8–17 后贴袋各放码点的推档量与档差分配说明

单位：cm

放码点	推档量	档差分配说明	备注
O	X：0	放码原点，不缩放	
	Y：0	放码原点，不缩放	
A	X：0.5	贴袋宽度变量取 0.5	
	Y：0	位于 X 轴上，不缩放	
B	X：0	位于 Y 轴上，不缩放	
	Y：−0.5	贴袋长度变量取 0.5	
C	X：0.5	同 A 点	
	Y：−0.5	同 B 点	

注：表中“+”“−”代表移动方向，“+”代表向右或上方移动，“−”代表向左或下方移动。

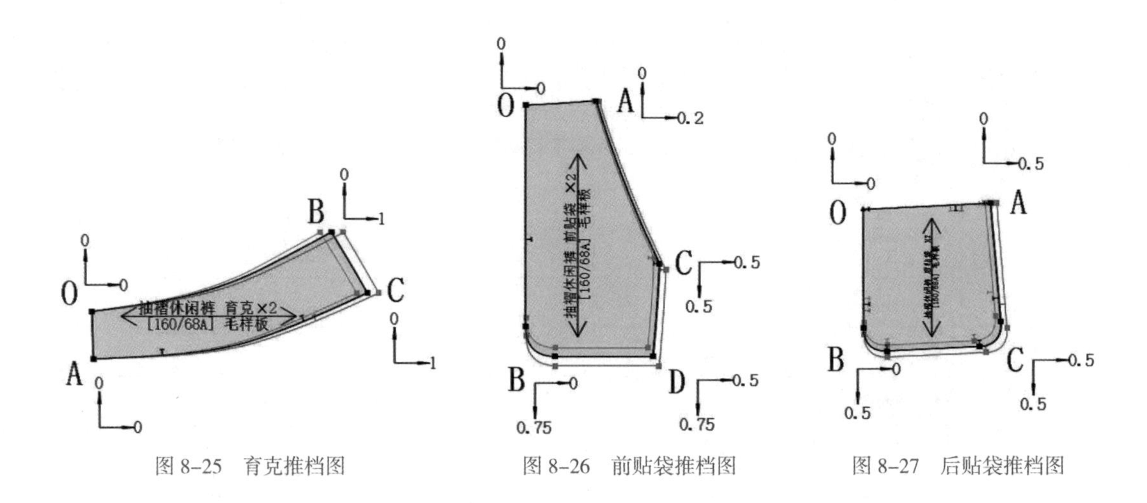

图 8–25 育克推档图　　图 8–26 前贴袋推档图　　图 8–27 后贴袋推档图

（7）裤管贴条推档：放码原点见图 8–28 所示，各放码点的推档量与档差分配说明见表 8–18，推档图见图 8–28。

表 8–18 裤管贴条各放码点的推档量与档差分配说明

单位：cm

放码点	推档量	档差分配说明	备注
O	X：0	放码原点，不缩放	
	Y：0	放码原点，不缩放	

续表

放码点	推档量	档差分配说明	备注
A	X：1.25	（△ TL−2 △ BR/3）/2 = 1.25	△ TL = 3，△ BR = 0.75
	Y：0	位于 X 轴上，不缩放	
B	X：1.25	同 A 点	
	Y：0	裤管贴条宽度为常数	常数档差为 0
C	X：0	位于 Y 轴上，不缩放	
	Y：0	裤管贴条宽度为常数	常数档差为 0

注：表中“+”“−”代表移动方向，“+”代表向右或上方移动，“−”代表向左或下方移动。

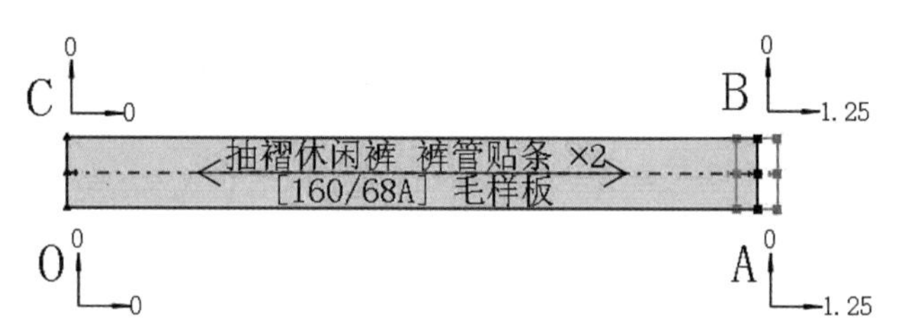

图 8-28 裤管贴条推档图

【知识链接-1】臀围放松量设计

裤子是包覆着大部分下肢部位的服装，而穿着部位又是身体运动量较大的部位，因此在裤装设计时不仅要考虑到穿着的美观性，还要考虑运动的舒适性。

臀部是人体日常动作（坐、蹲、步行、上下台阶等）运动量特别大的重要部位，因此必须合理设置臀围的放松量。

根据臀围的放松量，裤装可以分为贴体裤、合体裤、较宽松裤和宽松裤。

贴体裤：臀围松量较少或没有，腰部无褶设省，甚至无省。

H = H*+ 内穿厚 +（0 ～ 4）cm（造型松量）

合体裤：臀围松量适宜，前腰部设一至二省。

H = H*+ 内穿厚 +（4 ～ 8）cm（造型松量）

较宽松裤：臀围松量较多，前腰部设一至二褶。

H = H*+ 内穿厚 +（8 ～ 12）cm（造型松量）

宽松裤：臀围松量多，前腰部设两个以上的褶。

H = H*+ 内穿厚 +12 cm 以上（造型松量）

其中，H* 表示净臀围。

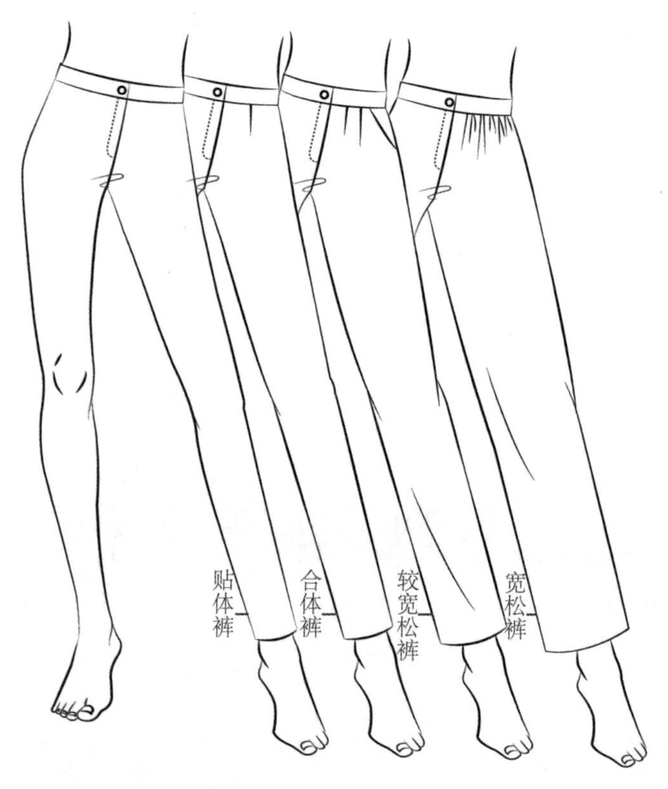

图 8-29 臀围放松量分类图

项目七　微喇贴体裤版型设计实战演练

微喇贴体裤属于吊钟裤，从腰部到臀部合体且瘦，从膝盖位置向脚口加入喇叭稍变大，形成吊钟造型。因为臀部松量少，所以必须要考虑日常动作所需的最小松量。由于裤子穿着的部位是身体运动量比较大的位置，选用面料时适合选用有弹力、不易变形且结实的面料，能更好地体现女性修长的腿部曲线。

根据企业的订单要求，通过款式分析、样板制作以及系列样板制作，完成微喇贴体裤的版型设计，详细订单见表 8-19。

表 8-19　微喇贴体裤原始订单

<table>
<tr><td colspan="2">品名：微喇贴体裤</td><td colspan="2">款号：××</td><td>下单日期：××</td><td>完成时间：××</td></tr>
<tr><td colspan="4">款式说明：
本款裤子属于无腰裤，裤身紧身贴体，臀部松量较少。前裤片上有弧形分割，前中开门襟装拉链；后片左右各设 1 个腰省。裤管由膝盖向脚口逐渐变大，呈微喇造型。</td><td colspan="2">款式图</td></tr>
<tr><td rowspan="2"></td><td colspan="3">成品规格</td><td colspan="2" rowspan="2">面料：灯芯绒</td></tr>
<tr><td>155/64A</td><td>160/68A</td><td>165/72A</td></tr>
<tr><td>裤长</td><td>93.5</td><td>96.5</td><td>99.5</td><td colspan="2" rowspan="6">辅料：
1. 缝纫线（配色、涤棉）
2. 拉链
3. 黏合衬
4. 纽扣</td></tr>
<tr><td>腰围</td><td>64</td><td>68</td><td>72</td></tr>
<tr><td>臀围</td><td>88.4</td><td>92</td><td>95.6</td></tr>
<tr><td>直裆</td><td>23.25</td><td>24</td><td>24.75</td></tr>
<tr><td>中裆 /2</td><td>19</td><td>20</td><td>21</td></tr>
<tr><td>脚口 /2</td><td>21</td><td>22</td><td>23</td></tr>
<tr><td>设计：×××</td><td colspan="3">制版：×××</td><td>样衣：×××</td><td>核对：×××</td></tr>
</table>

任务一　款式分析

一、款式造型分析

本款裤子属于无腰微喇[知识链接 -1]贴体裤，无腰头紧身贴体，臀围松量少。前裤片上有弧形分割，前中开门襟装拉链；后片左右各设 1 个腰省。裤管由膝盖向脚口逐渐变大，裤长至地面以上 2 ～ 3 cm，裤身呈微喇造型。在制图时把握好裤管最细位置很关键，比例均衡的膝围位置、裤口宽能更好地显现女性修长、优美的腿部线条。

二、面料缩率确定

本款裤装属于偏休闲风格的裤装，臀部造型贴体，适合选用伸缩性好且有弹性的面料，首选含氨纶的棉锦混纺面料，或较挺括的卡其、牛仔布、灯芯绒等面料。

本款微喇贴体裤采用灯芯绒面料，经过面料缩率测试，该灯芯绒面料的缩率：经向为 5.0%，纬向为 2.0%。

三、制板规格设计

综合缩率以及工艺手段等的影响因素，计算微喇贴体裤中间码 160/68A 相关部位的制板规格：

裤长 = 96.5 ×（1+5.0%）≈ 101.3

腰围 = 68 ×（1+2.0%）≈ 69.4

臀围 = 92 ×（1+2.0%）≈ 93.8

直裆 = 24 ×（1+5.0%）≈ 25.2

中裆 /2 = 20 ×（1+2.0%）≈ 20.4

脚口 /2 = 22 ×（1+2.0%）≈ 22.4

因此，手工制板时微喇贴体裤制版规格见表 8–20。

表 8–20　微喇贴体裤制版规格

单位：cm

号型	部位规格					
	裤长	腰围	臀围	直裆	1/2 中裆	1/2 脚口
160/68A	101.3	69.4	93.8	25.2	20.4	22.4

任务二　样板制作

一、结构设计

第一步：绘制前后裤片结构图。根据款式图绘制前后裤片，确定前后省道位置以及分割线位置。见图 8-30。

第二步：绘制前裤片分割线，分割成前中片和前侧片，前中片腰省合并。见图 8-31。

第三步：绘制零部件，包括前后腰贴的绘制并合并腰省。见图 8-32。

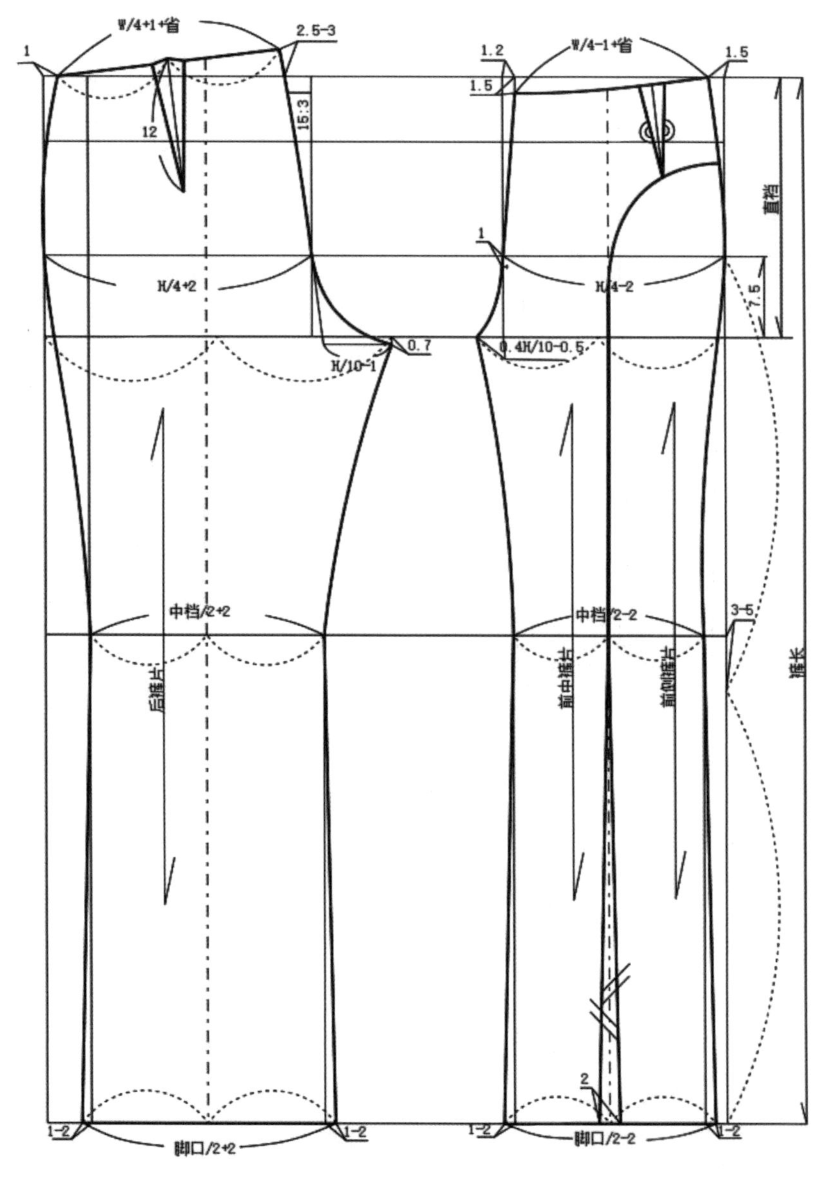

图 8-30　微喇贴体裤结构图

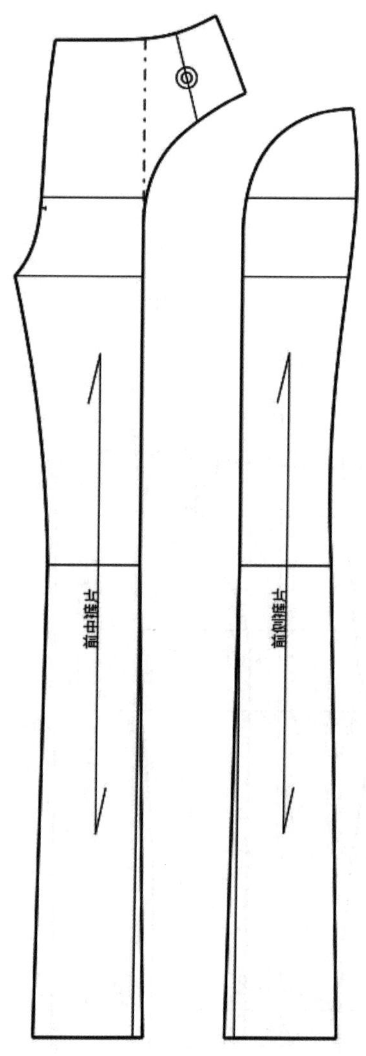

图 8–31 微喇贴体裤前裤片省道合并图

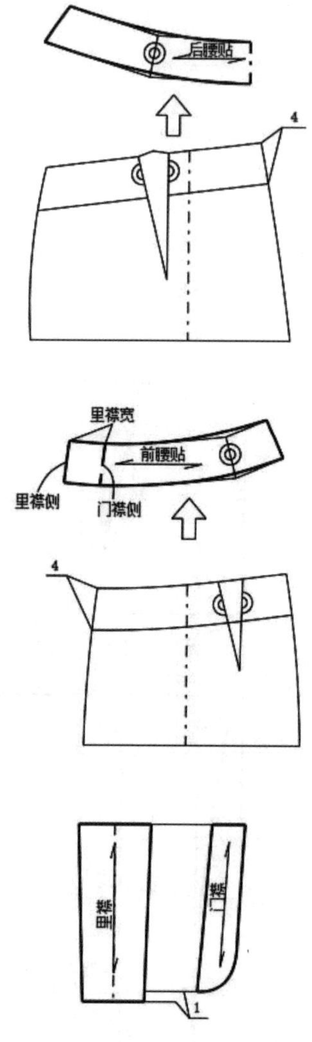

图 8–32 微喇贴体裤零部件图

二、样板制作

1. 样板放缝（见图 8–33）

（1）前后裤片四周缝份大约为 1 cm，脚口缝份 3 ～ 4 cm。

（2）腰贴四周放缝 1 cm。

2. 样板标注

（1）常规缝份 1 cm，不必打刀眼；特殊缝份处打刀眼，如脚口。

（2）前后裤片臀围线、横裆线、中裆线、袋口位置做好对位记号。

（3）省位打刀眼，省尖位置钻孔，并与省尖相距 1 cm。

（4）腰贴后中做好对位记号。

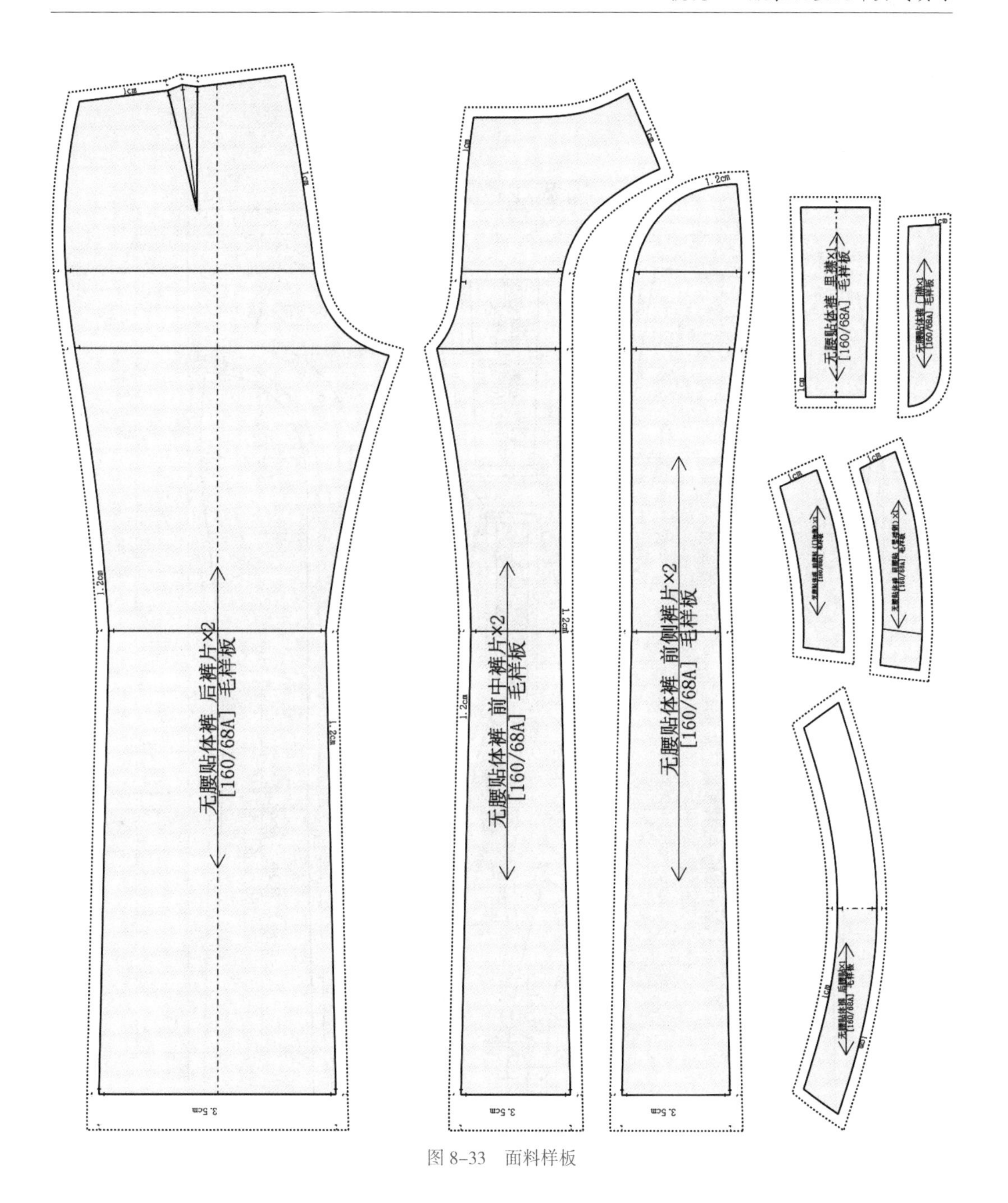

图 8-33　面料样板

三、排料

排料的裁片采用已经完成放缝的面料样板。这款微喇贴体裤采用幅宽 144 cm 的灯芯绒面料制作，单层单件对折排料如图 8-34 所示。裤片经向丝绺与布边平行，样板紧密套排，单件用料为 110 cm 左右。

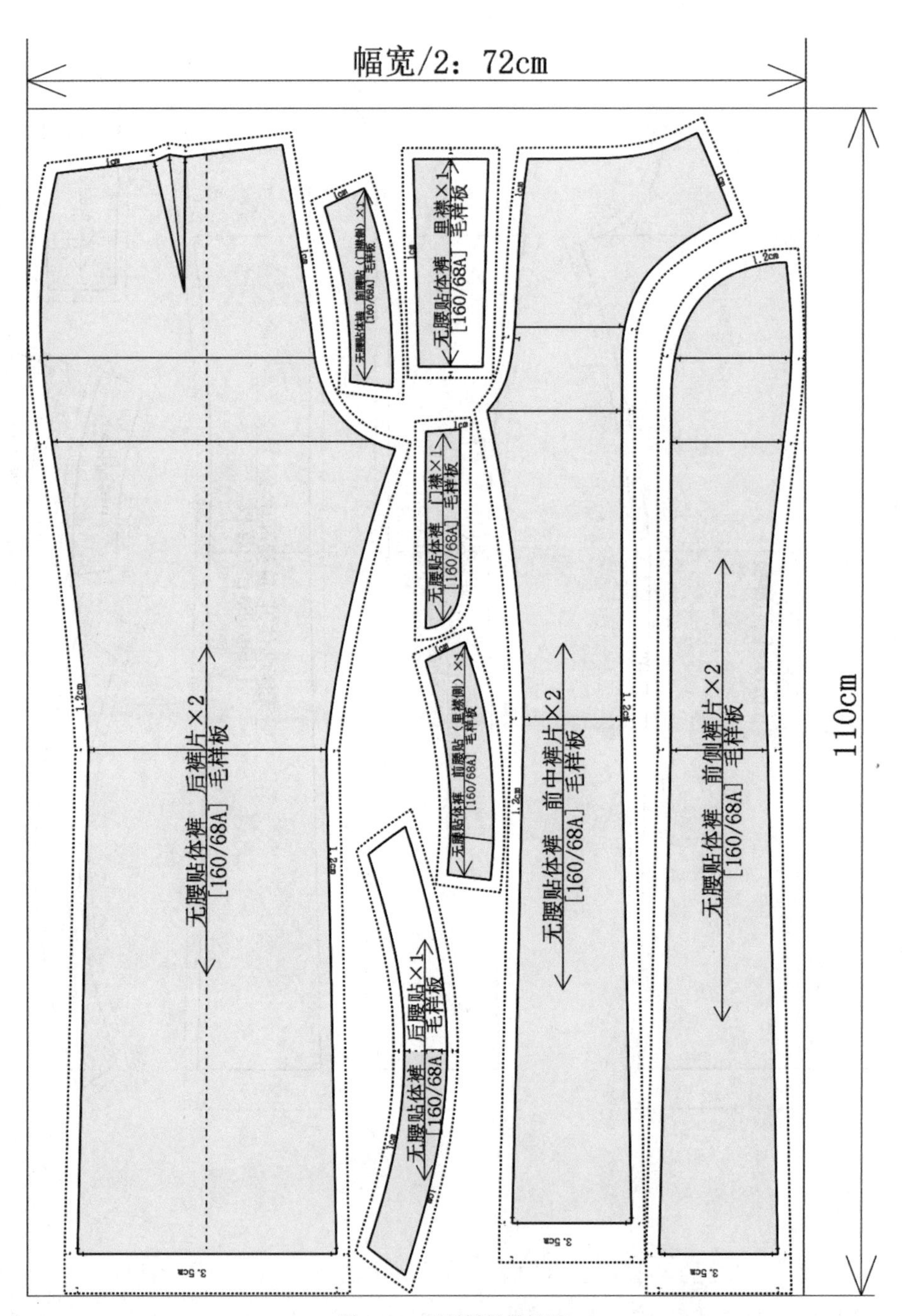

图 8-34 面料样板排料图

任务三　系列样板制作

一、档差与成品系列规格

根据订单中的成品系列规格，确定档差，见表8-21。

表 8-21　成品系列规格与档差

单位：cm

部位＼规格	155/64A	160/68A	165/72A	档差
裤长（TL）	93.5	96.5	99.5	3
腰围（W）	64	68	72	4
臀围（H）	88.4	92	95.6	3.6
直裆（BR）	23.25	24	24.75	0.75
中裆/2	19	20	21	1
脚口/2（SB）	21	22	23	1

二、样板推档

（1）前裤片推档：将前侧裤片和前中裤片看作完整的一个裁片进行放码，均以前挺缝线和横裆线作为坐标公共线，两线交点作为放码原点，各放码点的推档量与档差分配说明见表8-22，推档图见图8-35。

表 8-22　前裤片各放码点的推档量与档差分配说明

单位：cm

放码点	推档量	档差分配说明	备注
O	X：0	放码原点，不缩放	
	Y：0	放码原点，不缩放	
A	X：0.52	[△（H/4−2）+0.4△H/10]/2	△H＝3.6；常数档差为0
	Y：0	位于X轴上，不缩放	
B	X：−0.52	[△（H/4−2）+0.4△H/10]/2	△H＝3.6；常数档差为0
	Y：0	位于X轴上，不缩放	
C	X：0.52	同A点	
	Y：0.25	△BR/3	△BR＝0.75，保证侧缝型不变
D	X：−0.38	△(H/4−2)−X_C＝0.9−0.52＝0.38	
	Y：0.25	同C点	

续表

放码点	推档量	档差分配说明	备注
E	X：−0.38	同 D 点	保证前裆弧线"型"不变
	Y：0.75	△ BR = 0.75	
F	X：0.62	△（W/4−1）−XE = 1−0.38 = 0.62	△ W = 4
	Y：0.75	同 E 点	
G	X：0.5	△ SB/2 = 0.5	△ SB = 1
	Y：−2.25	△ TL− △ BR = 2.25	△ TL = 3
H	X：−0.5	△ SB/2 = 0.5	△ SB = 1
	Y：−2.25	同 G 点	
I	X：0.5	同 G 点	
	Y：−1	[（△ TL−2 △ BR/3）/2− △ BR/3] = 1	
J	X：−0.5	同 H 点	
	Y：−1	同 I 点	
K	X：0	位于 Y 轴上，不缩放	
	Y：0.25	同 C 点	
L	X：0	同 K 点	K 点和 L 点是分割线上的同一点
	Y：0.25	同 K 点	
M	X：0.57	（X_C+X_F）/2 =（0.52+0.62）/2	保"型"，保证侧缝"型"不变
	Y：0.5	（Y_C+Y_F）/2 =（0.25+0.75）/2	保"型"，位于 CF 的 1/2 处
N	X：0.57	同 M 点	M 点和 N 点是分割线上的同一点
	Y：0.5	同 M 点	
P	X：0	位于 Y 轴上，不缩放	
	Y：−1	同 I 点	
Q	X：0	同 P 点	P 点和 Q 点是分割线上的同一点
	Y：−1	同 P 点	
R	X：0	位于 Y 轴上，不缩放	
	Y：−2.25	同 G 点	

续表

放码点	推档量	档差分配说明	备注
S	X：0	同 R 点	R 点和 S 点是分割线上的同一点
	Y：−2.25	同 R 点	

注：表中“+”“−”代表移动方向，“+”代表向右或上方移动，“−”代表向左或下方移动。

（2）后裤片推档：以后挺缝线和横裆线作为坐标公共线，两线交点作为放码原点，各放码点的推档量与档差分配说明见表 8–23，推档图见图 8–36。

表 8–23　后裤片各放码点的推档量与档差分配说明

单位：cm

放码点	推档量	档差分配说明	备注
O	X：0	放码原点，不缩放	
	Y：0	放码原点，不缩放	
A	X：−0.63	[△（H/4+2）+△H/10]/2	△H＝3.6；常数档差为 0
	Y：0	位于 X 轴上，不缩放	
B	X：0.63	[△（H/4+2）+△H/10]/2	△H＝3.6；常数档差为 0
	Y：0	位于 X 轴上，不缩放	
C	X：−0.63	同 A 点	
	Y：0.25	△BR/3	△BR＝0.75，保证侧缝“型”不变
D	X：0.27	△（H/4+2）$-X_C$＝0.9−0.63＝0.27	
	Y：0.25	同 C 点	
E	X：0.27	同 D 点	保证后裆弧线“型”不变
	Y：0.75	△BR＝0.75	
F	X：−0.73	△（W/4+1）$-X_E$＝1−0.27＝0.73	△W＝4
	Y：0.75	同 E 点	
G	X：−0.5	△SB/2＝0.5	△SB＝1
	Y：−2.25	△TL−△BR＝2.25	△TL＝3
H	X：0.5	△SB/2＝0.5	△SB＝1
	Y：−2.25	同 G 点	

续表

放码点	推档量	档差分配说明	备注
I	X：−0.5	同 G 点	
	Y：−1	[（△TL−2△BR/3）/2−△BR/3] = 1	
J	X：0.5	同 H 点	
	Y：−1	同 I 点	
K	X：−0.23	X_F−△（W/4+1）×1/2 = 0.23	保“型”
	Y：0.75	同 E 点	
L	X：−0.23	同 K 点	保“型”
	Y：0.3	△BR−省长变量 = △BR−0.45 = 0.3	省长变量取 0.45

注：表中“+”“−”代表移动方向，“+”代表向右或上方移动，“−”代表向左或下方移动。

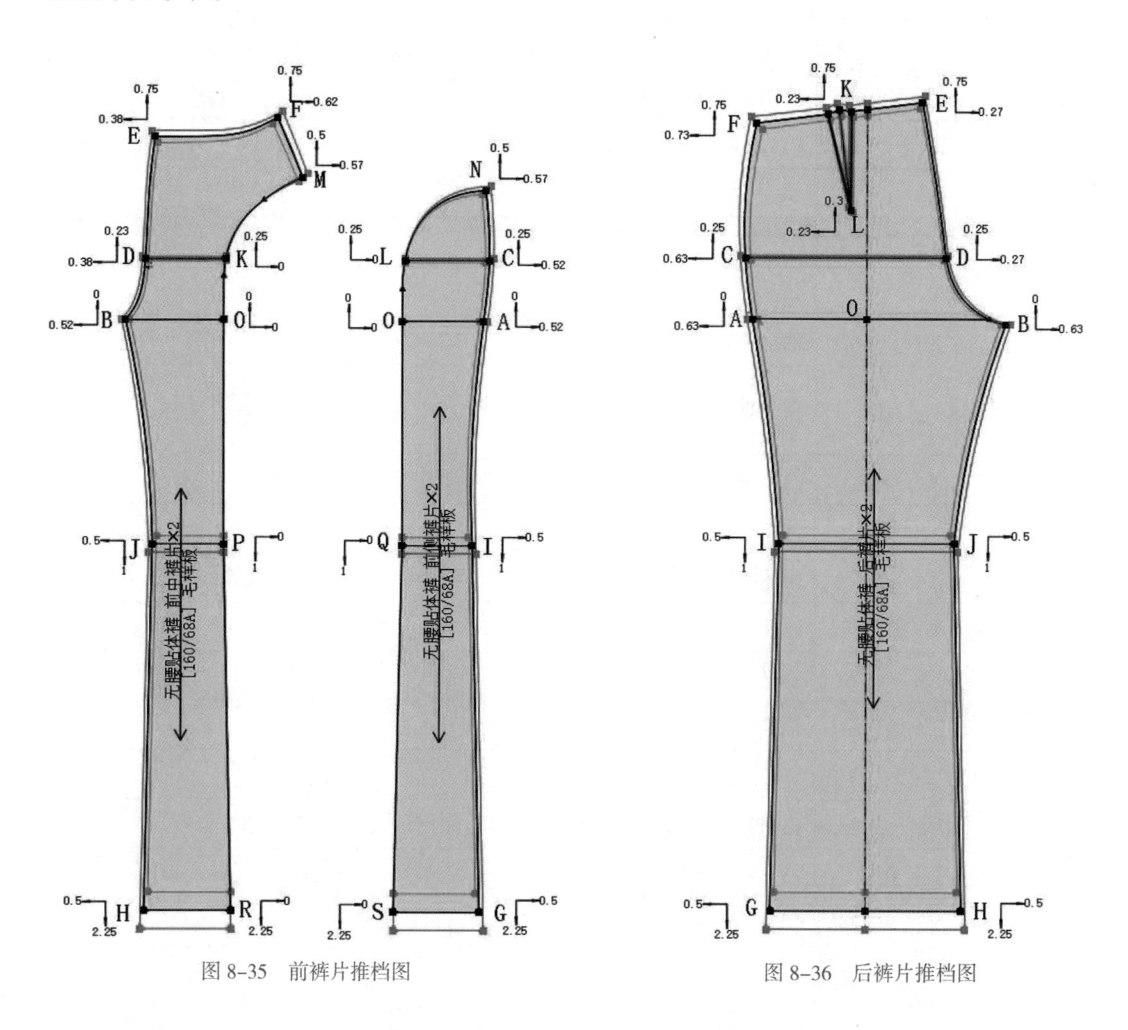

图 8-35 前裤片推档图

图 8-36 后裤片推档图

（3）前腰贴推档：前中线与腰下口线作为坐标公共线，两线交点作为放码原点，各放码点的推档量与档差分配说明见表 8–24，推档图见图 8–37。

表 8–24　前腰贴各放码点的推档量与档差分配说明

单位：cm

放码点	推档量	档差分配说明	备注
O	X：0	放码原点，不缩放	
	Y：0	放码原点，不缩放	
A	X：1	△（W/4–1）	△ W = 4
	Y：0	位于 X 轴上，不缩放	
B	X：1	同 A 点	
	Y：0	腰贴宽度为常数	常数档差为 0
C	X：0	位于 Y 轴上，不缩放	
	Y：0	腰贴宽度为常数	常数档差为 0
D	X：0	里襟宽度为常数	常数档差为 0
	Y：0	位于 X 轴上，不缩放	
E	X：0	同 D 点	
	Y：0	同 C 点	

注：表中“+”“–”代表移动方向，“+”代表向右或上方移动，“–”代表向左或下方移动。

（4）后腰贴推档：后中线与腰下口线作为坐标公共线，两线交点作为放码原点，各放码点的推档量与档差分配说明见表 8–25，推档图见图 8–38。

表 8–25 后腰贴各放码点的推档量与档差分配说明

单位：cm

放码点	推档量	档差分配说明	备注
O	X：0	放码原点，不缩放	
	Y：0	放码原点，不缩放	
A	X：–1	△（W/4+1）	△ W = 4
	Y：0	位于 X 轴上，不缩放	
B	X：–1	同 A 点	
	Y：0	腰贴宽度为常数	常数档差为 0

续表

放码点	推档量	档差分配说明	备注
C	X：1	△（W/4+1）	△ W = 4
	Y：0	位于 X 轴上，不缩放	
D	X：1	同 C 点	
	Y：0	腰贴宽度为常数	常数档差为 0
E	X：0	位于 Y 轴上，不缩放	
	Y：0	腰贴宽度为常数	常数档差为 0

注：表中“+”“−”代表移动方向，“+”代表向右或上方移动，“−”代表向左或下方移动。

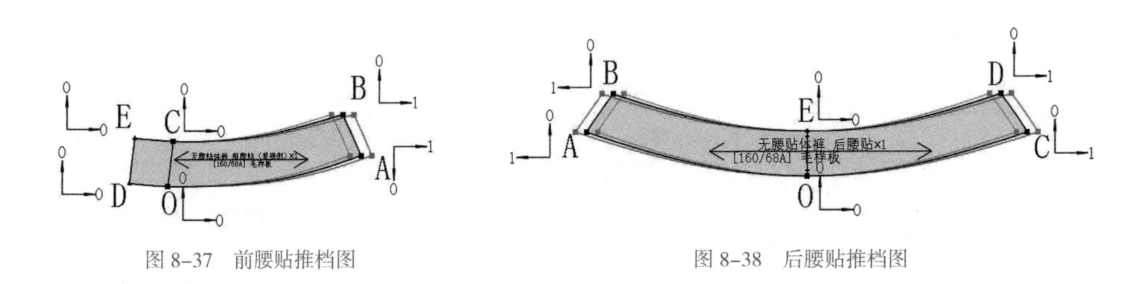

图 8–37 前腰贴推档图　　图 8–38 后腰贴推档图

【知识链接-1】裤子廓型

根据裤脚口的款式变化，裤装的廓型通常可分为 3 大类，即锥形裤、直筒裤和喇叭裤，见图 8–39。这 3 种裤子廓型的结构特征是以中裆和脚口之间的大小关系来确定的。

1. 锥形裤

基本特征：中裆大于脚口，自上而下逐渐变小，强调臀部略大，脚口收小，整体呈现成倒梯形。

结构特征：腰臀部以打裥、抽褶等形式塑造上部宽松的效果，而到脚口逐渐变小，配以正常腰或高腰设计，整体造型吻合人体体型，穿着舒适、休闲，受到大家的喜爱。

2. 直筒裤

基本特征：中裆与脚口一样大，或略大于脚口，臀部较合体，整体造型呈长方形，脚口呈直筒状。

结构特征：裤子在臀部位置自然下垂，侧缝和内侧缝基本垂直，配以正常装腰设计，给人以中庸的感觉。直筒的裤型适合身材娇小或体型偏胖的人。

3. 喇叭裤

基本特征：喇叭裤的中裆小于脚口，且中裆线可适当提高一些，臀部处收紧，臀围放松量较小，脚口呈喇叭状。

结构特征：腰部采用无裥或低腰结构，横裆也较小，从中裆略上开始逐渐增大脚口。加大脚口且加长裤长，再穿上高跟鞋，增加腿部长度，使穿着者显得高挑、有气场。

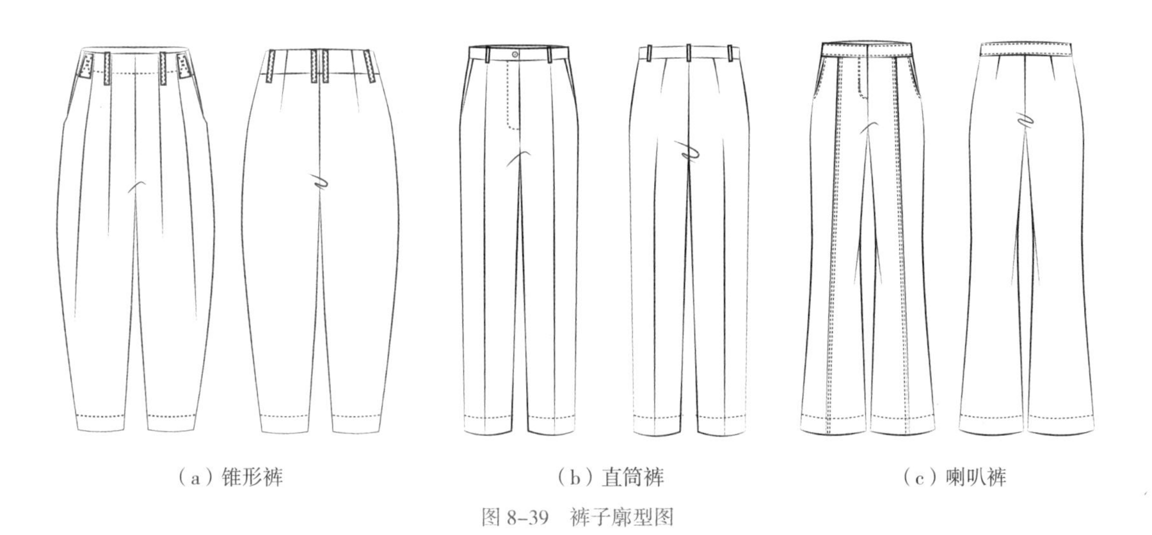

（a）锥形裤　　（b）直筒裤　　（c）喇叭裤

图 8-39　裤子廓型图

项目八 休闲短裤版型设计实战演练

短裤指裤长在膝盖以上的裤子，多为夏季时装裤。紧身造型的短裤可以将臀部丰满的造型曲线完美呈现出来，散发出健康、性感的美。但是这种短裤对于身材要求较高，O 型、X 型腿或平臀体的女性应尽量避免穿短裤。

短裤根据裤长又可分为超级迷你短裤、超短裤、一般短裤和膝上短裤四种类型【知识链接 -1】。

根据企业的订单要求，通过款式分析、样板制作以及系列样板制作，完成休闲短裤的版型设计，详细订单见表 8-26。

表 8-26 休闲短裤原始订单

<table>
<tr><td colspan="2">品名：休闲短裤</td><td colspan="2">款号：××</td><td>下单日期：××</td><td>完成时间：××</td></tr>
<tr><td colspan="4">款式说明：
本款休闲短裤属于超短裤，装弧形腰，后腰装有松紧带，可调节腰围大小，腰上设 5 个串带袢。前裤片左右各设 1 个月牙袋，前中开门襟装拉链；后裤片左右各设 1 个贴袋。</td><td colspan="2">款式图</td></tr>
<tr><td rowspan="2"></td><td colspan="3">成品规格</td><td colspan="2" rowspan="2">面料：帆布面料</td></tr>
<tr><td>155/64A</td><td>160/68A</td><td>165/72A</td></tr>
<tr><td>裤长</td><td>33</td><td>34</td><td>35</td><td colspan="2" rowspan="6">辅料：
1. 缝纫线（配色、涤棉）
2. 拉链
3. 黏合衬
4. 纽扣
5. 松紧</td></tr>
<tr><td>腰围</td><td>76</td><td>80</td><td>84</td></tr>
<tr><td>臀围</td><td>92.4</td><td>96</td><td>99.6</td></tr>
<tr><td>直裆（含腰）</td><td>26.25</td><td>27</td><td>27.75</td></tr>
<tr><td>脚口 /2</td><td>30</td><td>31</td><td>32</td></tr>
<tr><td>腰宽</td><td>4.5</td><td>4.5</td><td>4.5</td></tr>
<tr><td colspan="2">设计：×××</td><td colspan="2">制版：×××</td><td>样衣：×××</td><td>核对：×××</td></tr>
</table>

任务一 款式分析

一、款式造型分析

本款休闲短裤属于超短裤，是年轻女性夏季比较喜爱的短裤品种。装弧形腰，后腰装有松紧带，可调节腰围大小，腰上设 5 个串带袢。前裤片左右各设 1 个月牙袋，前中开门襟装拉链；后裤片左右各设 1 个贴袋。

二、面料缩率确定

短裤多是春夏季穿着的时尚裤型，面料应选择吸湿透气性好的中薄型棉麻面料，如牛仔布、帆布、斜纹棉布、卡其、苎麻布、亚麻布等面料。

本款休闲短裤采用帆布面料，经过面料缩率测试，该帆布面料的缩率：经向为 4.0%，纬向为 3.0%。

三、制版规格设计

综合缩率以及工艺手段等的影响因素，计算短裤中间码 160/68A 相关部位的制版规格：

裤长 = 34 ×（1+4.0%）≈ 35.4

腰围 = 80 ×（1+3.0%）≈ 82.4

臀围 = 96 ×（1+3.0%）≈ 98.9

直裆（含腰）= 27 ×（1+4.0%）≈ 28.1

脚口 /2 = 31 ×（1+3.0%）≈ 31.9

腰宽 = 4.5 ×（1+3.0%）≈ 4.6

因此，手工制版时休闲短裤制版规格见表 8–27。

表 8–27　休闲短裤制版规格

单位：cm

号型	部位规格					
	裤长	腰围	臀围	直裆（含腰）	脚口 /2	腰宽
160/68A	35.4	82.4	98.9	28.1	31.9	4.6

任务二　样板制作

一、结构设计

第一步：绘制前后裤片结构图，根据款式图绘制前后裤片，确定前后省道、月牙袋、袋布等的位置。见图 8–40。

第二步：绘制零部件，包括前后腰贴的绘制并合并腰省、门里襟、串带袢、贴袋等。见图 8–41。

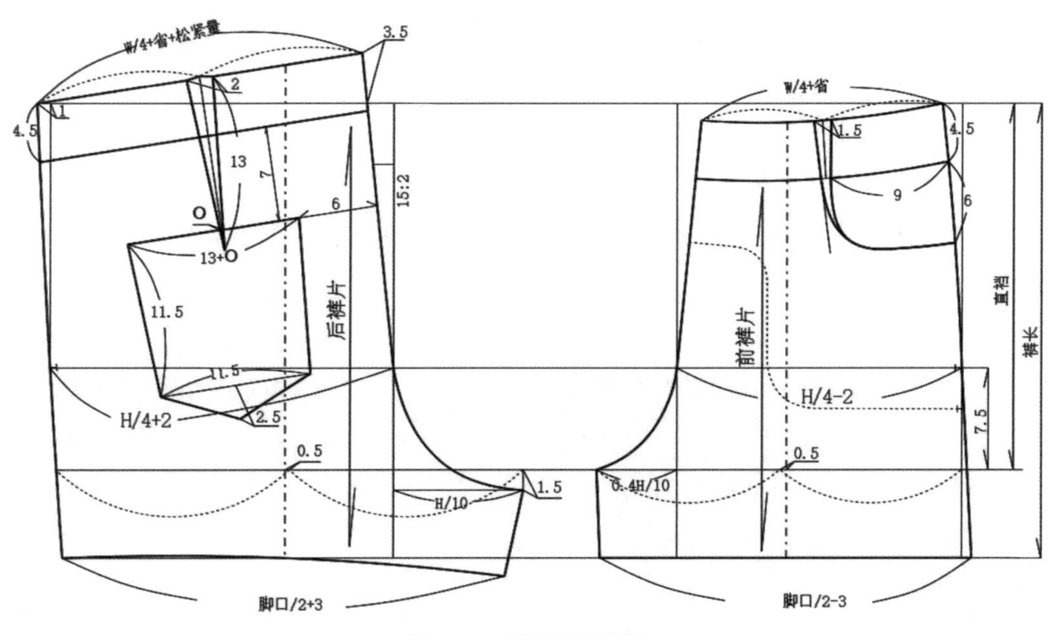

图 8-40 休闲短裤结构图

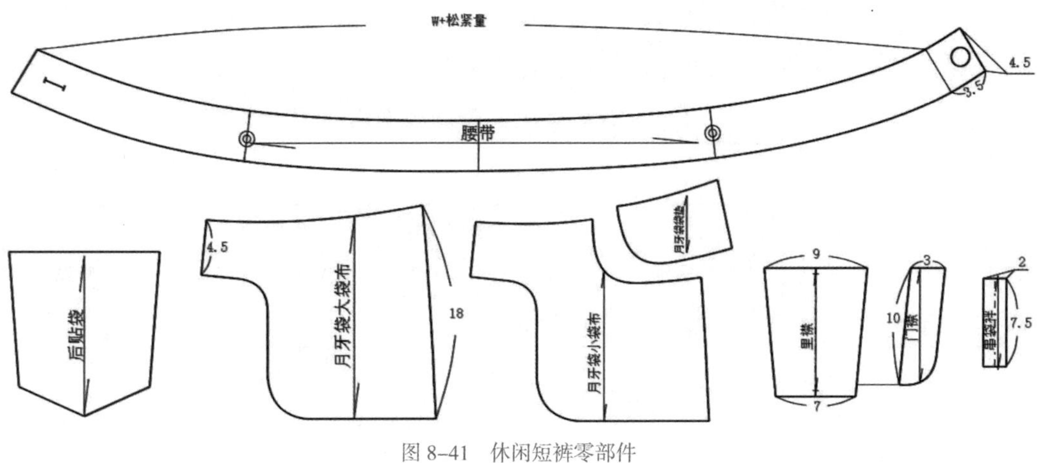

图 8-41 休闲短裤零部件

二、样板制作

1. 样板放缝（见图 8-42 和图 8-43）

（1）前后裤片四周缝份大多为 1 cm；脚口为外翻贴边裤脚口，制图和放缝见图。脚口为外翻贴边造型时，放缝应按照设计要求、工艺缝制方法确定放缝量。

（2）月牙袋袋垫弧线处放缝 4 cm 左右，其余缝份为 1 cm。

（3）其余零部件放缝方法与女西裤相似，不再赘述。

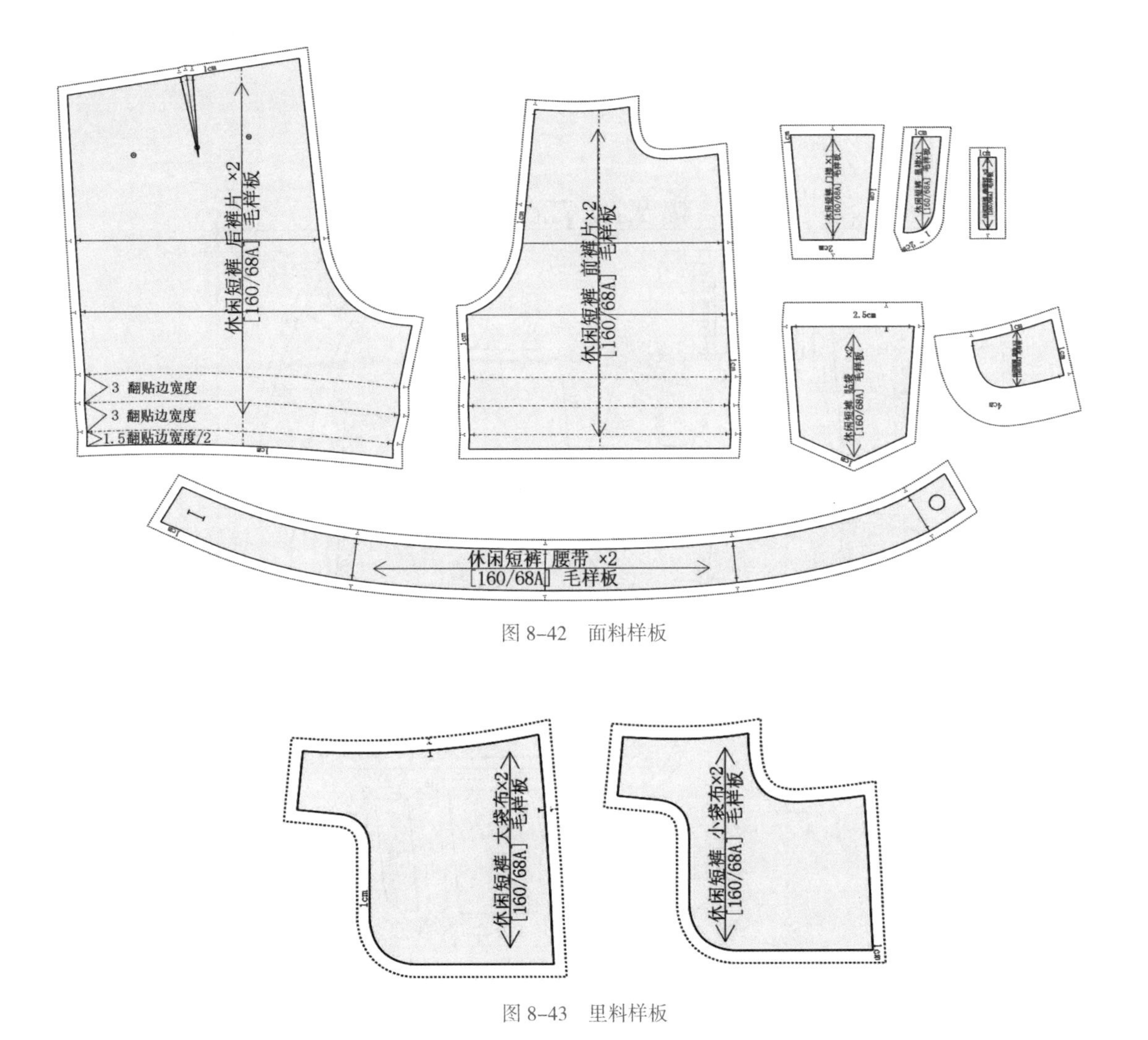

图 8-42　面料样板

图 8-43　里料样板

2. 样板标注

样板标注方法与前面裤装相似，不再赘述。

三、排料

排料的裁片采用已经完成放缝的面料样板，休闲短裤采用幅宽 144 cm 的帆布面料制作，单层单件对折排料如图 8-44 所示。裤片经向丝绺与布边平行，样板紧密套排，单件用料为 90 cm 左右。

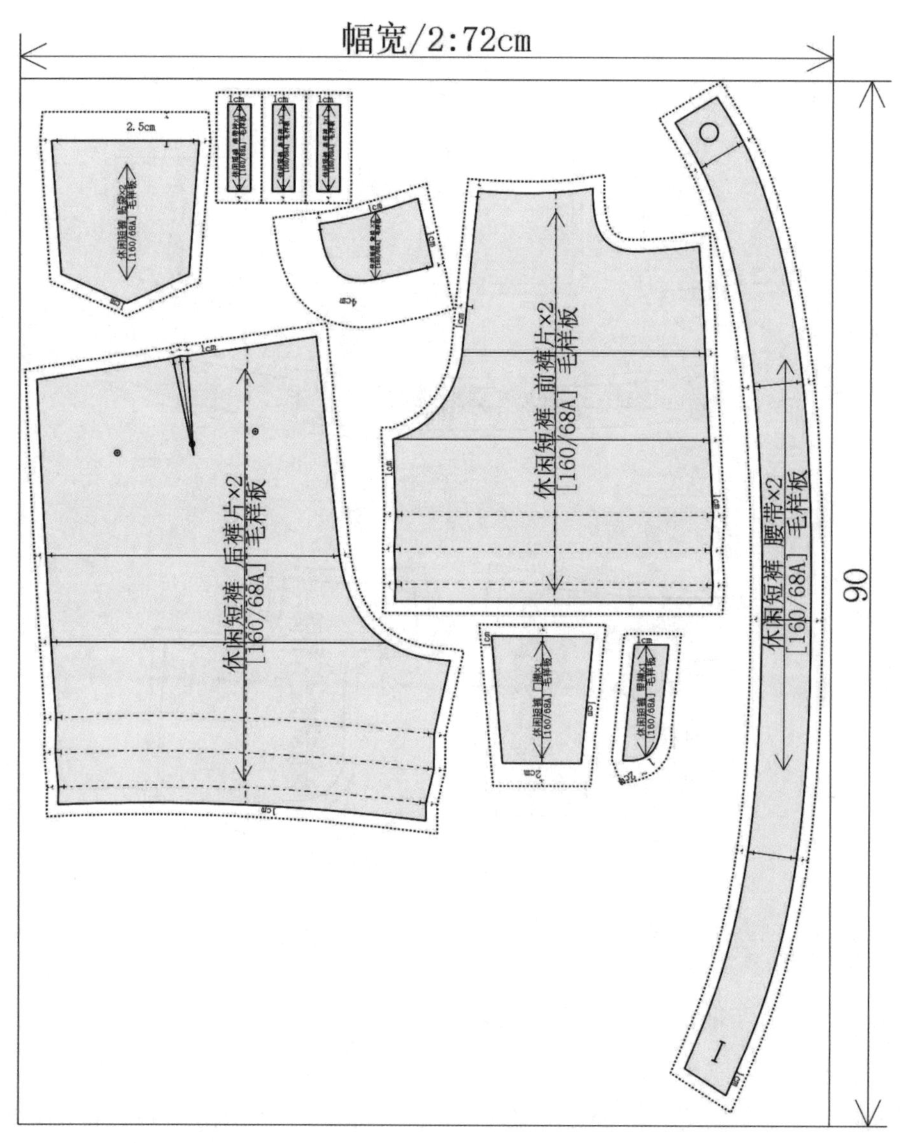

图 8-44　面料样板排料图

任务三　系列样板制作

一、档差与成品系列规格

根据订单中的成品系列规格，确定档差，见表 8-28。

表 8-28　成品系列规格与档差

单位：cm

部位＼规格	155/64A	160/68A	165/72A	档差
裤长（TL）	33	34	35	1
腰围（W）	76	80	84	4
臀围（H）	92.4	96	99.6	3.6
直裆（BR）	26.25	27	27.75	0.75
脚口 /2（SB）	30	31	32	1
腰宽	4.5	4.5	4.5	0

二、样板推档

（1）前裤片推档：以前挺缝线和横裆线作为坐标公共线，两线交点作为放码原点，各放码点的推档量与档差分配说明见表 8-29，推档图见图 8-45。

表 8-29　前裤片各放码点的推档量与档差分配说明

单位：cm

放码点	推档量	档差分配说明	备注
O	X：0	放码原点，不缩放	
	Y：0	放码原点，不缩放	
A	X：0.52	[△（H/4−2）+0.4 △ H/10]/2	△ H = 3.6；常数档差为 0
	Y：0	位于 X 轴上，不缩放	
B	X：−0.52	[△（H/4−2）+0.4 △ H/10]/2	△ H = 3.6；常数档差为 0
	Y：0	位于 X 轴上，不缩放	
C	X：0.52	同 A 点	
	Y：0.25	△ BR/3	△ BR = 0.75，保证侧缝“型”不变
D	X：−0.38	△（H/4−2）$-X_C$ = 0.9−0.52 = 0.38	
	Y：0.25	同 C 点	

续表

放码点	推档量	档差分配说明	备注
E	X：−0.38	同 D 点	保证前裆弧线“型”不变
	Y：0.75	△ BR = 0.75	
F	X：0.62	△ W/4−X_E = 1−0.38 = 0.62	△ W = 4
	Y：0.5	△ BR/3+ △ 2BR/3 × 1/2 = 2/3 △ BR = 0.5	保“型”，F 点在 1/2 腰臀距附近
G	X：0.5	△ SB/2 = 0.5	△ SB = 1，翻贴边宽度档差取 0
	Y：−0.25	△ TL− △ BR = 0.25	△ TL = 1
H	X：−0.5	△ SB/2 = 0.5	△ SB = 1
	Y：−0.25	同 G 点	
I	X：0.32	X_F− 袋口档差 = 0.62−0.3 = 0.32	保“型”，月牙袋口变量取 0.3
	Y：0.75	同 E 点	

注：表中“+”“−”代表移动方向，“+”代表向右或上方移动，“−”代表向左或下方移动。

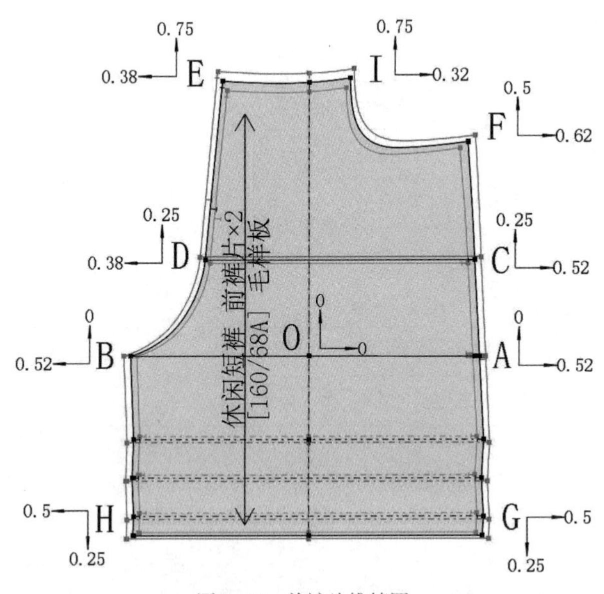

图 8-45　前裤片推档图

（2）后裤片推档：以后挺缝线和横裆线作为坐标公共线，两线交点作为放码原点，各放码点的推档量与档差分配说明见表 8-30，推档图见图 8-46。

表 8-30　后裤片各放码点的推档量与档差分配说明

单位：cm

放码点	推档量	档差分配说明	备注
O	X：0	放码原点，不缩放	
	Y：0	放码原点，不缩放	
A	X：−0.63	[△（H/4+2）+ △ H/10]/2	△ H = 3.6；常数档差为 0
	Y：0	位于 X 轴上，不缩放	
B	X：0.63	[△（H/4+2）+ △ H/10]/2	△ H = 3.6；常数档差为 0
	Y：0	位于 X 轴上，不缩放	
C	X：−0.63	同 A 点	
	Y：0.25	△ BR/3	△ BR = 0.75，保证侧缝“型”不变
D	X：0.27	△（H/4+2）$-X_C$ = 0.9−0.63 = 0.27	
	Y：0.25	同 C 点	
E	X：0.27	同 D 点	保证后裆弧线“型”不变
	Y：0.75	△ BR = 0.75	
F	X：−0.73	△ W/4$-X_E$ = 1−0.27 = 0.73	△ W = 4
	Y：0.75	同 E 点	
G	X：−0.5	△ SB/2 = 0.5	△ SB = 1
	Y：−0.25	△ TL− △ BR = 0.25	△ TL = 1
H	X：0.5	△ SB/2 = 0.5	△ SB = 1
	Y：−0.25	同 G 点	
I	X：−0.23	X_F− △ W/4 × 1/2 = 0.73−1 × 1/2 = 0.23	省道位于后腰口弧线的 1/2 处
	Y：0.75	同 E 点	
J	X：−0.23	同 I 点	
	Y：0.45	Y_I−0.3 = 0.75−0.3 = 0.45	省长变量取 0.3

注：表中“+”“−”代表移动方向，“+”代表向右或上方移动，“−”代表向左或下方移动。

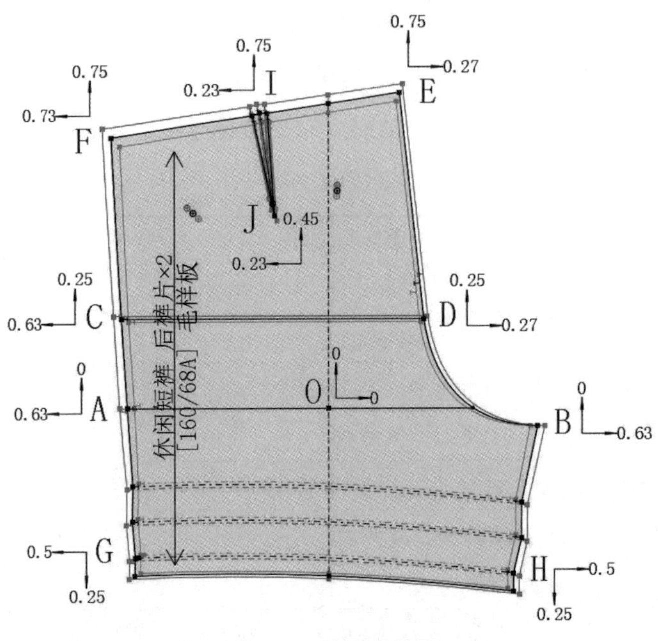

图 8-46 后裤片推档图

（3）后贴袋推档：放码原点见图 8-47 所示，各放码点的推档量与档差分配说明见表 8-31，推档图见图 8-47。

表 8-31 后贴袋各放码点的推档量与档差分配说明

单位：cm

放码点	推档量	档差分配说明	备注
O	X：0	放码原点，不缩放	
	Y：0	放码原点，不缩放	
A	X：−0.25	贴袋宽度档差 /2 = 0.25	贴袋宽度档差取 0.5
	Y：0	常数档差为 0	保“型”，常数档差为 0
B	X：0.25	贴袋宽度档差 /2 = 0.25	
	Y：0	同 A 点	
C	X：−0.25	贴袋宽度档差 /2 = 0.25	
	Y：0.5	贴袋长度档差 = 0.5	贴袋长度档差取 0.5
D	X：0.25	贴袋宽度档差 /2 = 0.25	
	Y：0.5	同 C 点	

注：表中“+”“−”代表移动方向，“+”代表向右或上方移动，“−”代表向左或下方移动。

（4）月牙袋袋垫推档：放码原点见图 8–48 所示，各放码点的推档量与档差分配说明见表 8–32，推档图见图 8–48。

表 8–32　月牙袋袋垫各放码点的推档量与档差分配说明

单位：cm

放码点	推档量	档差分配说明	备注
O	X：0	放码原点，不缩放	
	Y：0	放码原点，不缩放	
A	X：0	位于 Y 轴上，不缩放	
	Y：0.25	月牙袋长度档差为 0.25	根据前裤片放码所得
B	X：–0.3	月牙袋口变量取 0.3	月牙袋口变量取 0.3
	Y：0.25	同 A 点	

注：表中“+”“–”代表移动方向，“+”代表向右或上方移动，“–”代表向左或下方移动。

（5）腰头推档：腰头放码方法与抽褶休闲裤相同，不再赘述。

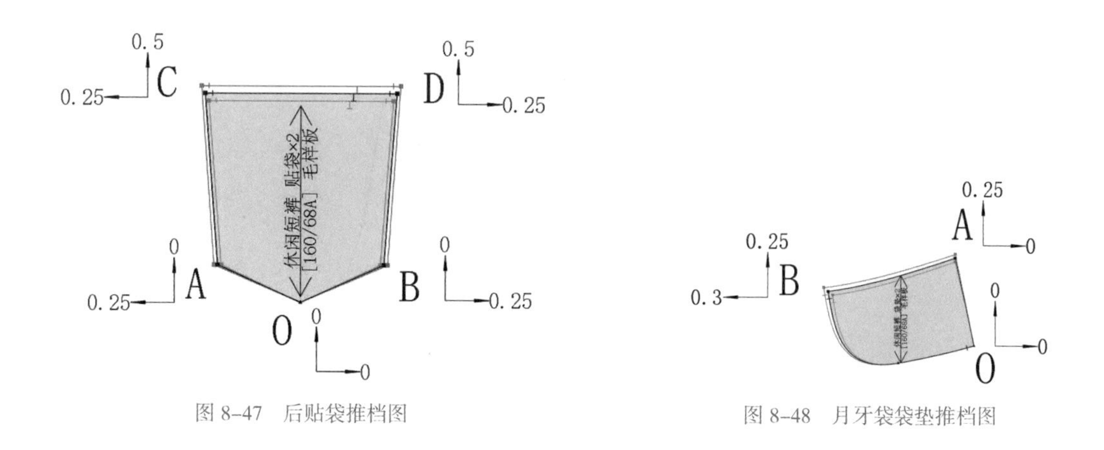

图 8–47　后贴袋推档图

图 8–48　月牙袋袋垫推档图

【知识链接-1】裤长的分类

根据裤长分类，可分为以下几种（见图 8–49）：

（1）超级迷你短裤：也叫热裤，长度至大腿根部，只有一个上裆的长度。

（2）超短裤：裤长至大腿上部。

（3）一般短裤：也叫牙买加短裤，裤长至大腿中部，因西印度群岛避暑胜地牙买加岛而得名。

（4）膝上短裤：最具代表性的是百慕大短裤，裤长至膝盖以上，裤口较细，因美国北卡罗莱纳州避暑地百慕大群岛而得名。

（5）五分裤：也叫及膝裤、中裤，裤长至膝盖。

（6）七分裤：也叫小腿裤，裤长至小腿肚以上。

（7）八分裤：裤长至小腿肚以下。

（8）九分裤：也叫便裤，裤长至脚踝以上 10 cm 左右。

（9）长裤：裤长至脚踝或脚踝以下（鞋跟的中上部或至地面以上 2 ～ 3 cm）。

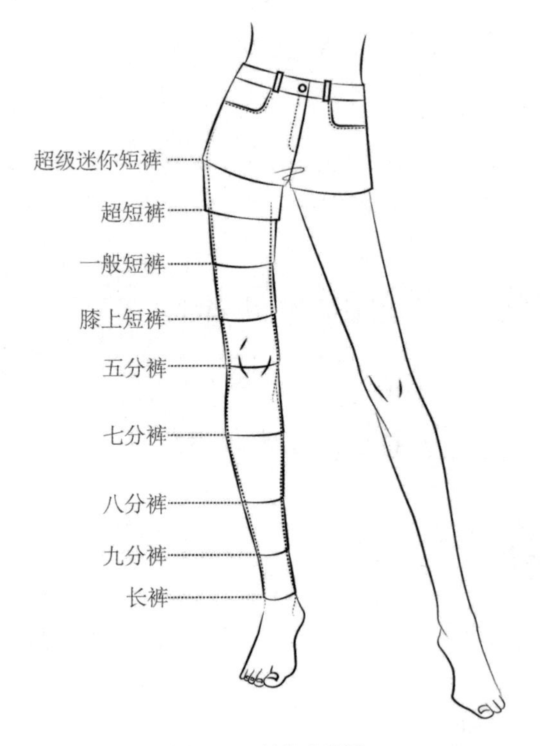

图 8-49　裤长分类图

第九章 衬衫版型设计实战演练

项目九 经典款女衬衫版型设计实战演练

衬衫是我们一年四季中必不可或缺的单品，其造型简洁，线条流畅，版型大方，剪裁干练，经久不衰。修身型的经典女衬衫更强调有序感，多适合正式场合。衬衫之所以经典，离不开它的百搭属性，简洁大方的白衬衫，搭配各式各样的下装都能完美适配。

根据企业的订单要求，通过款式分析、样板制作以及系列样板制作，完成经典女衬衫的版型设计，详细订单见表 9–1。

表 9–1 经典女衬衫原始订单

<table>
<tr><td colspan="2">品名：经典女衬衫</td><td colspan="2">款号：××</td><td>下单日期：××</td><td>完成时间：××</td></tr>
<tr><td colspan="4">款式说明：
此款为合体型女衬衫，男式衬衫领、翻门襟、前中设 6 粒纽扣。胸围放松量为 6～8 cm；后衣身收腰省，前衣片收腋下省、通底腰省，小圆摆。长袖，设方形袖衩，袖口装方角袖克夫。领、门襟缉 0.25 cm 装饰单线，省、袖克夫等缉 0.1 cm 明线。</td><td colspan="2">款式图</td></tr>
<tr><td rowspan="2"></td><td colspan="3">成品规格</td><td colspan="2" rowspan="2">面料：棉、麻、丝等</td></tr>
<tr><td>155/80A</td><td>160/84A</td><td>165/88A</td></tr>
<tr><td>后中长</td><td>60.5</td><td>62</td><td>63.5</td><td colspan="2" rowspan="8">辅料：
1. 缝纫线（配色、涤棉）
2. 黏合衬
3. 纽扣 8 粒</td></tr>
<tr><td>背长</td><td>37</td><td>38</td><td>39</td></tr>
<tr><td>肩宽</td><td>37</td><td>38</td><td>39</td></tr>
<tr><td>领围</td><td>35.2</td><td>36</td><td>36.8</td></tr>
<tr><td>胸围</td><td>88</td><td>92</td><td>96</td></tr>
<tr><td>腰围</td><td>72</td><td>76</td><td>80</td></tr>
<tr><td>袖长</td><td>56.5</td><td>58</td><td>59.5</td></tr>
<tr><td>袖克夫</td><td>21/6</td><td>22/6</td><td>23/6</td></tr>
<tr><td colspan="2">设计：×××</td><td colspan="2">制版：×××</td><td>样衣：×××</td><td>核对：×××</td></tr>
</table>

任务一 款式分析

一、款式造型分析

此款为合体型女衬衫，男式衬衫领、翻门襟、前中设6粒纽；胸围放松量为6～8 cm；后衣身收腰省，前衣片收腋下省、通底腰省，小圆摆。长袖，设方形袖衩，袖口装方角袖克夫。领、门襟缉0.25 cm装饰单线，省、袖克夫等缉0.1 cm明线。

二、面料缩率确定

面料是服装质感的决定性因素，特别对于设计简洁的白衬衫，面料的重要性更是不言而喻。经典女衬衫面料一般有棉、麻、丝等，棉质面料的白衬衫是绝大多数人的日常首选，纯棉材质舒适透气，不挑场合。而亚麻材质休闲文艺，透气性也非常好，适合炎炎夏日。丝绸面料更显优雅高贵，展现出气质和品味。

本款经典女衬衫采用薄型棉质面料，经过面料缩率测试，该棉质面料的经向缩率较大，为6%；纬向为2.5%。

三、制板规格设计

上装与人体的胸、腰、肩，下装还有人体的臀、腰部位有着密切的关系。躯体的胸、腰、臀又是一个复杂的曲面体。胸、腰、臀的松量确定是决定服装轮廓造型的关键。为使服装穿着既舒适，又美观，设计师应对不同的体型、不同的款式造型合理地设置各个部位松量的加放，见表9-2。

表9-2 女装胸围放松量参考范围

单位：cm

款式名称	春夏季		春秋季		秋冬季	
	普通料	弹力针织料	普通料	弹力针织料	普通料	弹力针织料
贴体	4～6	2～4	6～8	5～7	8～10	6～8
合体	6～8	4～6	10～12	8～10	12～14	10～12
较宽松	10～14	8～14	14～18	12～16	16～20	14～18
宽松	16～20		20～24		22～30	

根据国家标准《衬衫》（GB/T 2660-2017）规定，衬衫成品主要部位规格尺寸允许偏差见表9-3。

表9-3 经典女衬衫主要部位规格尺寸允许偏差

单位：cm

部位名称	规格尺寸允许偏差
领大	±0.6
衣长	±1.0

续表

部位名称		规格尺寸允许偏差
长袖长	连肩袖	±1.2
	圆袖	±0.8
短袖长		±0.6
胸围		±2.0
总肩宽		±0.8

综合缩率以及工艺手段等的影响因素，计算经典女衬衫中间码 160/84A 相关部位的制板规格：

后中长 = 62 ×（1+6%）≈ 65.7

背长 = 38 ×（1+6%）≈ 40.3

肩宽 = 38 ×（1+2.5%）≈ 39

领围 = 36 ×（1+2.5%）≈ 36.9

胸围 = 92 ×（1+2.5%）≈ 94.3

腰围 = 76 ×（1+2.5%）≈ 77.9

袖长 = 58 ×（1+6%）≈ 61.5

袖克夫 = 22 ×（1+6%）≈ 23.3

因此，手工制版时的经典女衬衫规格见表 9–4。

表 9–4 经典女衬衫制版规格

单位：cm

号型	部位规格							
	后中长	背长	肩宽	领围	胸围	腰围	袖长	袖克夫
160/84A	65.7	40.3	39	36.9	94.3	77.9	61.5	23.3

任务二 样板制作

一、结构设计

第一步：绘制前后衣片基础线，包括前后中线、上平线、下平线、领宽线【知识链接 -1】、领深线、前后肩斜线【知识链接 -2】、袖窿深线、腰围线、臀围线、摆围线、前胸宽线、后背宽线等，确定前后胸围、腰围、臀围分配量。见图 9–1。

第二步：绘制前后衣片轮廓线，包括领圈弧线、前后肩线【知识链接 -3】、袖窿弧线、腋下省、腰省【知识链接 -4】、侧缝弧线、底边弧线等，确定纽眼与纽扣位置【知识链接 -5】。见图 9–2。

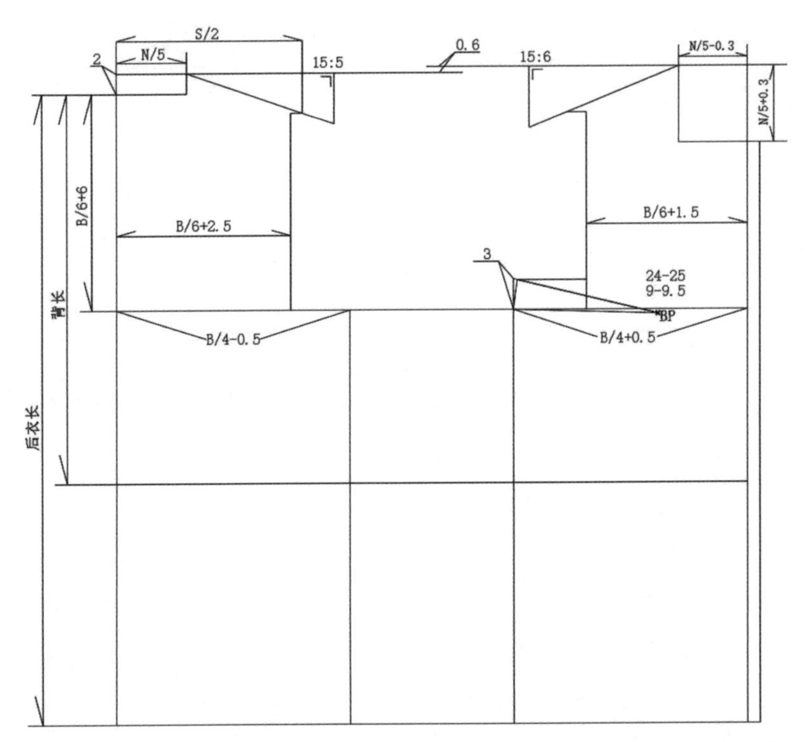

图 9-1 经典女衬衫前后衣片框架图

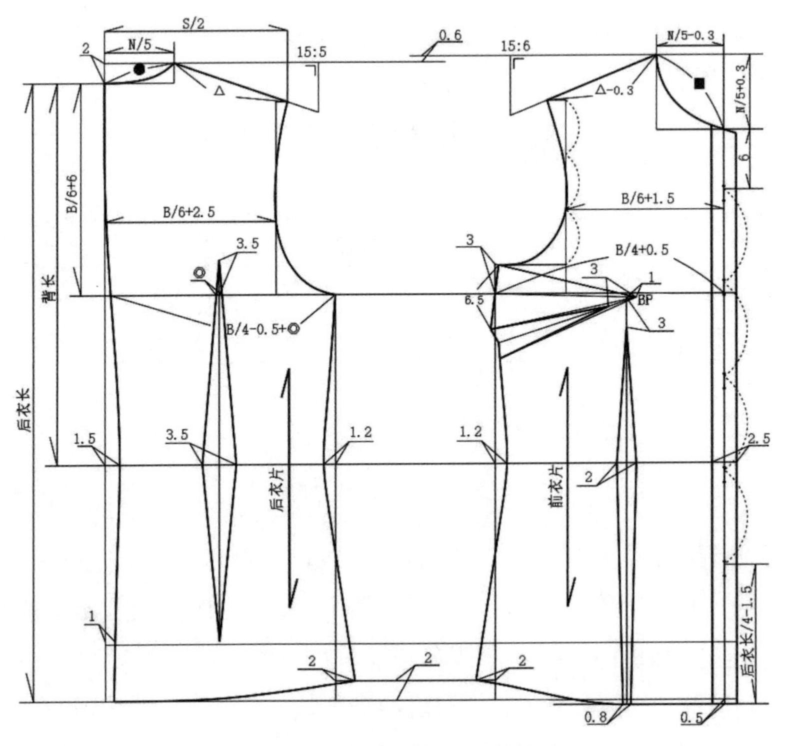

图 9-2 经典女衬衫前后衣片结构图

第三步：绘制袖片基础线，包括上平线、下平线、袖中线、袖山深线、袖肘线等，确定袖口褶裥量。见图 9–3。

第四步：绘制袖片轮廓线，包括袖山弧线、袖口裥的定位等。见图 9–4。

第五步：绘制领子，包括上领外口线、下领下口线等。见图 9–5。

第六步：绘制零部件，包括门襟、大小袖衩、袖克夫等。见图 9–6。

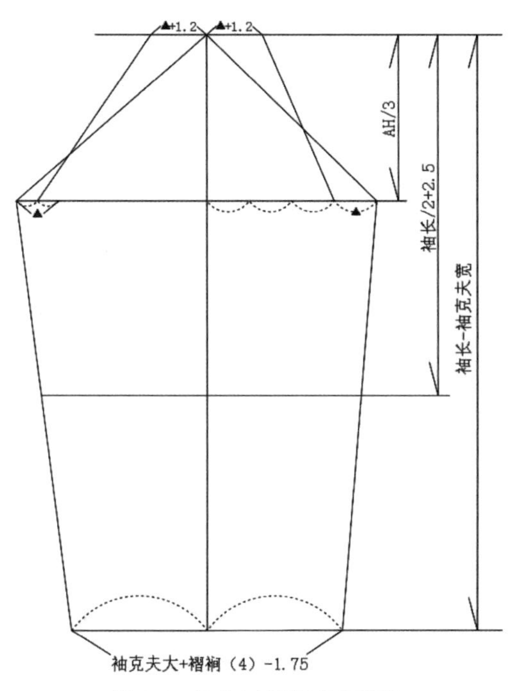

图 9–3　经典女衬衫袖片框架图

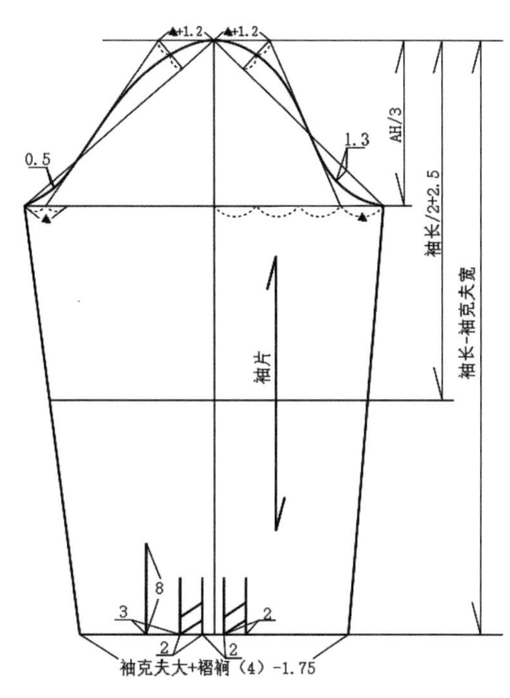

图 9–4　经典女衬衫袖片结构图

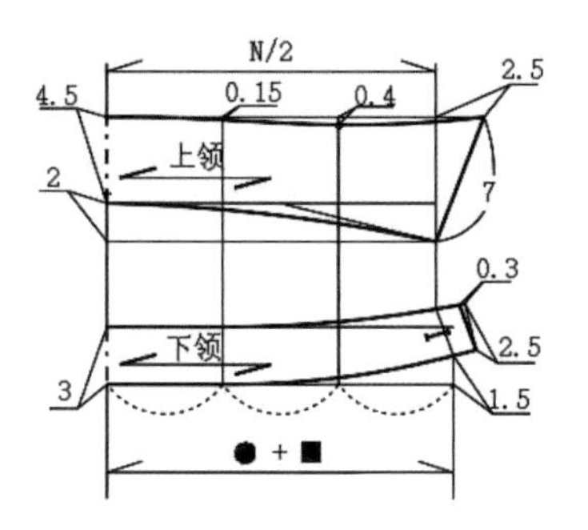

图 9–5　经典女衬衫领子结构图

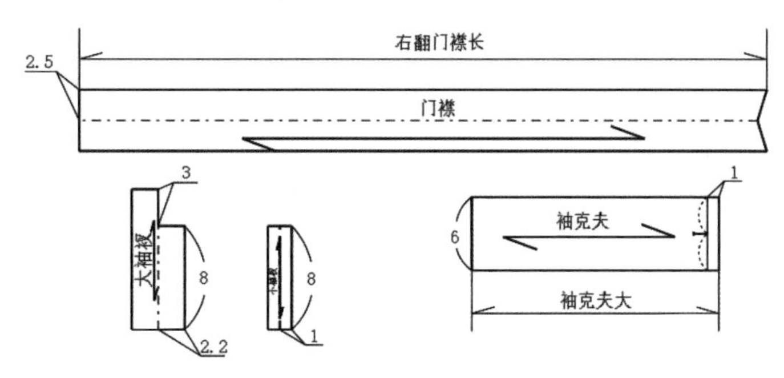

图 9–6　经典女衬衫零部件结构图

二、样板制作

1. 样板放缝（见图 9-7、图 9-8、图 9-9）

女衬衫各裁片除前、后衣片底边的缝份为 2 cm，左前衣片前中放缝 3 cm，门襟上口放缝 3 cm 外，其他均为 1 cm。

2. 样板标注

（1）常规缝份为 1 cm，不必打刀眼，只有特殊缝份须打刀眼，如贴边、挂面、小于或大于 1 cm 的缝份。

（2）刀眼应用在省根位表示省的位置和省量的大小，同时也应用于褶裥量的表示。如本款女衬衫的底边省位和袖口褶位，都需要设置刀眼。

（3）钻眼：腰省在离省尖 1 cm，省腰往里 0.3 cm；腋下省的省尖也往里缩进 1 cm，目的是使缝制后看不到钻眼位。

（4）组合部位刀眼的对位：肩点与袖山顶点、下领后中点与衣片后领圈弧线中点、下领侧颈点与衣片领圈侧颈点、上下领装领点等部位都需要设置刀眼。

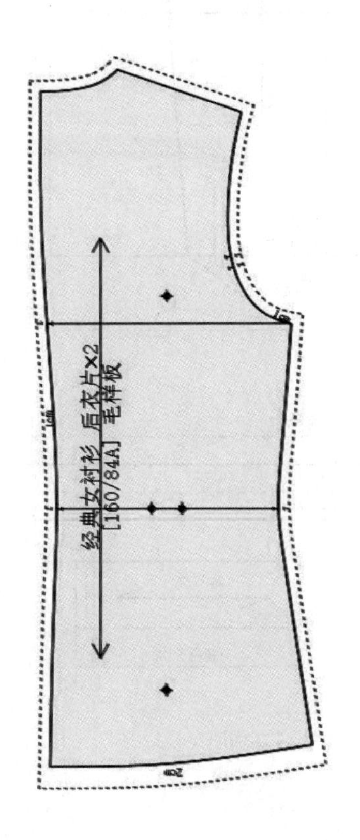

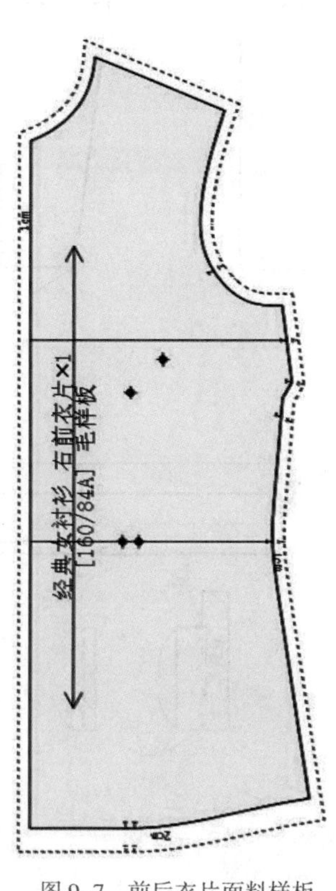

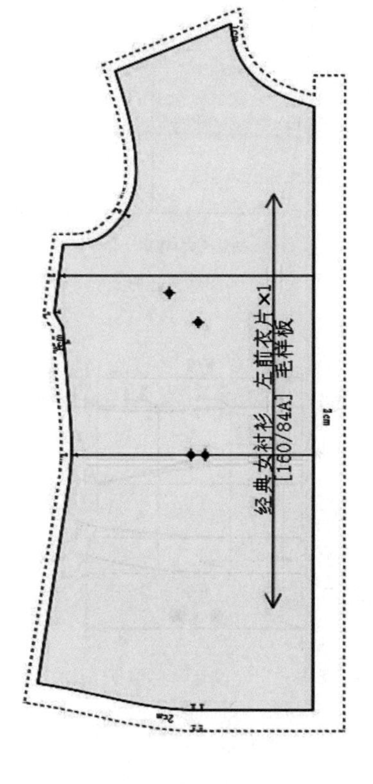

图 9-7 前后衣片面料样板

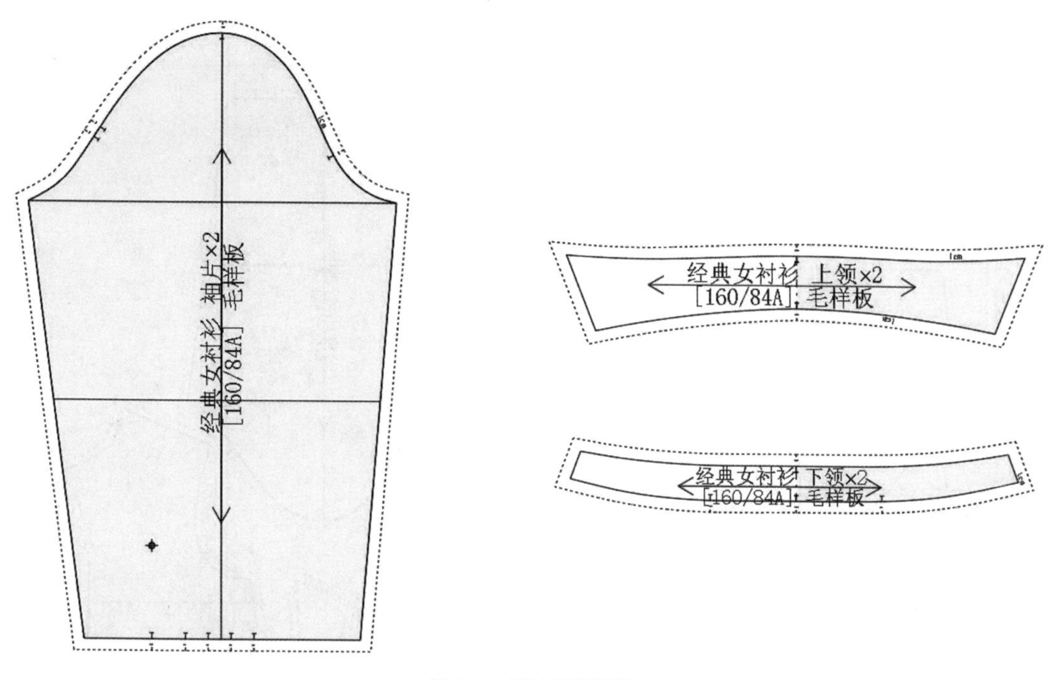

图 9-8　领袖面料样板

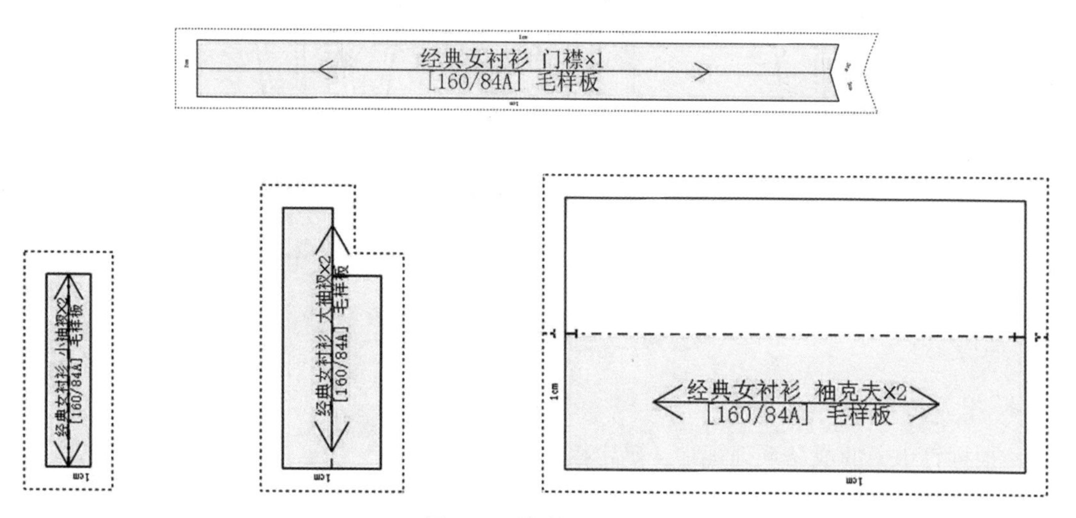

图 9-9　零部件面料样板

三、排料

排料的裁片采用已经完成放缝的面料样板，这款经典女衬衫采用幅宽 144 cm 的棉质面料制作，由于本款前衣片左右不对称，采用单层单件平铺排料如图 9-10 所示。衣片经向丝绺与布边平行，样板紧密套排，单件用料为袖长 + 衣长 –15 cm 左右。

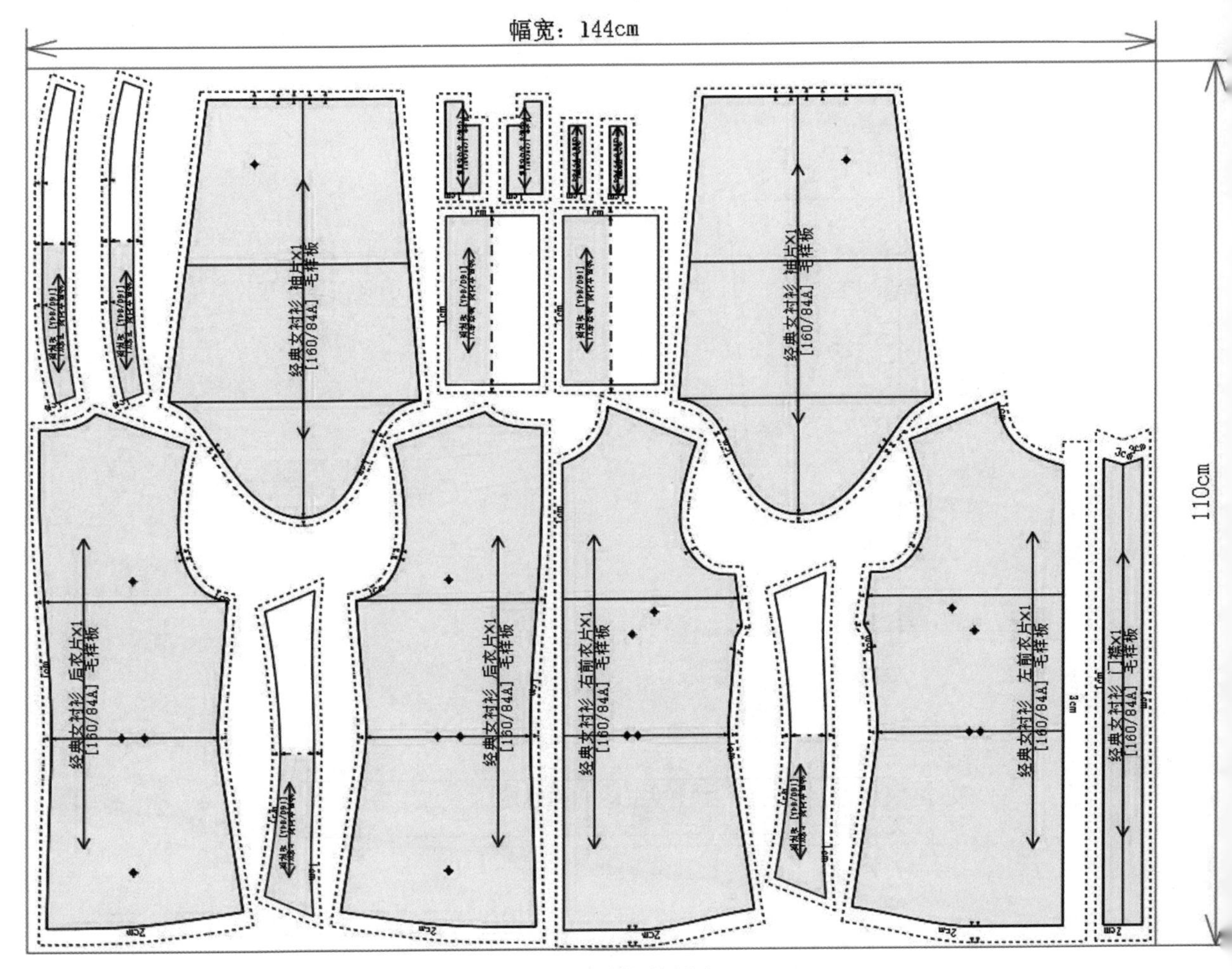

图 9-10　面料样板排料图

任务三　系列样板制作

一、档差与成品系列规格

根据订单中的成品系列规格，确定档差，见表 9-5。

表 9-5　成品系列规格与档差

单位：cm

规格 部位	155/64A	160/68A	165/72A	档差
后中长	60.5	62	63.5	1.5
背长	37	38	39	1
肩宽	37	38	39	1

续表

部位＼规格	155/64A	160/68A	165/72A	档差
领围	35.2	36	36.8	0.8
胸围	88	92	96	4
腰围	72	76	80	4
袖长	56.5	58	59.5	1.5
袖克夫	21/6	22/6	23/6	1/0

二、样板推档

（1）后衣片推档：以胸围线和后中心线作为坐标公共线，两线交点作为推档原点，各放码点的推档量与档差分配说明见表9-6，推档图见图9-11。

表9-6　后衣片各放码点的推档量与档差分配说明

单位：cm

放码点	推档量	档差分配说明	备注
O	X：0	放码原点，不缩放	
	Y：0	放码原点，不缩放	
A	X：0	位于Y轴上，不缩放	
	Y：0.6	△B/6 = 0.67，取0.6	△B = 4，兼顾整体造型
B	X：0.16	△N/5 = 0.16	△N = 0.8
	Y：0.65	A点基础上，增加△N/15，即0.6+0.05 = 0.65	△N = 0.8，△N/15 ≈ 0.05
C	X：0.5	△S/2 = 0.5	△S = 1
	Y：0.54	后小肩斜线保持平行	
D	X：1	△B/4 = 1	△B = 4
	Y：0	位于X轴上，不缩放	
E	X：0.5	同C点	兼顾整体造型
	Y：0.25	C点推档量的1/2左右	保“型”
F	X：1	△W/4 = 1	△W = 4
	Y：−0.4	△BWL −△B/6（取0.6）= 0.4	△BWL = 1
G	X：1	同F点	保“型”
	Y：−0.9	△衣长−△B/6（取0.6）= 0.9	△衣长 = 1.5

续表

放码点	推档量	档差分配说明	备注
H	X：0	位于 Y 轴上，不缩放	
	Y：−0.9	△衣长—△ B/6（取 0.6）= 0.9	△衣长 = 1.5
I	X：0	位于 Y 轴上，不缩放	
	Y：−0.4	△ BWL− △ B/6（取 0.6）= 0.4	△ BWL = 1
J	X：0.3	△ B/6×1/2 = 0.3	兼顾整体造型
	Y：0	同 D 点	常数档差为 0
K	X：0.3	同 J 点	
	Y：−0.4	同 I 点	
L	X：0.3	同 J 点	
	Y：−0.9	同 H 点	常数档差为 0

注：表中“+”“−”代表移动方向，“+”代表向右或上方移动，“−”代表向左或下方移动。

（2）前衣片推档：以前中线和胸围线作为坐标公共线，两线交点作为推档原点，各放码点的推档量与档差分配说明见表 9–7，推档图见图 9–12。

表 9–7　前衣片各放码点的推档量与档差分配说明

单位：cm

放码点	推档量	档差分配说明	备注
O	X：0	放码原点，不缩放	
	Y：0	放码原点，不缩放	
A	X：−0.16	△ N/5 = 0.16	△ N = 0.8
	Y：0.65	同后片 B 点档差	
B	X：0	位于 Y 轴上，不缩放	
	Y：0.49	A 点基础上，减去△ N/5，即 0.65−0.16 = 0.49	△ N = 0.8
C	X：−0.5	△ S/2 = 0.5	△ S = 1
	Y：0.51	前小肩斜线保持平行	
D	X：−1	△ B/4 = 1	△ B = 4
	Y：0	位于 X 轴上，不缩放	

续表

放码点	推档量	档差分配说明	备注
E	X：−0.5	同 C 点	兼顾整体造型
	Y：0.25	C 点推档量的 1/2 左右	保“型”
F	X：−1	同 D 点	
	Y：0	同 D 点	常数档差为 0
G	X：−1	△ W/4 = 1	△ W = 4
	Y：−0.4	△ BWL− △ B/6（取 0.6）= 0.4	△ BWL = 1
H	X：−1	同 G 点	保“型”
	Y：−0.9	△衣长 − △ B/6（取 0.6）= 0.9	△衣长 = 1.5
I	X：0	位于 Y 轴上，不缩放	
	Y：−0.9	△衣长 − △ B/6（取 0.6）= 0.9	△衣长 = 1.5
J	X：0	位于 Y 轴上，不缩放	
	Y：−0.4	△ BWL− △ B/6（取 0.6）= 0.4	△ BWL = 1
K	X：−0.3	△ B/6 × 1/2 = 0.3	兼顾整体造型
	Y：0	同 D 点	常数档差为 0
L	X：−0.3	同 K 点	
	Y：−0.4	同 J 点	
M	X：−0.3	同 K 点	
	Y：−0.9	同 I 点	
N	X：−0.3	△ B/6 × 1/2 = 0.3	兼顾整体造型
	Y：0	同 D 点	常数档差为 0

注：表中“+”“−”代表移动方向，“+”代表向右或上方移动，“−”代表向左或下方移动。

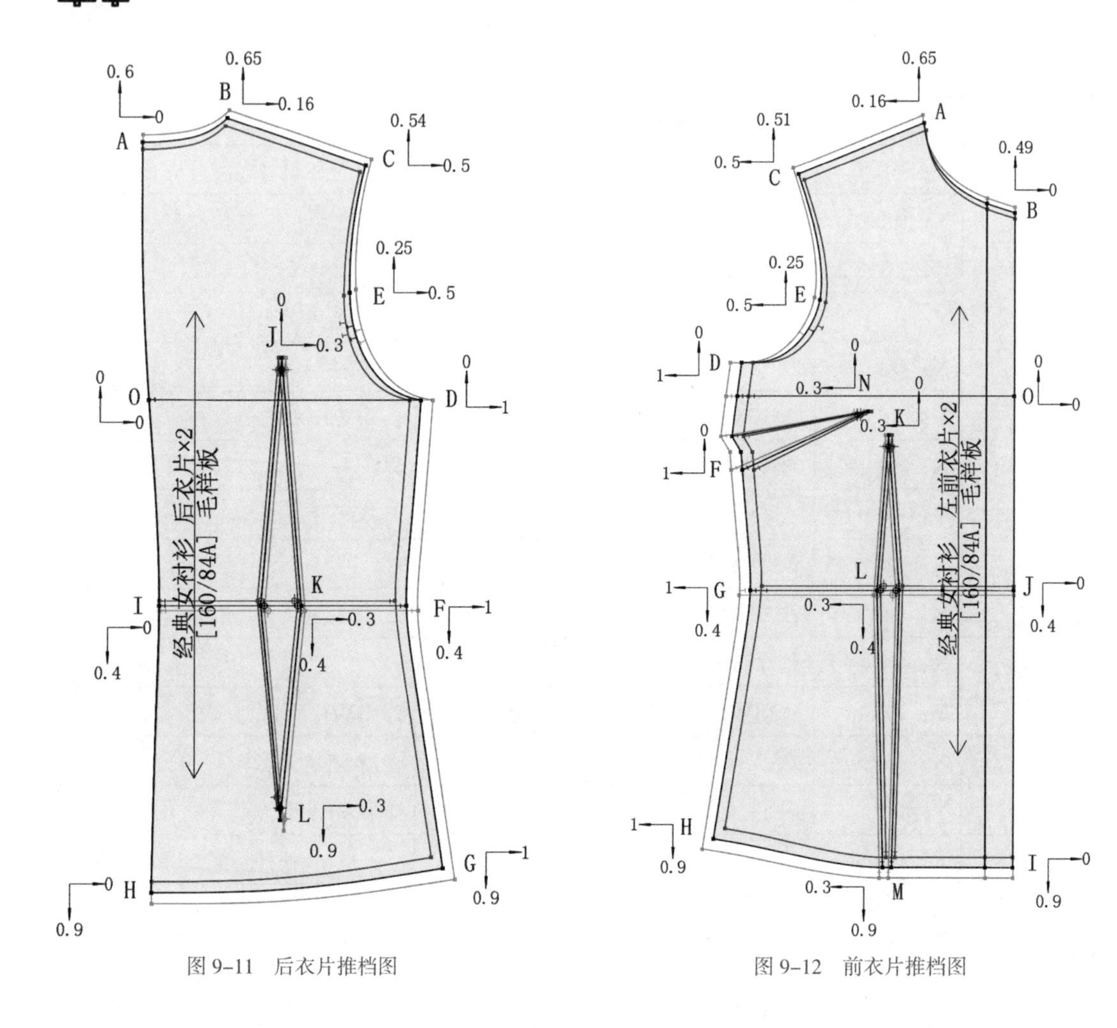

图 9-11　后衣片推档图　　　　图 9-12　前衣片推档图

（3）袖片推档：以袖中线和袖山深线作为坐标公共线，两线交点作为推档原点，各放码点的推档量与档差分配说明见表 9-8，推档图见图 9-13。

表 9-8　袖片各放码点的推档量与档差分配说明

单位：cm

放码点	推档量	档差分配说明	备注
O	X：0	放码原点，不缩放	
	Y：0	放码原点，不缩放	
A	X：0	位于 Y 轴上，不缩放	
	Y：0.4	△ B/8 = 0.5	△ B = 4，袖山弧线与袖窿弧线长度核对后调整至 0.4

续表

放码点	推档量	档差分配说明	备注
B	X：0.75	△ B/5 = 0.8	△ B = 4，袖山弧线与袖窿弧线长度核对后调整至 0.75
	Y：0	位于 X 轴上，不缩放	
C	X：0.5	△克夫大 /2 = 0.5	△克夫大 = 1
	Y：−1.1	△袖长 − △ B/8（取 0.4）= 1.1	
D	X：−0.5	△克夫大 /2 = 0.25	△克夫大 = 1
	Y：−1.1	同 C 点	
E	X：−0.75	△ B/5 = 0.8	△ B = 4，袖山弧线与袖窿弧线长度核对后调整至 0.75
	Y：0	位于 X 轴上，不缩放	
F	X：0.65	FG 与 BC 相交后量得	兼顾整体造型
	Y：−0.35	△袖长 /2− △ B/8（取 0.4）= 0.25	先定 Y 值，再定 X 值
G	X：−0.66	FG 与 DE 相交后量得	
	Y：−0.35	同 F 点	先定 Y 值，再定 X 值
H	X：0	0	常数档差为 0
	Y：−1.1	同 C 点	
I	X：0	0	常数档差为 0
	Y：−1.1	同 C 点	
J	X：−0.25	△克夫大 /2×1/2 = 0.25	J 点位于后袖口的 1/2 处
	Y：−1.1	同 C 点	

注：表中“＋”“−”代表移动方向，“＋”代表向右或上方移动，“−”代表向左或下方移动。

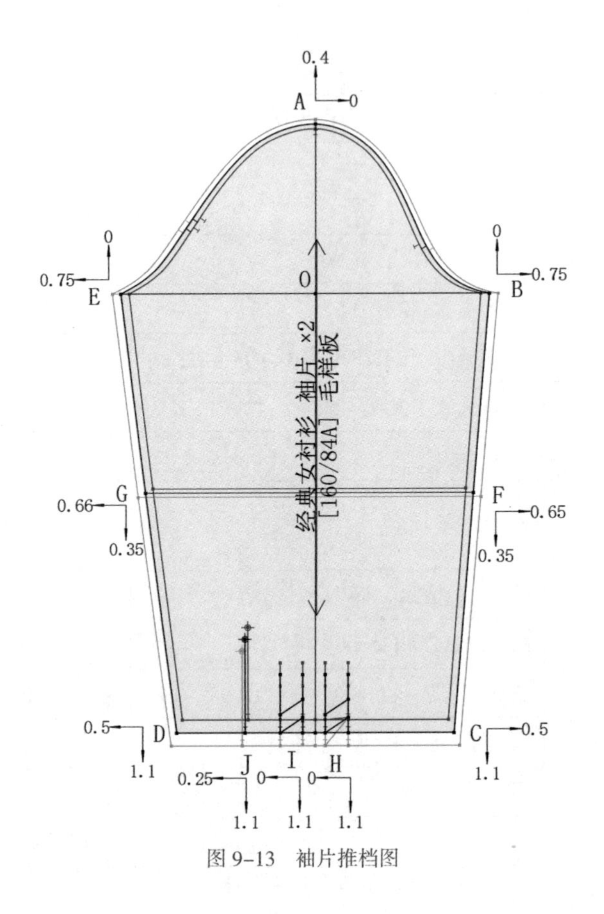

图 9-13 袖片推档图

（4）领子等其他样板推档：领片以中线为 Y 轴公共线，门襟、袖克夫、大小袖衩坐标轴见图，各放码点的推档量与档差分配说明见表 9-9，推档图见图 9-14。

表 9-9 领子等其他样板各放码点的推档量与档差分配说明

单位：cm

放码点	推档量	档差分配说明	备注
O	X：0	放码原点，不缩放	
	Y：0	放码原点，不缩放	
A	X：0	位于 Y 轴上，不放缩	
	Y：1.34	△衣长 − △ N/5 = 1.34	△衣长 = 1.5，△ N = 0.8
B	X：0	位于 Y 轴上，不放缩	
	Y：1.34	同 A 点	
C	X：0	位于 Y 轴上，不放缩	
	Y：1.1	B 点基础上 − 纽扣档差	纽扣档差 =（△衣长 − △ N/5− △衣长 /4）/4 = 0.24

续表

放码点	推档量	档差分配说明	备注
D	X：0	位于Y轴上，不放缩	
	Y：0.86	C点基础上－纽扣档差	
E	X：0	位于Y轴上，不放缩	
	Y：0.62	D点基础上－纽扣档差	
F	X：0	位于Y轴上，不放缩	
	Y：0.38	E点基础上－纽扣档差	
G	X：1	袖克夫档差	袖克夫档差＝1
	Y：0	位于X轴上，不放缩	
H	X：1	同G点	
	Y：0	袖克夫宽为常数	常数档差为0
I	X：0	位于Y轴上，不放缩	
	Y：0	袖克夫宽为常数	常数档差为0
J	X：0.17	量取后衣片领圈弧长档差	
	Y：0	位于X轴上，不放缩	
K	X：0.4	△N/5＝0.16	△N＝0.8
	Y：0	位于Y轴上，不放缩	
L	X：0.4	△N/5＝0.16	△N＝0.8
	Y：0	下领宽为常数	常数档差为0
M	X：0	位于Y轴上，不放缩	
	Y：0	下领宽为常数	常数档差为0
N	X：0.4	△N/5＝0.16	△N＝0.8
	Y：0	位于Y轴上，不放缩	
P	X：0.4	△N/5＝0.16	△N＝0.8
	Y：0	上领宽为常数	常数档差为0
Q	X：0	位于Y轴上，不放缩	
	Y：0	上领宽为常数	常数档差为0
大小袖衩的长和宽均为常数，档差为0，不用放码			

注：表中“＋”“－”代表移动方向，“＋”代表向右或上方移动，“－”代表向左或下方移动。

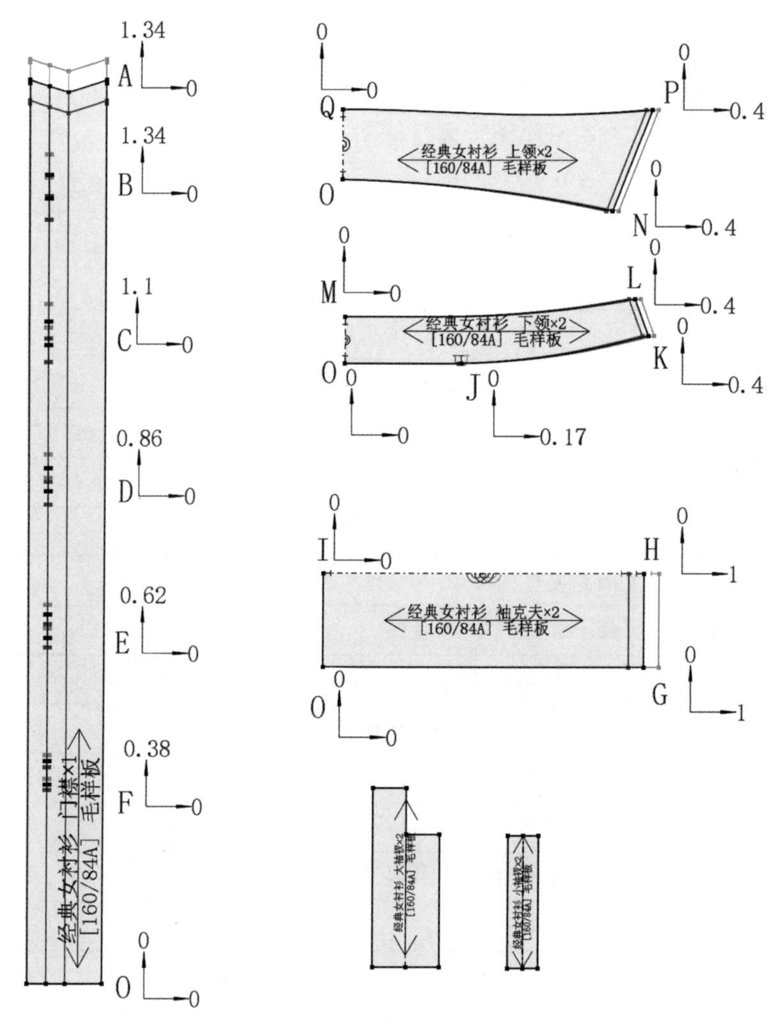

图 9-14 领子等其他样板推档图

【知识链接-1】后领宽（后横开领）比前领宽（前横开领）略大的原因

人体颈部斜截面近似桃形，形成了前领口处平而后领口有弓凸面弧形的造型，导致后领宽比前领宽略大。前后领宽可参照公式：前领宽 = N/5-0.3、后领宽 = N/5 计算。若没有设置领围规格，也可按女装原型开领方法（按净胸围 84 cm 计）：后领宽 7.1 cm，后领深 2 ～ 2.3 cm；前领宽 6.9 cm，前领深 7.4 cm。

【知识链接-2】肩斜的确定

经过研究，女性人体的肩斜度约为 20°，结合人体体型特点，前肩斜采用 15 ∶ 6（角度为 21°），后肩斜采用 15 ∶ 5（角度为 19°）。

【知识链接-3】后小肩线略长于前小肩线的原因

后小肩线略长于前小肩线的原因是通过后小肩的略收缩，满足人体肩胛骨隆起及前肩部平挺的需要。后小肩线略长于前小肩线的控制数值与人体的体型、面料的性能及省缝的设置有关，一般衬衫控制在 0.3—0.5 cm 之间，薄型面料可前后小肩等长。

【知识链接-4】前、后腰省的确定

观察人体的形状可以看到，后腰比前腰向内弯的幅度要大，因此在计算和分配腰省量时，后省量应该比前省量稍大。后腰省通常为 3 ～ 3.5 cm，前腰省通常为 2 ～ 2.5 cm。

后腰省上端的省尖可比胸围线高出 2 ～ 3 cm，而前腰省上端省尖应在 BP 点下 2 ～ 3 cm 左右。

腰省下部以省尖的形式出现时，往往会形成难看的突出，不易做平服。因此常将省尖延长到下摆。前片可以通过合并腋下省，使腰省分开，再画顺底边弧线；后片的腰省延长到下摆、画顺线条，下摆围会有所变小，需要在侧缝补充减少的量。

【知识链接-5】衬衫门、里襟叠门的确定

衬衫门、里襟叠合后，纽扣的中心应落在前中线上。服装的门、里襟大小与纽扣的直径有关，纽扣的直径越大，则叠门也越大。叠门宽的计算公式：前中线上的叠门宽 = 纽扣直径 +（0 ～ 0.5）cm。当叠门宽小于 1.5 cm 时，应增加纽扣数量，防止门、里襟豁开。

项目十 喇叭袖女衬衫版型设计实战演练

女装是上装的主要形式之一。女装的结构线以弧线为主，充分体现了女性温柔、优雅、柔美的特质。女装与其他上装的最大区别是女装具有多变性，而它的变化往往与流行趋势的变化密切相关，表现在衣身的长度、腰围的收放、下摆的松紧、衣袖的长度、袖口的大小、衣领的造型变化及附件的增减变化等方面。褶裥、褶饰及分割线是女上装常用的造型手法，可以使平凡的肌理效果更具生动感、韵律感与美感，同时还具有高品位、高档次、功能化、个性化的特点。

本款合体女衬衫小立领、翻门襟、前中抽褶、育克过肩、喇叭形短袖，具休闲风格的同时增添了一点甜美的女性气质。

根据企业的订单要求，通过款式分析、样板制作以及系列样板制作，完成喇叭袖女衬衫的版型设计，详细订单见表 9-10。

表 9-10 喇叭袖女衬衫原始订单

品名：喇叭袖女衬衫		款号：××		下单日期：××	完成时间：××
款式说明： 此款为合体型女衬衫，小立领、翻门襟、前中抽褶，设 6 粒纽；胸围放松量为 6～8 cm；后衣身左右各 2 个腰省，育克过肩，拼接处缝型为内包缝；前衣片左右各 1 个通底腰省，小圆摆；喇叭形短袖；门里襟、立领、袖口、下摆都缉装饰明线。				款式图	
	成品规格			面料：棉、麻、丝等	
	155/80A	160/84A	165/88A		
后中长	56.5	58	59.5	辅料： 1. 缝纫线（配色、涤棉） 2. 黏合衬 3. 纽扣 6 粒	
背长	36	37	38		
肩宽	37	38	39		
领围	35.2	36	36.8		
胸围	88	92	96		
腰围	69	73	77		
袖长	21.5	22	22.5		
设计：×××		制版：×××		样衣：×××	核对：×××

任务一　款式分析

一、款式造型分析

此款为合体型女衬衫，小立领、翻门襟、前中抽褶，设6粒纽扣；胸围放松量为6～8 cm；后衣身左右各2个腰省，育克过肩，拼接处缝型为内包缝；前衣片左右各1个通底腰省，小圆摆；喇叭型短袖；门里襟、立领、袖口、下摆都缉装饰明线。

二、面料缩率确定

本款喇叭袖女衬衫采用府绸面料，经过面料缩率测试，该府绸面料的缩率：经向为4.5%，纬向为2%。

三、制版规格设计

综合缩率以及工艺手段等的影响因素，计算喇叭袖女衬衫中间码160/84A相关部位的制板规格：

后中长＝58×（1+4.5%）≈ 60.6

背长＝37×（1+4.5%）≈ 38.7

肩宽＝38×（1+2%）≈ 38.8

领围＝36×（1+2%）≈ 36.7

胸围＝92×（1+2%）≈ 93.8

腰围＝73×（1+2%）≈ 74.5

袖长＝22×（1+4.5%）≈ 23

因此，手工制版时的喇叭袖女衬衫规格见表9–11。

表9–11　喇叭袖女衬衫制版规格

单位：cm

号型	部位规格						
	后中长	背长	肩宽	领围	胸围	腰围	袖长
160/84A	60.6	38.7	38.8	36.7	93.8	74.5	23

任务二　样板制作

一、结构设计

第一步：绘制前后衣片，包括领圈弧线、育克分割线、袖窿弧线、前中线【知识链接-1】、腰省、侧缝弧线、底边弧线等，确定纽眼与纽扣位置。见图9–15。

第二步：绘制袖片，包括袖山弧线、袖口弧线【知识链接-2】等。见图9–16。

第三步：绘制领子轮廓线【知识链接 -3】，包括领底线、领外口弧线等。见图 9-17。

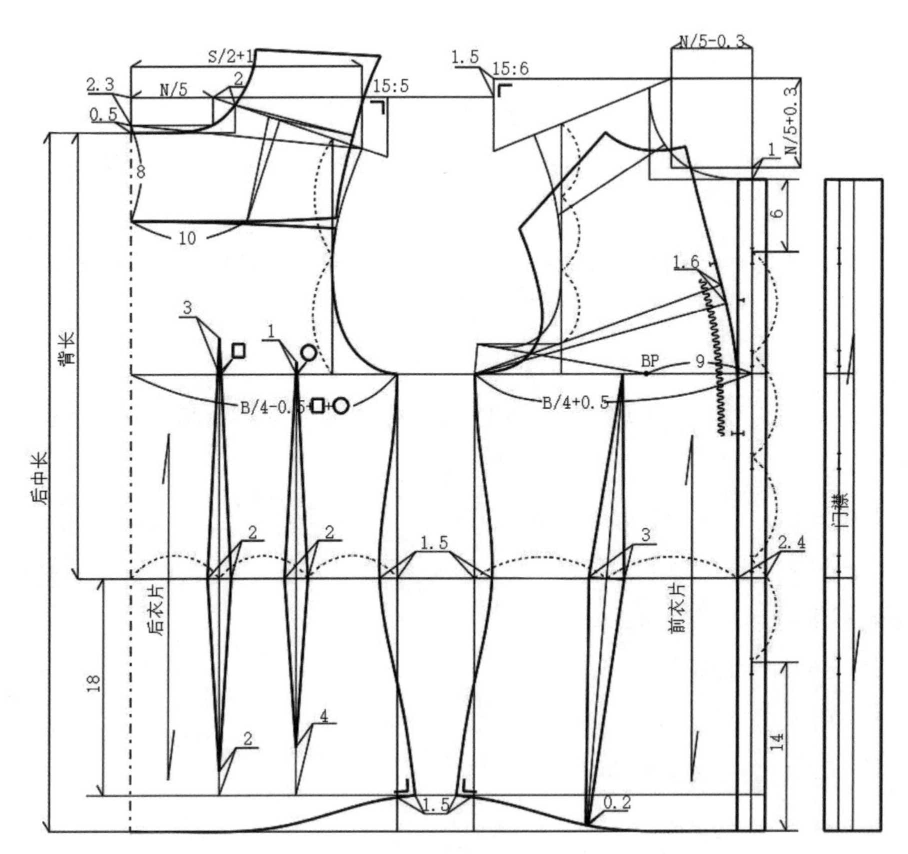

图 9-15 喇叭袖女衬衫前后衣片结构图

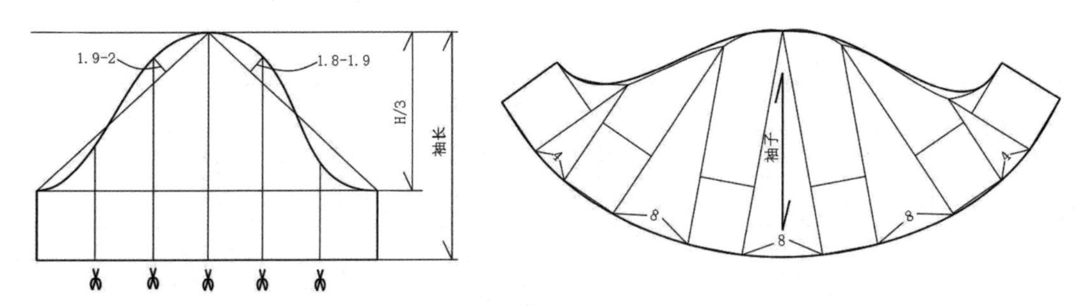

图 9-16 喇叭袖女衬衫袖子结构图

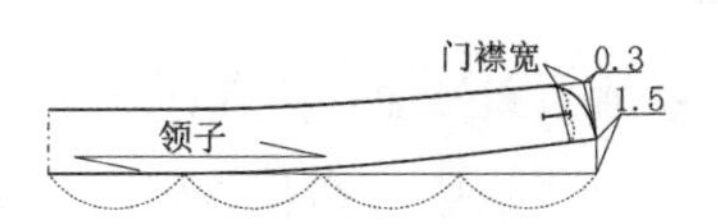

图 9-17 喇叭袖女衬衫领子结构图

二、样板制作

1. 样板放缝（见图 9–18）

喇叭袖女衬衫各裁片前、后衣片底边的缝份为 2.2 cm，袖子袖口缝份为 1.2 cm，育克分割线为内包缝缝型，缝份分别为 0.8 cm 和 1.6 cm，其他均为 1 cm。

2. 样板标注

（1）常规缝份 1 cm，不必打刀眼，特殊缝份处打刀眼，如衣片底边等。

（2）钻眼：腰省在离省尖 1 cm，省腰往里 0.3 cm，使缝制后看不到钻眼位。

（3）衣片的胸围线、腰围线等做好对位记号。

（4）组合部位刀眼的对位。前中抽褶位置与门襟、领底线中点与衣片后领圈弧线中点、领子侧颈点与衣片领圈侧颈点、袖窿与袖山等部位都需要设置刀眼。

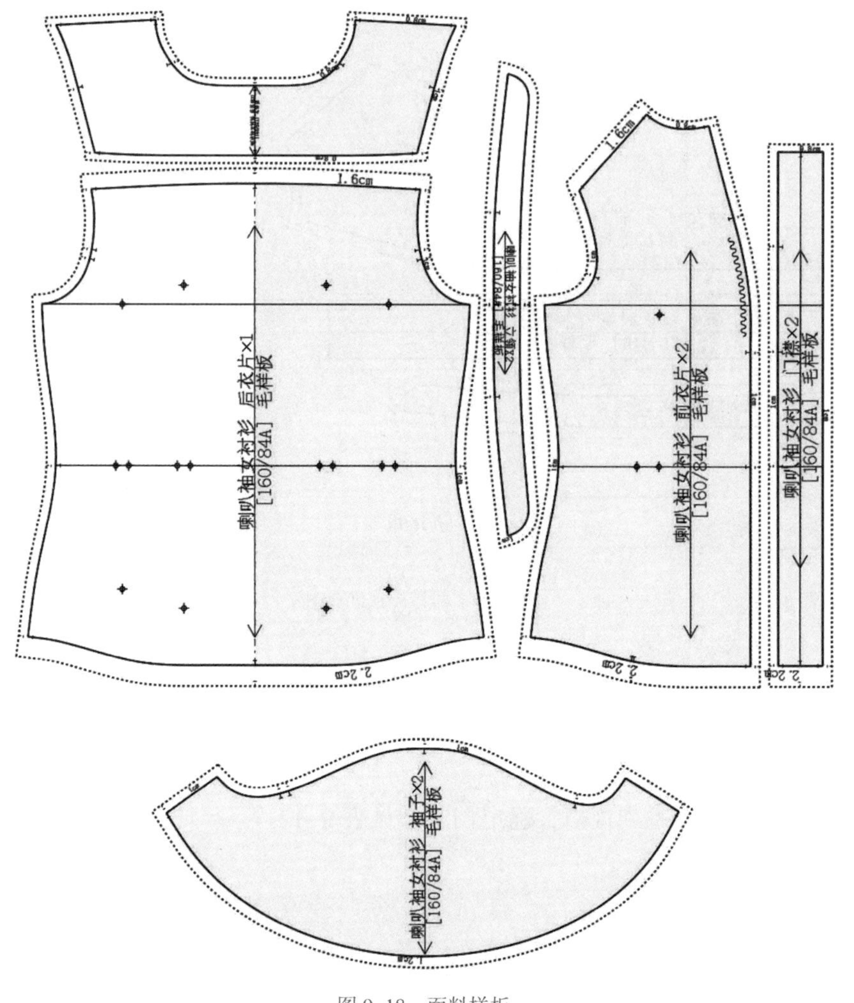

图 9–18　面料样板

三、排料

排料的裁片采用已经完成放缝的面料样板，这款喇叭袖女衬衫采用幅宽 144 cm 的府绸面料制作，单层单件对折排料如图 9–19 所示。衣片、袖片等经向丝绺与布边平行，样板紧密套排，单件用料为衣长 + 袖长。

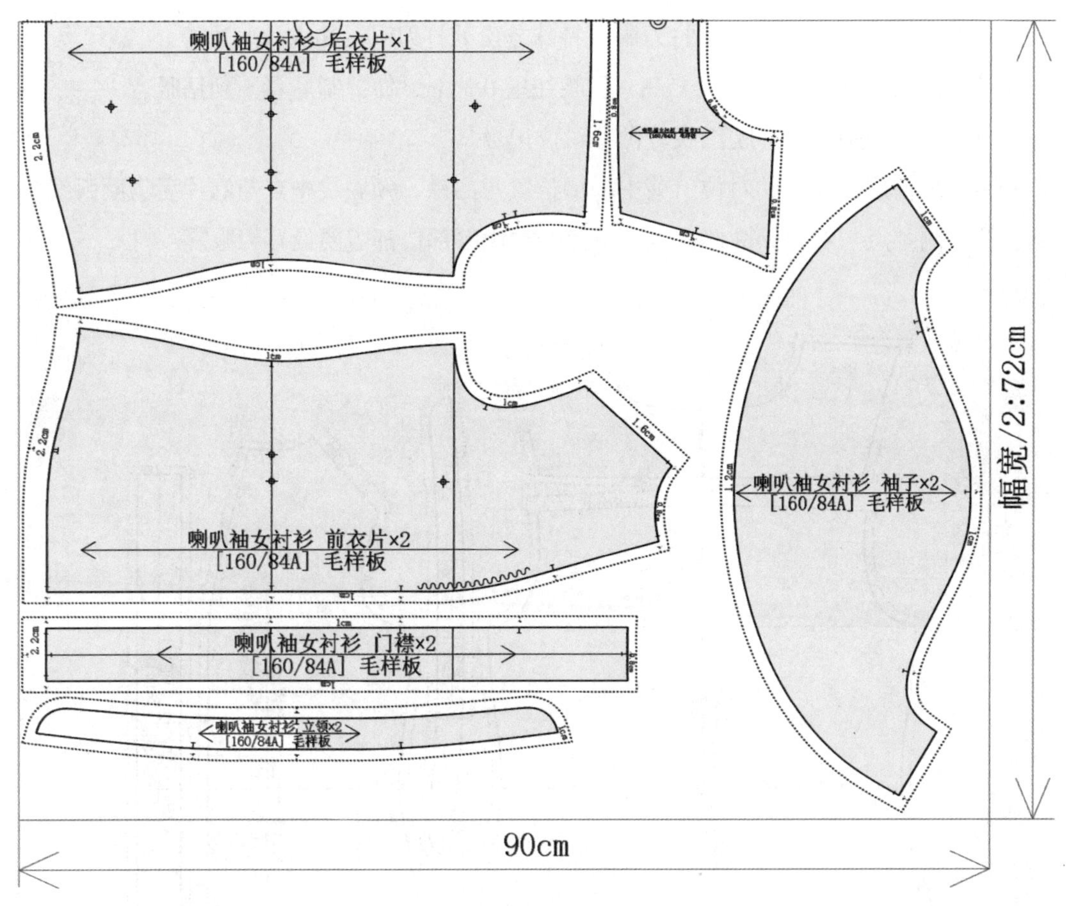

图 9–19 面料样板排料图

任务三 系列样板制作

一、档差与成品系列规格

根据订单中的成品系列规格，确定档差，见表 9–12。

表 9-12　成品系列规格与档差

单位：cm

部位 \ 规格	155/80A	160/84A	165/88A	档差
后中长	56.5	58	59.5	1.5
背长	36	37	38	1
肩宽	37	38	39	1
领围	35.2	36	36.8	0.8
胸围	88	92	96	4
腰围	69	73	77	4
袖长	21.5	22	22.5	0.5

二、样板推档

对于初学者来说，前片肩部拼接到后育克上进行直接放码有点难度，先按照未分割前的衣片进行放码后再进行成品放码的方法比较容易理解，本书按此方法进行放码。

（1）后衣片推档：以胸围线和后中心线作为坐标公共线，两线交点作为推档原点，各放码点的推档量与档差分配说明见表 9-13，推档图见图 9-20。

表 9-13　后衣片各放码点的推档量与档差分配说明

单位：cm

放码点	推档量	档差分配说明	备注
O	X：0	放码原点，不缩放	
	Y：0	放码原点，不缩放	
A	X：0	位于 Y 轴上，不缩放	
	Y：0.6	△ B/6 = 0.67，取 0.6	△ B = 4，兼顾整体造型
B	X：0.16	△ N/5 = 0.16	△ N = 0.8
	Y：0.65	A 点基础上，增加 △ N/15，即 0.6+0.05 = 0.65	△ N = 0.8，△ N/15 ≈ 0.05
C	X：0.5	△ S/2 = 0.5	△ S = 1
	Y：0.58	后小肩斜线保持平行	
D	X：1	△ B/4 = 1	△ B = 4
	Y：0	位于 X 轴上，不缩放	
E	X：1	△ W/4 = 1	△ W = 4
	Y：−0.4	△ BWL− △ B/6（取 0.6）= 0.4	△ BWL = 1

续表

放码点	推档量	档差分配说明	备注
F	X：1	同E点	保“型”
	Y：−0.9	△衣长 − △B/6（取0.6）= 0.9	△衣长 = 1.5
G	X：0	位于Y轴上，不缩放	
	Y：−0.9	△衣长 − △B/6（取0.6）= 0.9	△衣长 = 1.5
H	X：0	位于Y轴上，不缩放	
	Y：−0.4	△BWL− △B/6（取0.6）= 0.4	△BWL = 1
I/I'	X：0	位于Y轴上，不缩放	
	Y：0.4	A点基础上，减掉育克档差量，即0.6−0.2 = 0.4	按照比例，育克档差取0.2
J/J'	X：0.5	同C点	兼顾整体造型
	Y：0.4	同I点	
K	X：0.25	背宽的1/2左右，即0.5/2 = 0.25	兼顾整体造型
	Y：0	同D点	常数档差为0
L	X：0.25	同K点	
	Y：−0.4	同H点	
M	X：0.25	同K点	
	Y：−0.9	同G点	常数档差为0
N	X：0.5	同背宽，即0.5	兼顾整体造型
	Y：0	同D点	常数档差为0
P	X：0.5	同N点	
	Y：−0.4	同H点	
Q	X：0.5	同N点	
	Y：−0.9	同G点	常数档差为0

注：表中“+”“−”代表移动方向，“+”代表向右或上方移动，“−”代表向左或下方移动。

（2）前衣片推档：以前中线和胸围线作为坐标公共线，两线交点作为推档原点，各放码点的推档量与档差分配说明见表9–14，推档图见图9–21。

表 9-14　前衣片各放码点的推档量与档差分配说明

单位：cm

放码点	推档量	档差分配说明	备注
O	X：0	放码原点，不缩放	
	Y：0	放码原点，不缩放	
A	X：−0.16	△ N/5 = 0.16	△ N = 0.8
	Y：0.65	同后片 B 点档差	
B	X：0	位于 Y 轴上，不缩放	
	Y：0.49	A 点基础上，减去△ N/5，即 0.65−0.16 = 0.49	△ N = 0.8
C	X：−0.5	△ S/2 = 0.5	△ S = 1
	Y：0.5	前小肩斜线保持平行	兼顾袖窿弧长
D	X：−1	△ B/4 = 1	△ B = 4
	Y：0	位于 X 轴上，不缩放	
E	X：−0.5	同 C 点	兼顾整体造型
	Y：0.25	C 点推档量的 1/2	保“型”
F	X：−1	△ W/4 = 1	△ W = 4
	Y：−0.4	△ BWL− △ B/6（取 0.6）= 0.4	△ BWL = 1
G	X：−1	同 F 点	保“型”
	Y：−0.9	△衣长 − △ B/6（取 0.6）= 0.9	△衣长 = 1.5
H	X：0	位于 Y 轴上，不缩放	
	Y：−0.9	△衣长 − △ B/6（取 0.6）= 0.9	△衣长 = 1.5
I	X：0	位于 Y 轴上，不缩放	
	Y：−0.4	△ BWL− △ B/6（取 0.6）= 0.4	△ BWL = 1
J	X：−0.3	△ B/6 × 1/2 = 0.3	兼顾整体造型
	Y：0	同 D 点	常数档差为 0
K	X：−0.3	同 J 点	
	Y：−0.4	同 I 点	
L	X：−0.3	同 J 点	
	Y：−0.9	同 H 点	

注：表中“+”“−”代表移动方向，“+”代表向右或上方移动，“−”代表向左或下方移动。

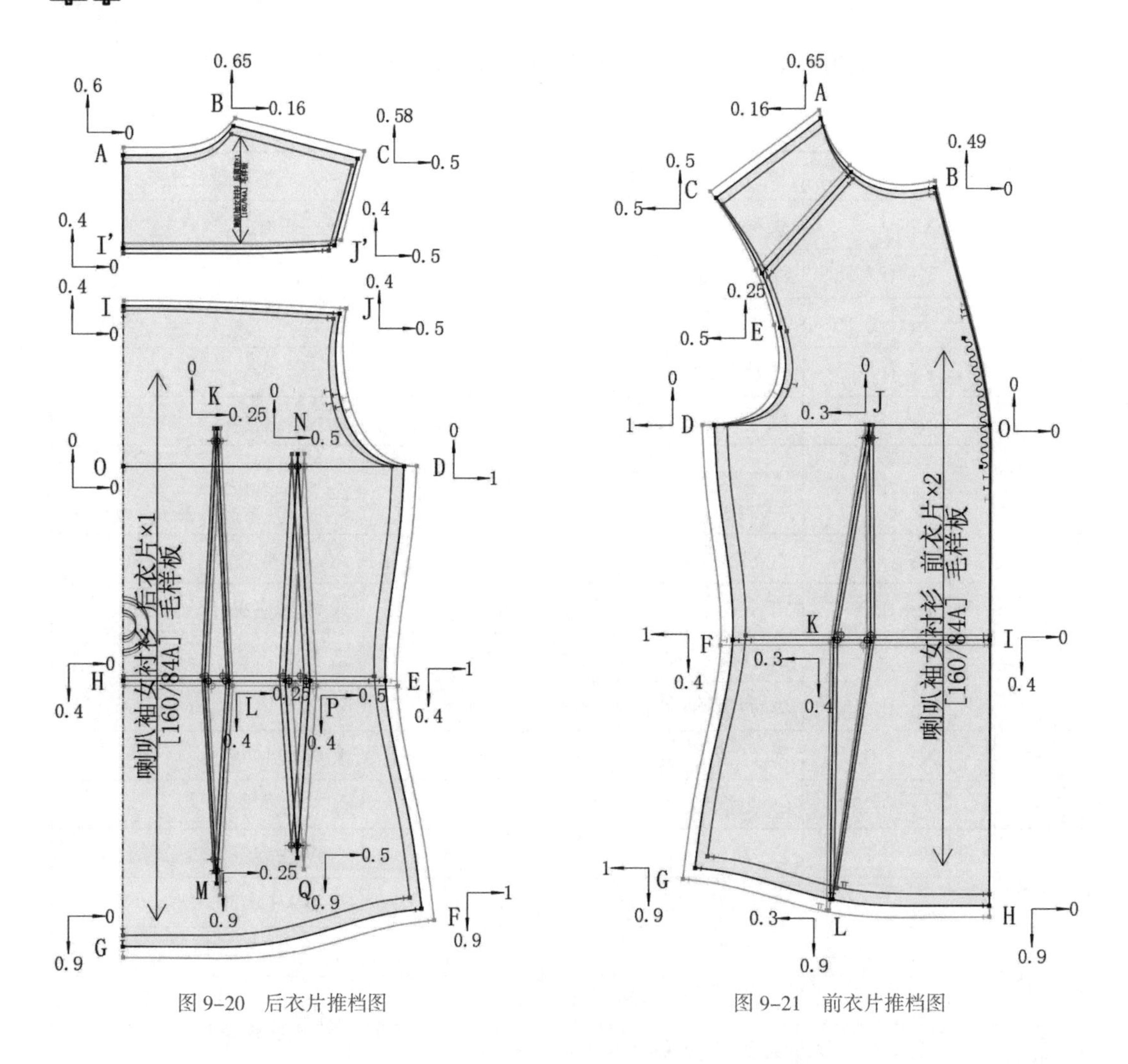

图 9-20　后衣片推档图　　　　图 9-21　前衣片推档图

在保证放码量不变的情况下，把前肩部分割拼接到后育克上，成品放码量见图 9-22 所示。

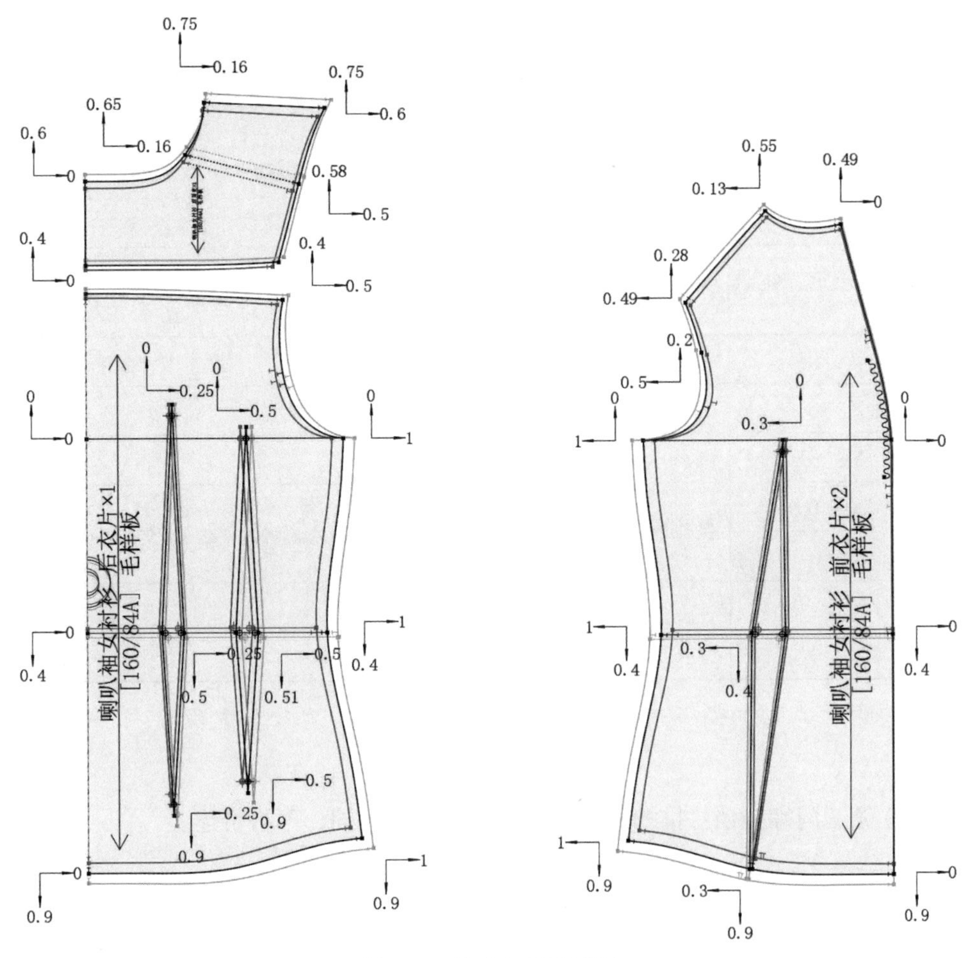

图 9-22　前后片成品推档图

（3）袖片推档：以袖中线和袖山深线作为坐标公共线，两线交点作为推档原点，各放码点的推档量与档差分配说明见表 9-15，推档图见图 9-23。

表 9-15　袖片各放码点的推档量与档差分配说明

单位：cm

放码点	推档量	档差分配说明	备注
O	X：0	放码原点，不缩放	
	Y：0	放码原点，不缩放	
A	X：0	位于 Y 轴上，不缩放	
	Y：0.4	△ B/8 = 0.5	△ B = 4，袖山弧线与袖窿弧线长度核对后调整至 0.4

续表

放码点	推档量	档差分配说明	备注
B	X：0.75	△ B/5 = 0.8	△ B = 4，袖山弧线与袖窿弧线长度核对后调整至 0.75
	Y：0	位于 X 轴上，不缩放	
C	X：−0.75	△ B/5 = 0.8	△ B = 4，袖山弧线与袖窿弧线长度核对后调整至 0.75
	Y：0	位于 X 轴上，不缩放	
D	X：0	位于 Y 轴上，不缩放	
	Y：−0.1	△袖长 − △ B/8（取 0.4）= 0.1	
E	X：0.84	保证袖下线平行，且袖下线档差 = △袖长 − △ B/8（取 0.4）= 0.1	
	Y：0		
F	X：−0.84	保证袖下线平行，且袖下线档差 = △袖长 − △ B/8（取 0.4）= 0.1	
	Y：0		

注：表中"+""−"代表移动方向，"+"代表向右或上方移动，"−"代表向左或下方移动。

（4）立领、门襟推档：推档方法与经典女衬衫的相同，不再赘述。

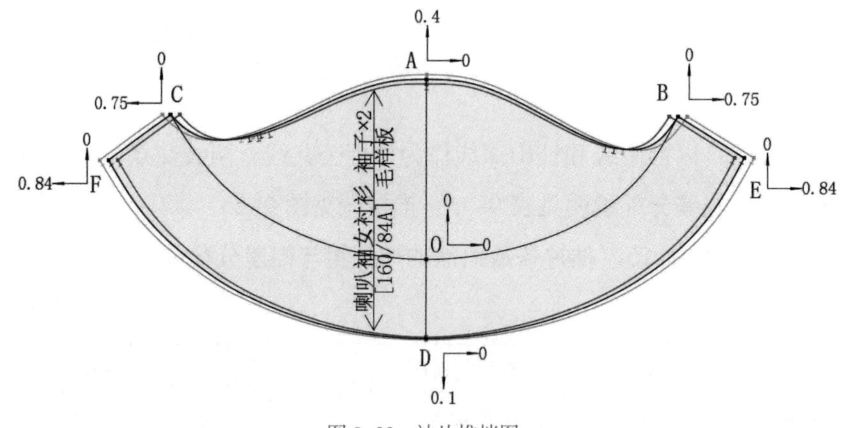

图 9-23 袖片推档图

【知识链接-1】前中抽褶与打裥在结构上的区别

这两种手法在服装设计中应用广泛，特别是抽褶的设计很常见。我们必须理解其结构设计的要领。首先，要将基本省量转移到褶裥或抽褶处，然后根据造型连线剪开。最后根据款式要求调整褶裥或抽褶量的大小。

两者最大的区别在于该部位线条造型的不同，抽褶的止口是流畅的弧线，而打褶裥的止口呈锯齿状。抽褶要根据抽褶量的大小调整弧线的形状，而打褶则要考虑褶裥的倒向，见图 9–24。

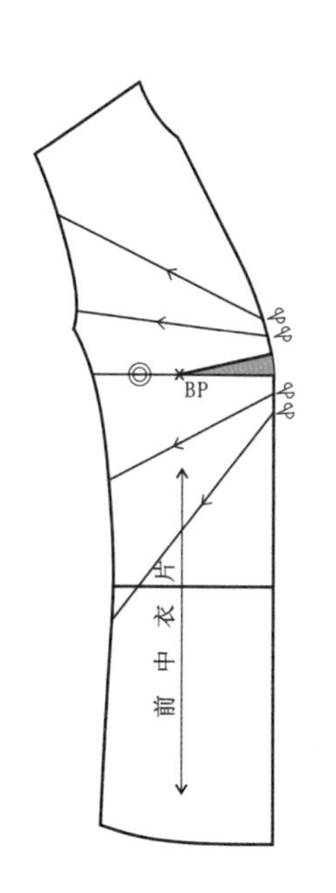

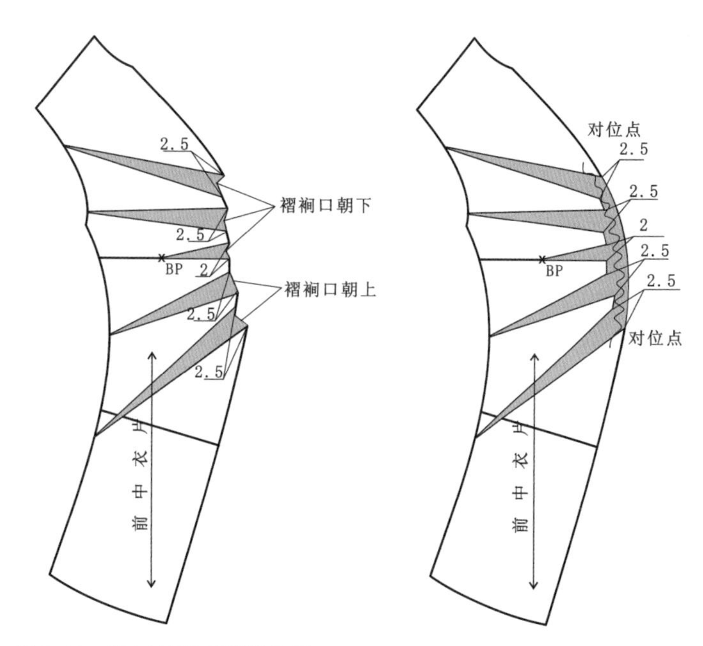

图 9–24　前中抽褶与打裥结构图

【知识链接-2】喇叭袖制图要点

本款喇叭袖袖口共展开 32 cm，其中中间 3 条分割线展开 8 cm 的量，旁边 2 条分割线展开 4 cm 的量（具体展开量视款式不同而定）。两侧分割线展开量较少的原因是腋下不宜有过多余量，否则会略显臃肿。

【知识链接-3】立领基本结构

立领是指只有领座部分，没有翻领部分的衣领结构。依据立领侧面倾斜角度大小可分为外倾型单立领、垂直型单立领、内倾型单立领，见图 9-25。外倾型单立领形成上大下小的圆台形，把立领上领口线放大。垂直型单立领指不带任何变化的长方形，下领长度为前后领圈的总长。内倾型单立领要求领子抱脖，造型近似人体脖子的圆台体，把立领上领口线收小。

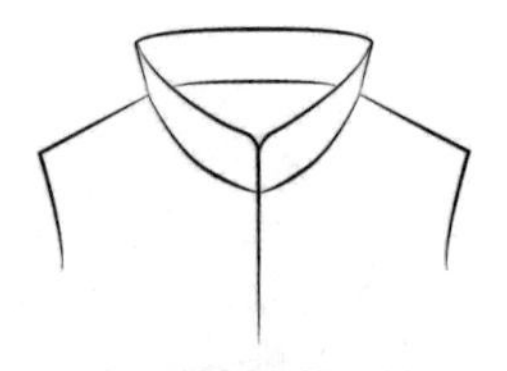

（a）外倾型单立领

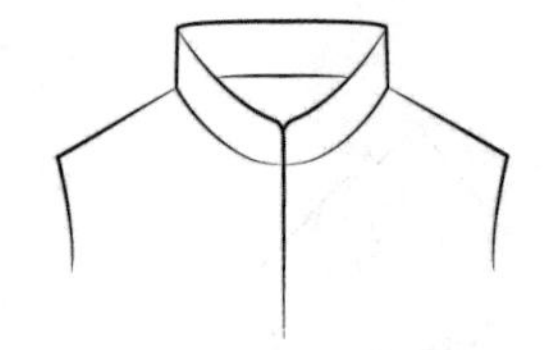

（b）垂直型单立领

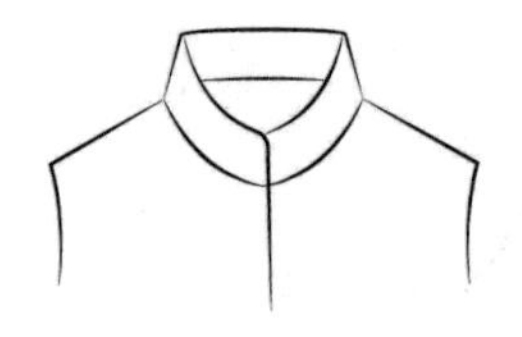

（c）内倾型单立领

图 9-25　立领侧面造型分类

项目十一　A 字型女衬衫版型设计实战演练

服装的外轮廓是设计中的重要因素，也是时代风貌的一种体现，它集中体现不同年代时装潮流的主要特征。其中 A 字型女衬衫的外轮廓类似三角形，款式上肩部适体，腰部不收，下摆扩大，视觉上形成上窄下宽的效果。透气性比合体衣服好，是炎炎夏日的最佳选择。同时可修饰胸以下各部位形体的缺陷（腰粗、肚子大、臀凸、臀平等），具有可爱、活泼的特点。

A 字型女衬衫搭配紧身裤、打底裤或丝袜穿着，给人俏皮、可爱的感觉，起到减龄效果。

根据企业的订单要求，通过款式分析、样板制作以及系列样板制作，完成 A 字型女衬衫的版型设计，详细订单见表 9–16。

表 9–16　A 字型女衬衫原始订单

<table>
<tr><td colspan="2">品名：A 字型女衬衫</td><td colspan="2">款号：××</td><td>下单日期：××</td><td>完成时间：××</td></tr>
<tr><td colspan="4">款式说明：
此款为宽松、A 摆、中长女衬衫；平贴领、前开襟、连门襟设 6 粒纽扣；胸围放松量为 15 cm 以上；平摆；灯笼短袖，袖口抽细褶，袖克夫缉 0.1 cm 装饰单线。</td><td colspan="2">款式图</td></tr>
<tr><td rowspan="2"></td><td colspan="3">成品规格</td><td colspan="2" rowspan="2">面料：府绸、棉型蕾丝、泡泡纱、绉纱、乔其纱、薄型化纤织物等</td></tr>
<tr><td>155/80A</td><td>160/84A</td><td>165/88A</td></tr>
<tr><td>后中长</td><td>68</td><td>70</td><td>72</td><td colspan="2" rowspan="7">辅料：
1. 缝纫线（配色、涤棉）
2. 黏合衬
3. 纽扣 6 粒</td></tr>
<tr><td>背长</td><td>37</td><td>38</td><td>39</td></tr>
<tr><td>肩宽</td><td>46</td><td>47</td><td>48</td></tr>
<tr><td>领围</td><td>35.2</td><td>36</td><td>36.8</td></tr>
<tr><td>胸围</td><td>96</td><td>100</td><td>104</td></tr>
<tr><td>袖长</td><td>29</td><td>30</td><td>31</td></tr>
<tr><td>袖克夫</td><td>27/3</td><td>28/3</td><td>29/3</td></tr>
<tr><td colspan="2">设计：×××</td><td colspan="2">制版：×××</td><td>样衣：×××</td><td>核对：×××</td></tr>
</table>

任务一 款式分析

一、款式造型分析

此款为宽松、A摆、中长女衬衫；平贴领、前开襟、连门襟设6粒纽扣；胸围放松量为15 cm以上；平摆；灯笼短袖，袖口抽细褶，袖克夫缉0.1 cm装饰单线。

二、面料缩率确定

本款A字型女衬衫采用泡泡纱面料，经过面料缩率测试，该泡泡纱面料的缩率：经向为6%，纬向为3%。

三、制版规格设计

综合缩率以及工艺手段等的影响因素，计算A字型女衬衫中间码160/84A相关部位的制板规格：

后中长 = 70 ×（1+6%）≈ 74.2

背长 = 38 ×（1+6%）≈ 40.3

肩宽 = 47 ×（1+3%）≈ 48.4

领围 = 36 ×（1+3%）≈ 37.1

胸围 = 100 ×（1+3%）≈ 103

袖长 = 30 ×（1+6%）≈ 31.8

袖克夫 = 28 ×（1+16%）≈ 29.7

因此，手工制版时的A字型女衬衫规格见表9–17。

表9–17 A字型女衬衫制版规格

单位：cm

号型	部位规格						
	后中长	背长	肩宽	领围	胸围	袖长	袖克夫
160/84A	74.2	40.3	48.4	37.1	103	31.8	29.7

任务二 样板制作

一、结构设计

第一步：绘制前后衣片，包括领圈弧线、袖窿弧线、前中线、侧缝弧线、底边弧线等，确定纽眼与纽扣位置。见图9–26。

第二步：绘制袖片，包括袖山弧线、袖口线等。见图9–27。

第三步：绘制领子【知识链接-1】，包括领底线、领外口弧线等。见图9–28。

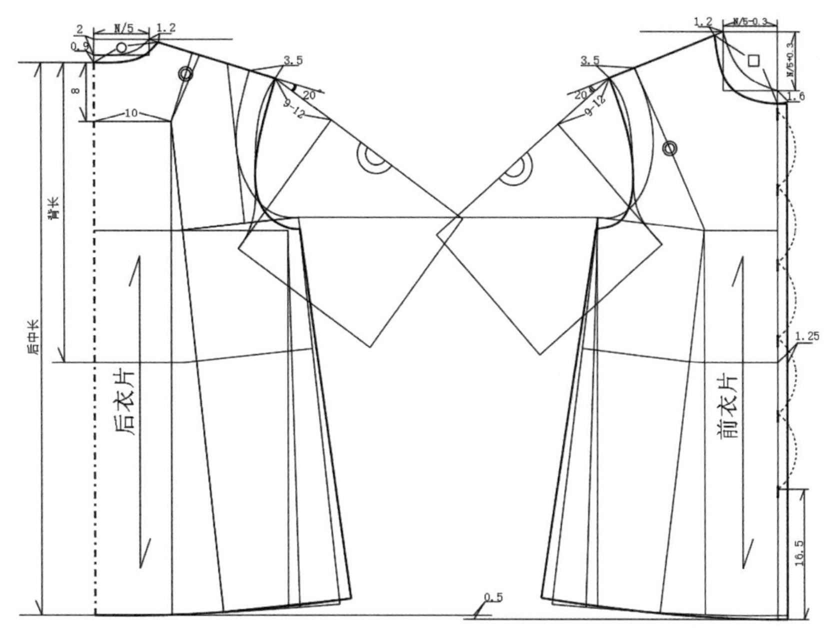

图 9-26　A 字型女衬衫前后衣片结构图

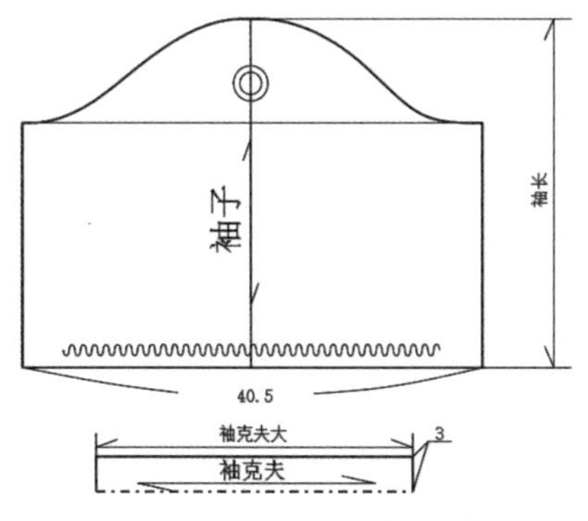

图 9-27　A 字型女衬衫袖子结构图

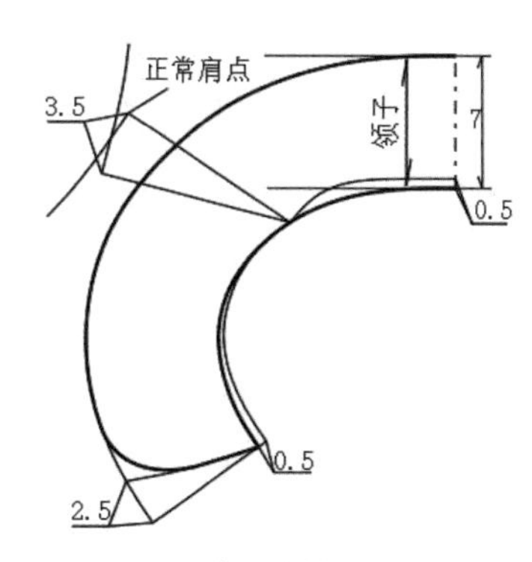

图 9-28　A 字型女衬衫领子结构图

二、样板制作

1. 样板放缝（见图 9-29）

A 字型女衬衫各裁片前、后衣片底边的缝份为 2 cm，前中放缝 4 cm，其他均为 1 cm。

2. 样板标注

（1）常规缝份 1 cm，不必打刀眼，特殊缝份处打刀眼，如衣片底边等。

（2）衣片的腰围线等做好对位记号。

（3）组合部位刀眼的对位。领底线中点与衣片后领圈弧线中点、领子侧颈点与衣片领圈侧颈点、袖窿与袖山等部位都需要设置刀眼。

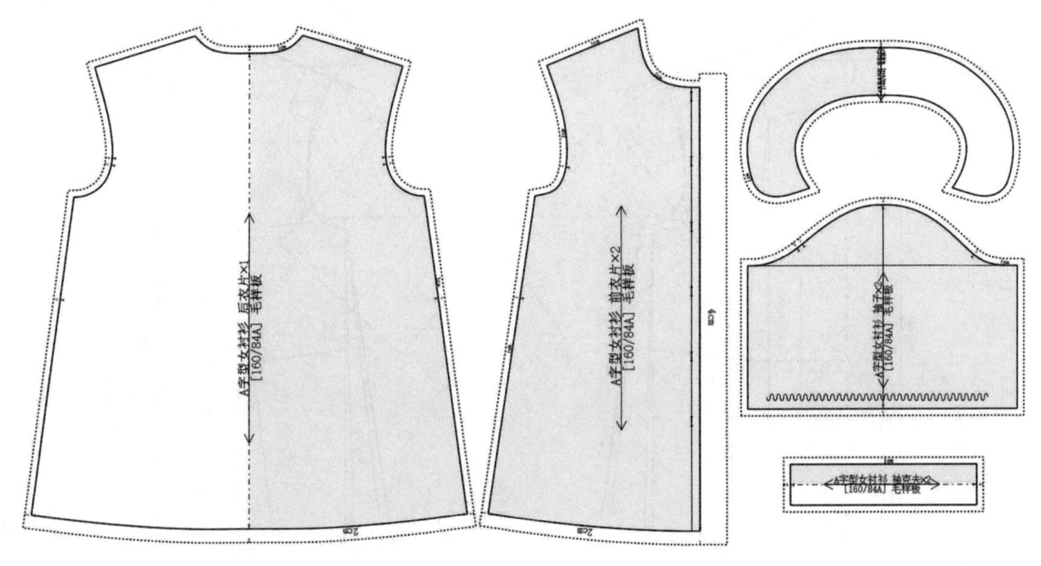

图 9-29 A 字型女衬衫面料样板

三、排料

排料的裁片采用已经完成放缝的面料样板，这款 A 字型女衬衫采用幅宽 144 cm 的泡泡纱面料制作，单层单件对折排料如图 9-30 所示。衣片、袖片等经向丝绺与布边平行，样板紧密套排，单件用料为衣长 + 袖长 +20 cm 左右。

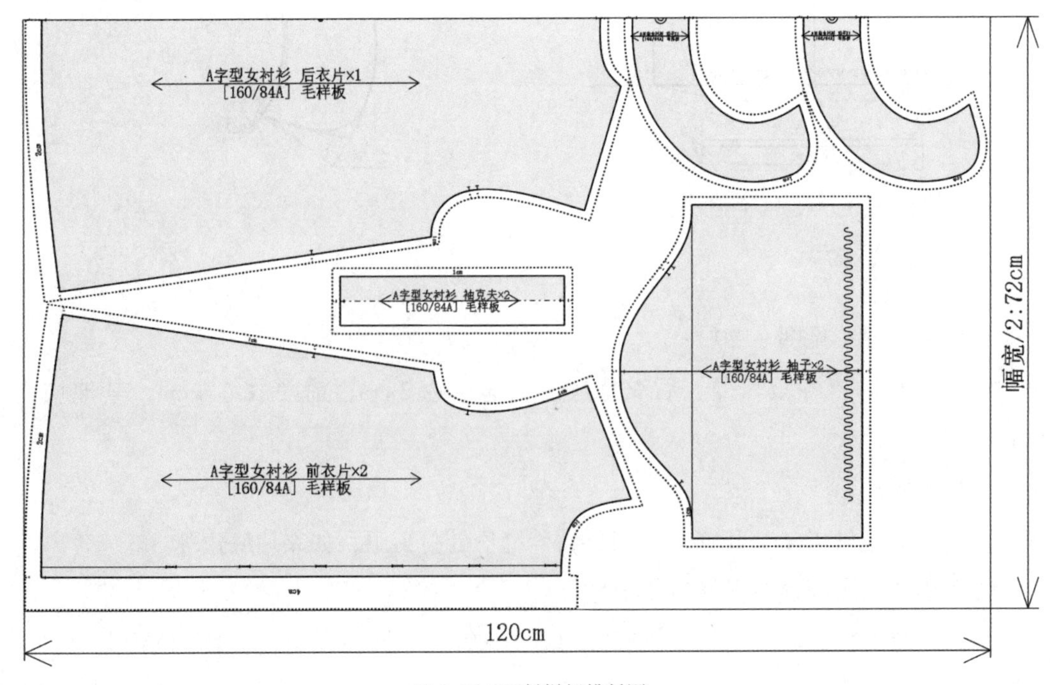

图 9-30 面料样板排料图

任务三　系列样板制作

一、档差与成品系列规格

根据订单中的成品系列规格，确定档差，见表 9–18。

表 9–18　成品系列规格与档差

单位：cm

部位＼规格	155/64A	160/68A	165/72A	档差
后中长	68	70	72	2
背长	37	38	39	1
肩宽	46	47	48	1
领围	35.2	36	36.8	0.8
胸围	96	100	104	4
袖长	29	30	31	1
袖克夫	27/3	28/3	29/3	1/0

二、样板推档

（1）后衣片推档：以胸围线和后中心线作为坐标公共线，两线交点作为推档原点，各放码点的推档量与档差分配说明见表 9–19，推档图见图 9–31。

表 9–19　后衣片各放码点的推档量与档差分配说明

单位：cm

放码点	推档量	档差分配说明	备注
O	X：0	放码原点，不缩放	
	Y：0	放码原点，不缩放	
A	X：0	位于 Y 轴上，不缩放	
	Y：0.6	△ B/6 = 0.67，取 0.6	△ B = 4，兼顾整体造型
B	X：0.16	△ N/5 = 0.16	△ N = 0.8
	Y：0.65	A 点基础上，增加△ N/15，即 0.6+0.05 = 0.65	△ N = 0.8，△ N/15 ≈ 0.05
C	X：0.5	△ S/2 = 0.5	△ S = 1
	Y：0.55	后小肩斜线保持平行	
D	X：1	△ B/4 = 1	△ B = 4
	Y：0	位于 X 轴上，不缩放	

续表

放码点	推档量	档差分配说明	备注
E	X：0.5	同 C 点	兼顾整体造型
	Y：0.25	C 点推档量的 1/2 左右	保“型”
F	X：1	△ W/4 = 1	△ W = 4
	Y：−0.4	△ BWL− △ B/6（取 0.6）= 0.4	△ BWL = 1
G	X：1	同 F 点	保“型”
	Y：−1.4	△衣长 − △ B/6（取 0.6）= 1.4	△衣长 = 2
H	X：0	位于 Y 轴上，不缩放	
	Y：−1.4	△衣长 − △ B/6（取 0.6）= 1.4	△衣长 = 2
I	X：0	位于 Y 轴上，不缩放	
	Y：−0.4	△ BWL− △ B/6（取 0.6）= 0.4	△ BWL = 1

注：表中“+”“−”代表移动方向，“+”代表向右或上方移动，“−”代表向左或下方移动。

（2）前衣片推档：以前中线和胸围线作为坐标公共线，两线交点作为推档原点，各放码点的推档量与档差分配说明见表 9–20，推档图见图 9–32。

表 9–20　前衣片各放码点的推档量与档差分配说明

单位：cm

放码点	推档量	档差分配说明	备注
O	X：0	放码原点，不缩放	
	Y：0	放码原点，不缩放	
A	X：−0.16	△ N/5 = 0.16	△ N = 0.8
	Y：0.65	同后片 B 点档差	
B	X：0	位于 Y 轴上，不缩放	
	Y：0.49	A 点基础上，减去△ N/5，即 0.65−0.16 = 0.49	△ N = 0.8
C	X：−0.5	△ S/2 = 0.5	△ S = 1
	Y：0.52	前小肩斜线保持平行	
D	X：−1	△ B/4 = 1	△ B = 4
	Y：0	位于 X 轴上，不缩放	
E	X：−0.5	同 C 点	兼顾整体造型
	Y：0.25	C 点推档量的 1/2 左右	保“型”

续表

放码点	推档量	档差分配说明	备注
F	X：−1	△ W/4 = 1	△ W = 4
	Y：−0.4	△ BWL− △ B/6（取 0.6）= 0.4	△ BWL = 1
G	X：−1	同 F 点	保“型”
	Y：−1.4	△衣长 − △ B/6（取 0.6）= 1.4	△衣长 = 2
H	X：0	位于 Y 轴上，不缩放	
	Y：−1.4	△衣长 − △ B/6（取 0.6）= 1.4	△衣长 = 2
I	X：0	位于 Y 轴上，不缩放	
	Y：−0.4	△ BWL− △ B/6（取 0.6）= 0.4	△ BWL = 1

注：表中“+”“−”代表移动方向，“+”代表向右或上方移动，“−”代表向左或下方移动。

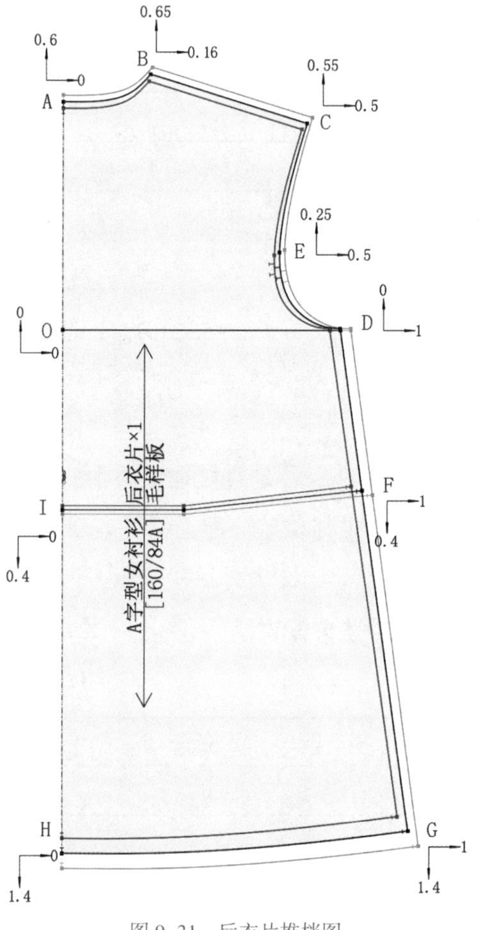

图 9−31　后衣片推档图

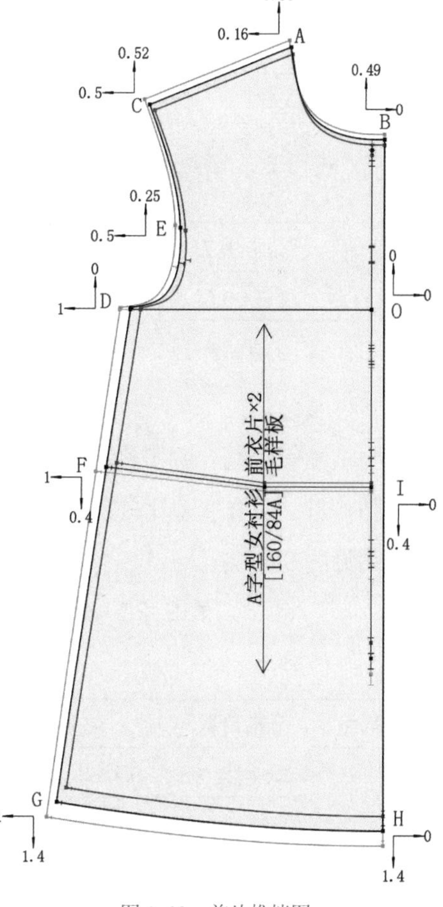

图 9−32　前片推档图

（3）袖片推档：以袖中线和袖山深线作为坐标公共线，两线交点作为推档原点，各放码点的推档量与档差分配说明见表 9–21，推档图见图 9–33。

表 9–21 袖片各放码点的推档量与档差分配说明

单位：cm

放码点	推档量	档差分配说明	备注
O	X：0	放码原点，不缩放	
	Y：0	放码原点，不缩放	
A	X：0	位于 Y 轴上，不缩放	
	Y：0.4	△ B/8 = 0.5	△ B = 4，袖山弧线与袖窿弧线长度核对后调整至 0.4
B	X：0.75	△ B/5 = 0.8	△ B = 4，袖山弧线与袖窿弧线长度核对后调整至 0.75
	Y：0	位于 X 轴上，不缩放	
C	X：−0.75	△ B/5 = 0.8	△ B = 4，袖山弧线与袖窿弧线长度核对后调整至 0.75
	Y：0	位于 X 轴上，不缩放	
D	X：0.75	袖口抽褶，同袖肥	
	Y：−0.6	△袖长 − △ B/8（取 0.4）= 0.6	△袖长 = 1
E	X：−0.75	袖口抽褶，同袖肥	
	Y：−0.6	同 D 点	

注：表中“+”“−”代表移动方向，“+”代表向右或上方移动，“−”代表向左或下方移动。

（4）领子推档：除了经典女衬衫领子的推档方法，还有一种是直接在领后中放出领子的档差量，适合造型比较复杂的领子，各放码点的推档量与档差分配说明见表 9–22，推档图见图 9–34。

表 9–22 领子各放码点的推档量与档差分配说明

单位：cm

放码点	推档量	档差分配说明	备注
O	X：0	放码原点，不缩放	
	Y：0	放码原点，不缩放	

续表

放码点	推档量	档差分配说明	备注
A	X：−0.4	△N/2 = 0.4	△N = 0.8
	Y：0		
B	X：−0.4	△N/2 = 0.4	△N = 0.8
	Y：0		
C	X：−0.28	根据后领圈弧长的档差，从后领中点量取后领圈弧长后得到的档差量	
	Y：0.17		

注：表中“+”“−”代表移动方向，“+”代表向右或上方移动，“−”代表向左或下方移动。

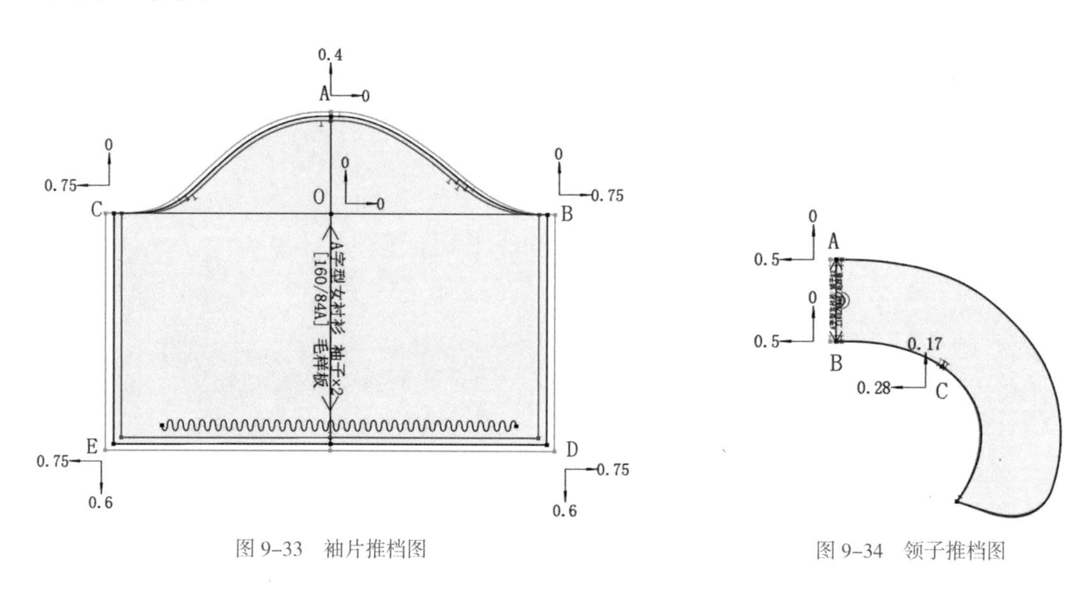

图 9–33　袖片推档图

图 9–34　领子推档图

（5）袖克夫推档：推档方法与经典女衬衫的相同，不再赘述。

【知识链接-1】平贴领制图要点

平贴领也称坦领，是一种无底领或底领很小的披肩领型，常用前后衣片肩线重叠的方法绘制。在制图过程中，一般先在确定底领的前后衣片上，按图 9–35 所示方法前后肩部重叠，绘制出所需的领型。

由于各种领型款式上的差异，形成了目前多种表示方法，如图 9–35 所示，前后衣片肩部重叠量的不同，以及领型、领里口与前后片的修正系数的差异，都是形成不同配领方法的重要因素。

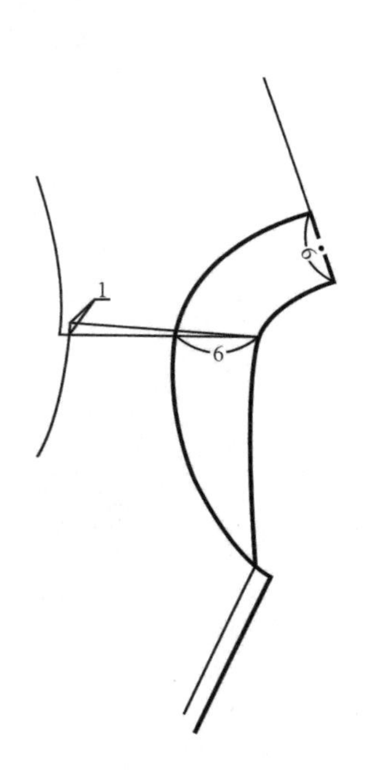

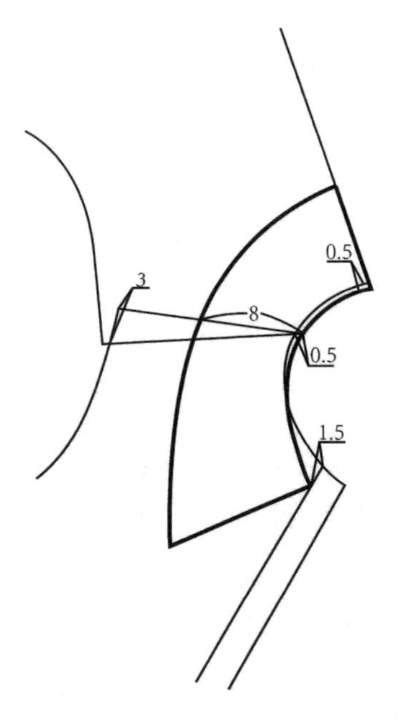

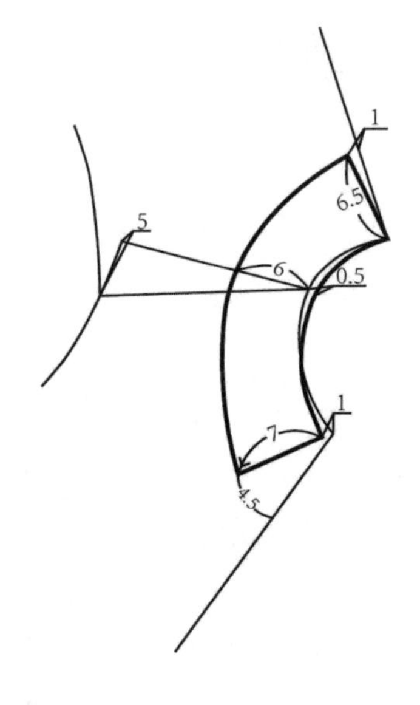

图 9-35　平贴领结构制图方法

第十章　外套版型设计实战演练

项目十二　四开身立领女外套版型设计实战演练

女外套属于套装类，通常与裤装或裙装配套穿着，是女性的外穿服装。女外套风格、款式多变，面料选择也很广泛。

根据企业的订单要求，通过款式分析、样板制作以及系列样板制作，完成四开身立领女外套的版型设计，详细订单见表 10-1。

表 10-1　四开身立领女外套原始订单

<table>
<tr><td colspan="2">品名：四开身立领女外套</td><td colspan="2">款号：××</td><td>下单日期：××</td><td>完成时间：××</td></tr>
<tr><td colspan="4">款式说明：
本款女外套为吸腰合体造型，V 形立领，双排 1 粒纽扣，前后身均有刀背缝分割至底摆，背中心分缝，圆装 1 片合体袖，袖口收省。</td><td colspan="2">款式图 </td></tr>
<tr><td rowspan="2">规格 / 部位</td><td colspan="3">成品规格</td><td colspan="2" rowspan="2">面料：中薄型精纺羊毛面料</td></tr>
<tr><td>155/80A</td><td>160/84A</td><td>165/88A</td></tr>
<tr><td>后中长</td><td>60.5</td><td>62</td><td>63.5</td><td colspan="2" rowspan="7">辅料：
1. 缝纫线（配色、涤棉）
2. 里布
3. 黏合衬
4. 纽扣
5. 牵条衬</td></tr>
<tr><td>胸围</td><td>88</td><td>92</td><td>96</td></tr>
<tr><td>肩宽</td><td>38</td><td>39</td><td>40</td></tr>
<tr><td>领围（基础）</td><td>36.2</td><td>37</td><td>37.8</td></tr>
<tr><td>背长</td><td>37</td><td>38</td><td>39</td></tr>
<tr><td>袖长</td><td>55.5</td><td>57</td><td>58.5</td></tr>
<tr><td>袖口</td><td>24</td><td>25</td><td>26</td></tr>
<tr><td colspan="2">设计：×××</td><td colspan="2">制版：×××</td><td>样衣：×××</td><td>核对：×××</td></tr>
</table>

任务一　款式分析

一、款式造型分析

本款女外套胸围放松量为 8 cm，腰围放松量约为 10 cm，为吸腰合体的造型。前后片均设刀背分割，且后衣片背中缝分开，拉长了视线，能使服装造型更显瘦长，增强美感。立领结构，领口采用 V 形设计，可搭配衬衫、丝巾等。袖片为 1 片袖，袖口收省，袖子立体感好，外形与两片袖相似。

二、面料缩率确定

外套可选择中厚薄面料，精纺呢绒、粗纺呢绒、中长化纤面料、棉麻面料等均可采用，如法兰绒、华达呢、直贡呢、女衣呢、哔叽、凡立丁、派力司、花呢、灯芯绒、卡其等。但面料性能不同，会对服装样板结构产生一定的影响。

本款四开身立领女外套采用中薄型精纺女衣呢，经过面料缩率测试，该面料的缩率：经向为 3.5%，纬向为 3.0%。

三、制版规格设计

外套与衬衫同为上装，所需规格及放松量均与衬衫相似，区别在于外套一般穿在衬衫外面，所以部分规格略大于衬衫。表 10-2 是女外套胸围放松量设计参考数值。

表 10-2　女外套胸围放松量设计参考数值

单位：cm

面料特点 \ 款式类型	贴体型	合体型	较宽松型	宽松型
无弹面料	4 ～ 6	8 ～ 10	12 ～ 16	18 以上
普通弹力面料	2 ～ 4	6 ～ 8	10 ～ 14	——

不同类型的面料，面料性能和缩率会有所差别，这些因素直接影响服装的成品规格；同时，在服装生产过程中，粘衬、缝制、熨烫等工艺手段也会影响服装的成品尺寸。因此，在设计服装制板规格时，为保证服装成品规格在国家标准规定的偏差值范围内，要综合考虑以上影响因素。

根据国家标准《女西服、大衣》（GB/T 2665-2017）规定，女外套成品主要部位规格尺寸允许偏差见表 10-3。

表 10-3　女外套主要部位规格尺寸允许偏差

单位：cm

部位名称	规格尺寸允许偏差
衣长	±1.0
胸围	±2.0
肩宽	±0.6
袖长	±0.7
领大	±0.6

综合缩率以及工艺手段等的影响因素，计算女外套中间码 160/84A 相关部位的制板规格：

后中长 = 62×（1+3.5%）≈ 64.2

胸围 = 92×（1+3.0%）≈ 94.8

肩宽 = 39×（1+3.0%）≈ 40.2

背长 = 38×（1+3.5%）≈ 39.3

袖长 = 57×（1+3.5%）≈ 59

袖口 = 25×（1+3.0%）≈ 25.8

因此，手工制版时的女外套规格见表 10-4。

表 10-4　四开身立领女外套制版规格

单位：cm

号型	部位规格					
	后中长	胸围	肩宽	背长	袖长	袖口
160/84A	64.2	94.8	40.2	39.3	59	25.8

任务二　样板制作

一、结构设计

第一步：绘制衣片基础线，包括上平线、衣长线、后领深线、胸围线、腰节线，再确定后横开领、后肩斜、后肩宽、后背宽、后胸围大、前胸宽、前胸围大、前横开领、前直开领等前后片细部规格，根据后小肩长确定前小肩长【知识链接 -1】，见图 10-1。

第二步：绘制衣片轮廓线（含挂面、后领贴），见图 10-2。

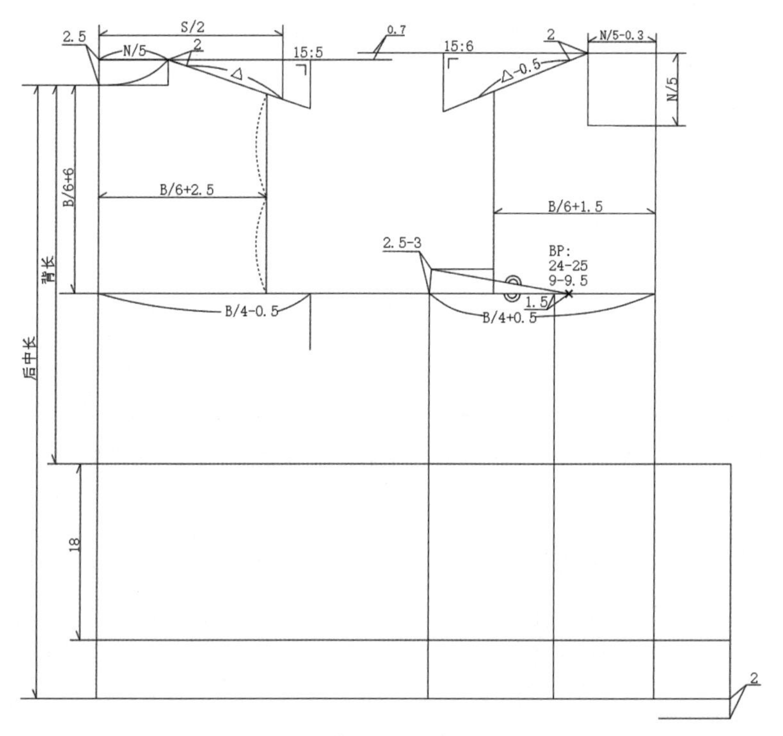

图 10-1 四开身立领女外套前后片框架图

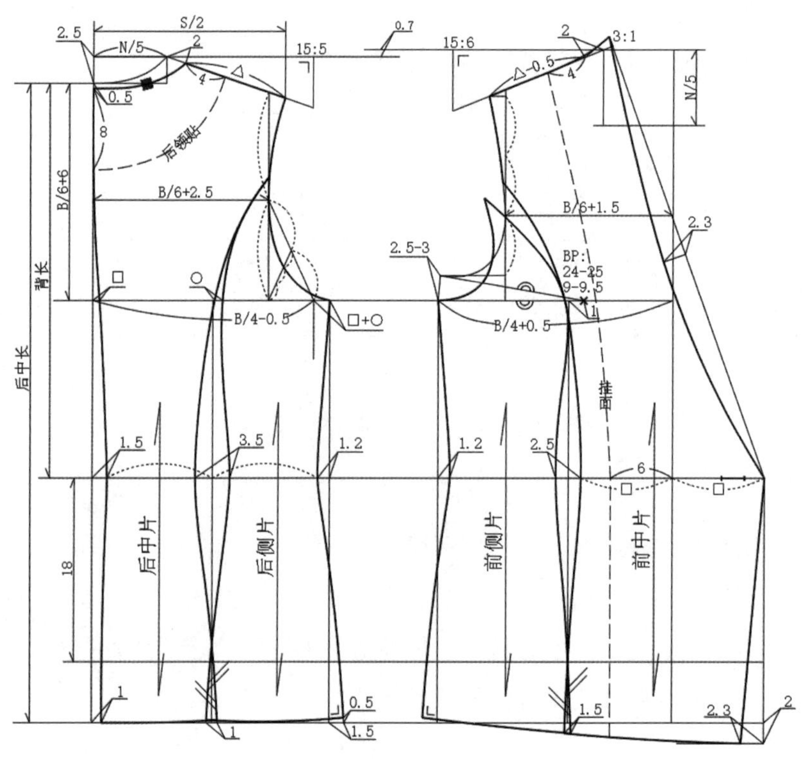

图 10-2 四开身立领女外套前后片结构图

第三步：绘制领片，见图 10-3。■为后领圈弧长，领片制图时在原后领圈弧长的基础上减去 0.3 cm【知识链接 -2】。

第四步：绘制袖片，见图 10-4。

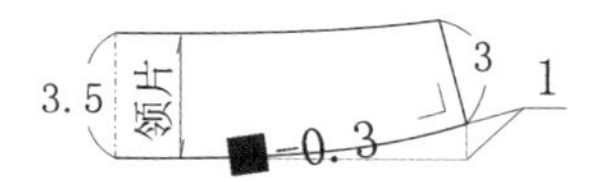

图 10-3　四开身立领女外套领片结构图

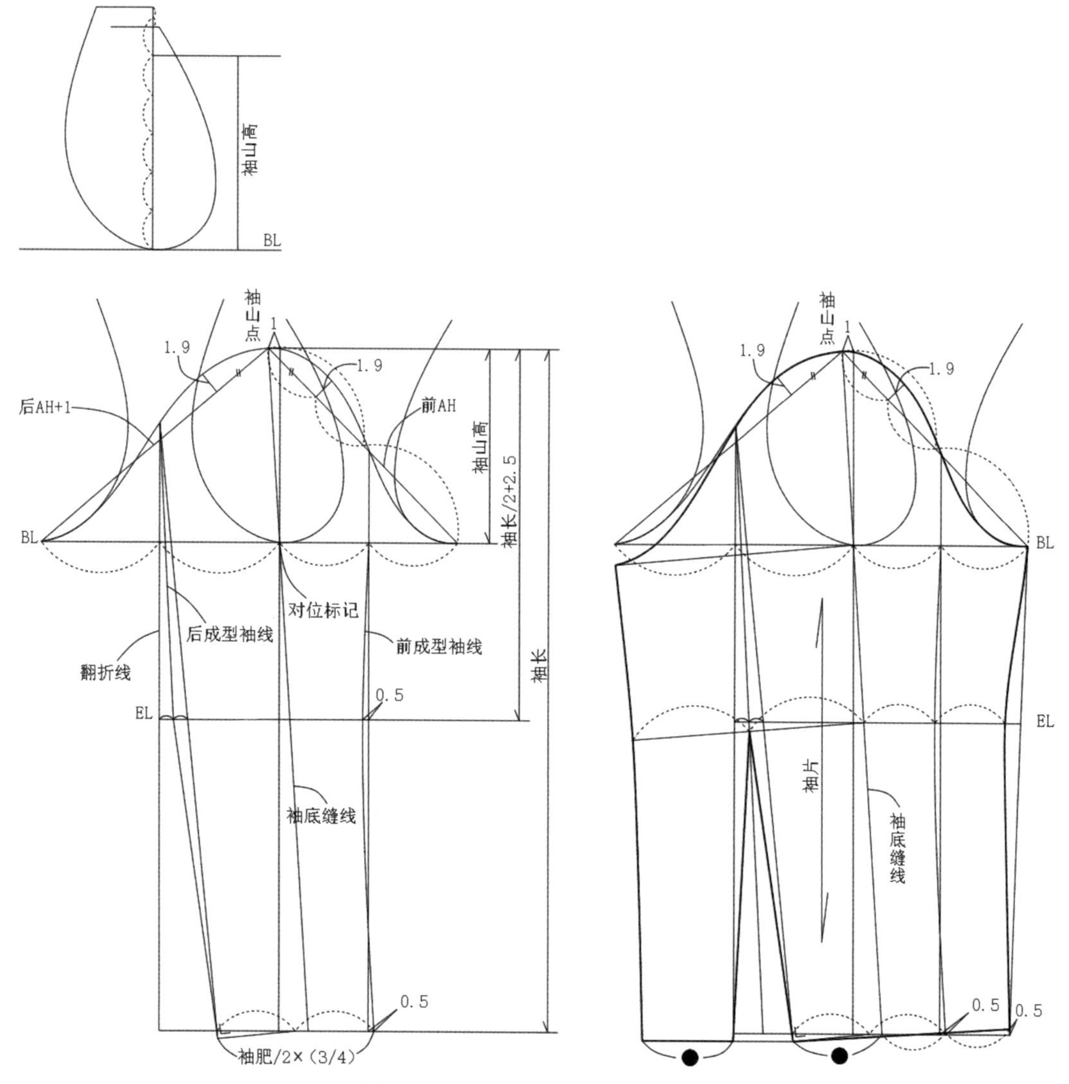

图 10-4　四开身立领女外套袖片结构图

二、样板制作

1. 面料样板制作（见图 10–5）

（1）前后衣片、袖片四周缝份大多为 1 cm。

（2）衣片、袖片底边放缝 3.5 ～ 4 cm，后中放缝 1.5 ～ 2 cm。

（3）挂面下端缝份 2 cm。

2. 面料样板标注

（1）常规缝份 1 cm，不必打刀眼。特殊缝份处打刀眼，如贴边、后中缝等处。

（2）衣片的腰围线、袖片的肘围线等做好对位记号。

（3）前后衣片的刀背分割线处，从袖窿往下约 2.5 cm 处做对位记号；腰围线往上约 10 cm 处做对位记号，将吃势分布在两者之间。

（4）袖山顶点、驳折点等做好对位记号。

（5）肩部吃势量分布在肩线中间，两端做好对位记号。

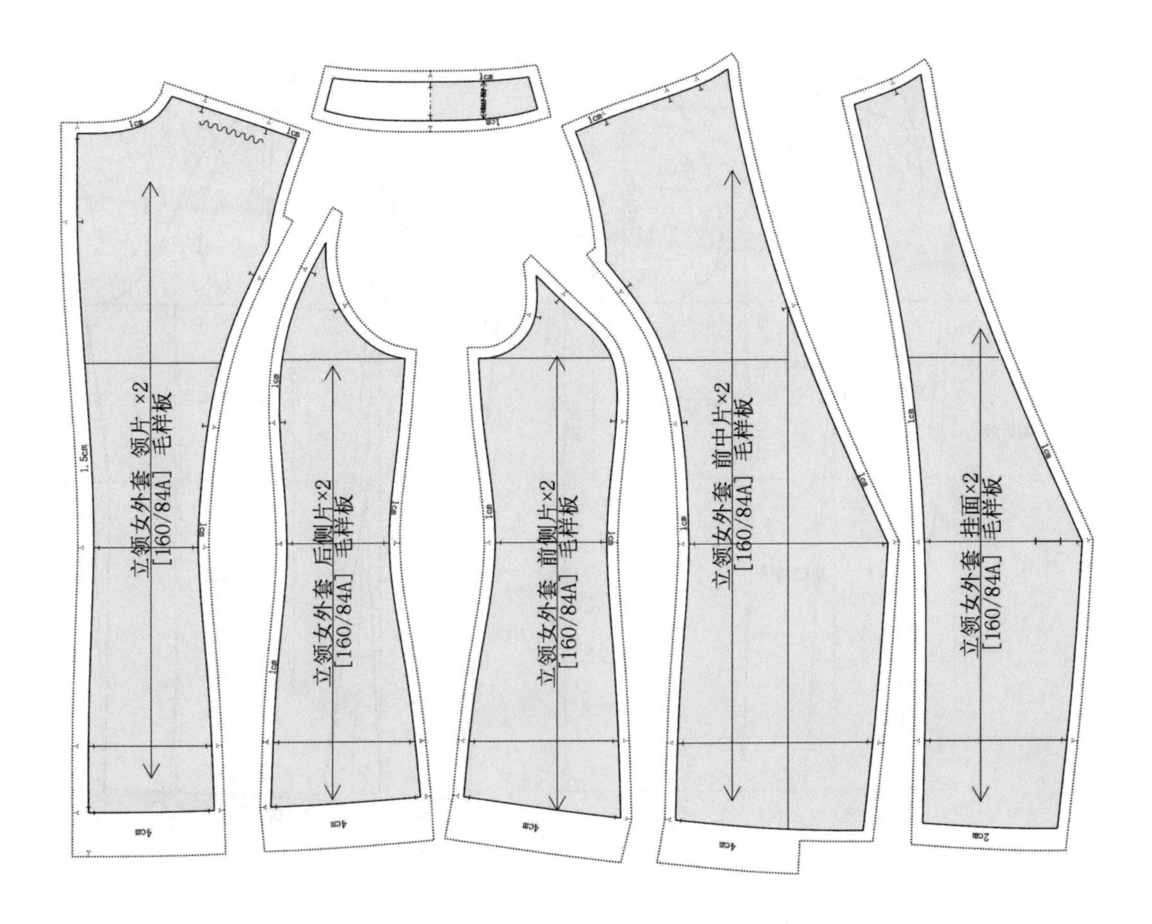

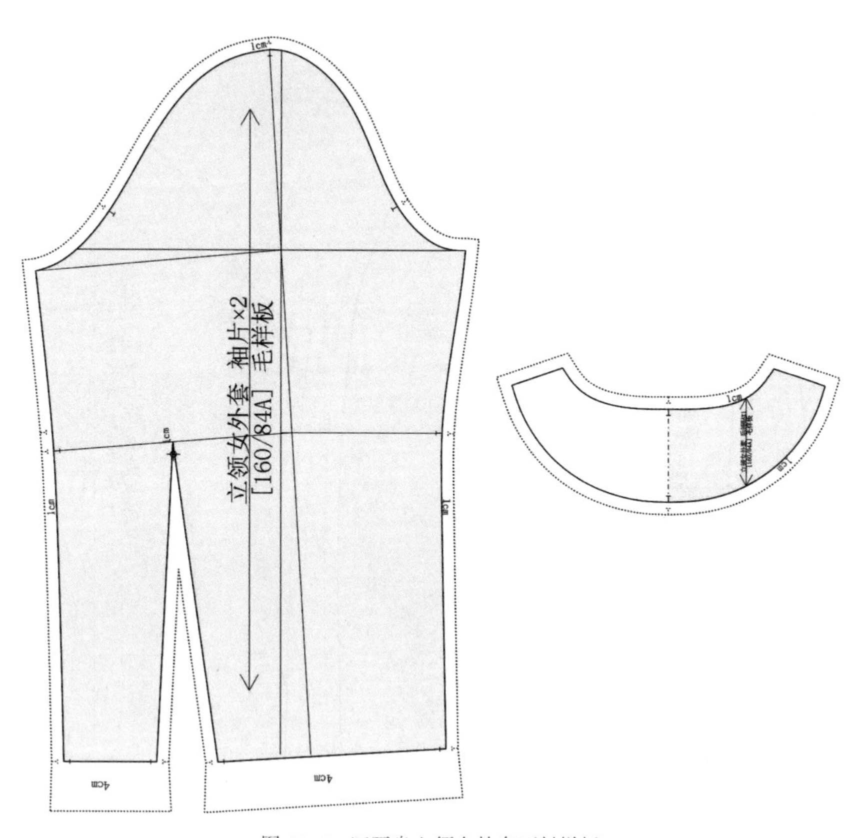

图 10–5　四开身立领女外套面料样板

3. 里料样板制作（见图 10–6）

（1）后中放缝 2 cm。

（2）分割线处比面料多放 0.2 cm，缝份为 1.2 cm。

（3）衣片、袖片底边放缝 1 cm，袖窿处放缝 1 cm。

（4）袖山顶点放缝 1 cm，袖山底部放缝 2.5 cm，之间均匀减少。

三、排料

排料的裁片采用已经完成放缝的面料样板，采用幅宽 144 cm 的精纺羊毛面料制作，单层单件对折排料如图 10–7 所示。衣片、袖片等经向丝缕与布边平行，样板紧密套排，单件用料为衣长 + 袖长 +10 cm 左右。

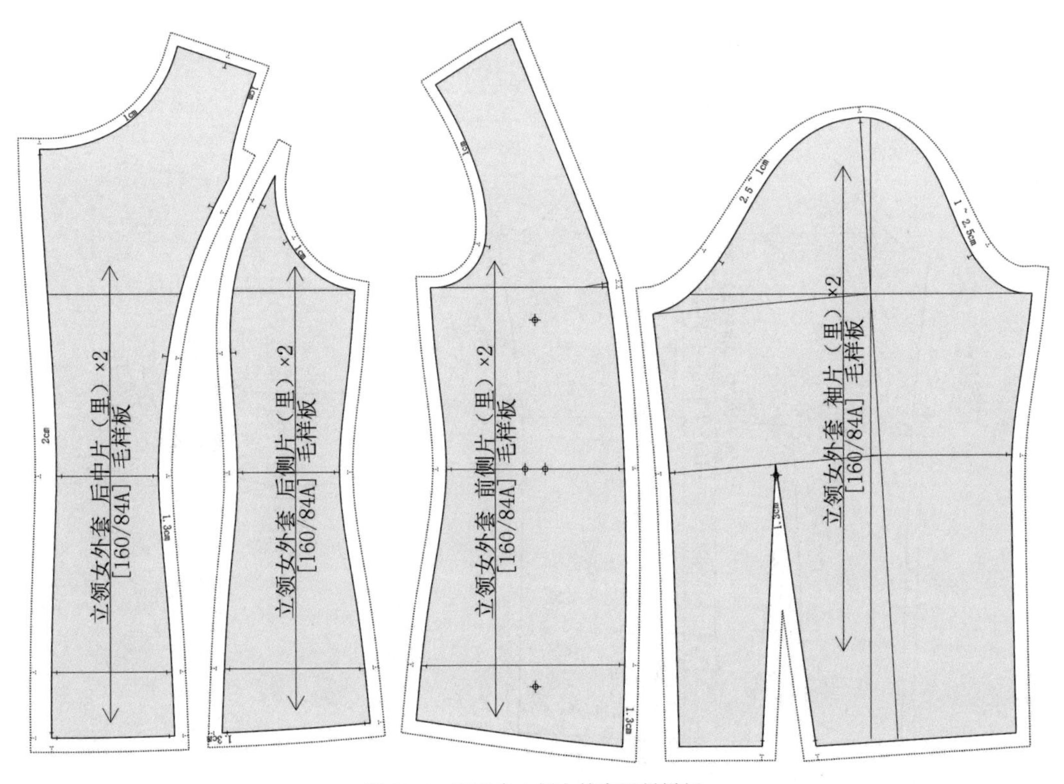

图 10-6 四开身立领女外套里料样板

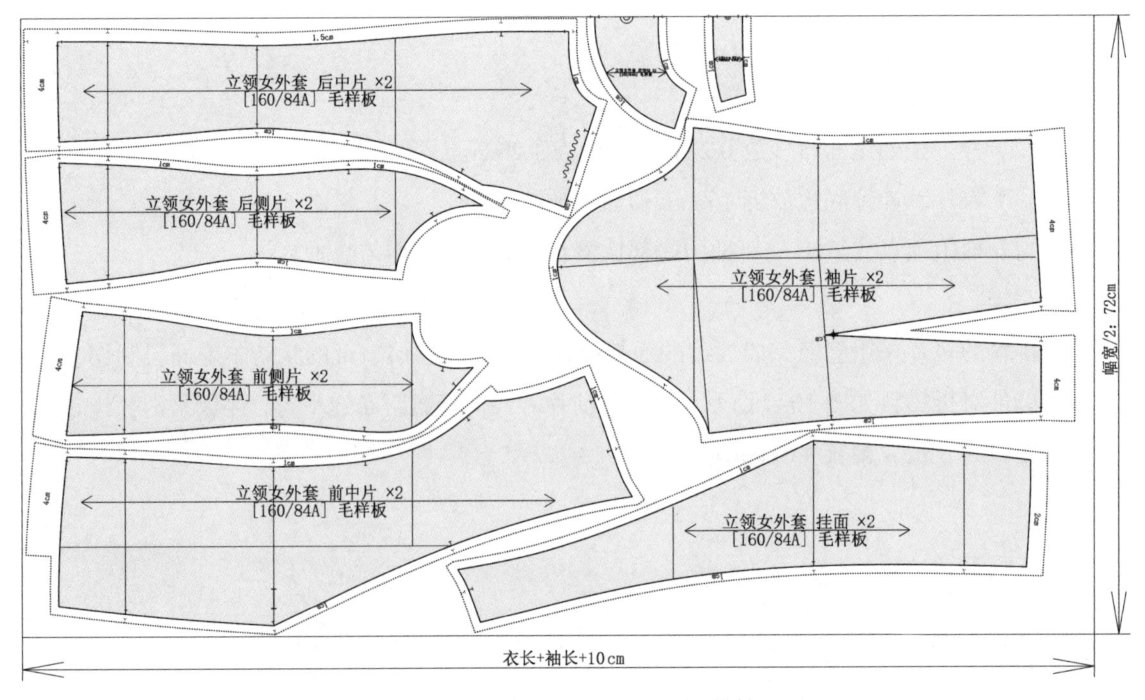

图 10-7 四开身立领女外套面料样板排料图

任务三　系列样板制作

一、档差与成品系列规格

根据订单中的成品系列规格，确定档差，见表10–5。

表10–5　四开身立领女外套成品系列规格与档差

单位：cm

部位＼规格	155/80A	160/84A	165/88A	档差
后中长	60.5	62	63.5	1.5
胸围	88	92	96	4
肩宽	38	39	40	1
领围（基础）	36.2	37	37.8	0.8
背长	37	38	39	1
袖长	55.5	57	58.5	1.5
袖口	24	25	26	1

二、样板推档

（1）后衣片推档：以胸围线和后中心线作为坐标公共线，两线交点作为推档原点，各放码点的推档量与档差分配说明见表10–6，推档图见图10–8。

表10–6　后衣片各放码点的推档量与档差分配说明

单位：cm

放码点	推档量	档差分配说明	备注
O	X：0	放码原点，不缩放	
	Y：0	放码原点，不缩放	
A	X：0	位于Y轴上，不缩放	
	Y：0.6	△B/6＝0.67，取0.6	△B＝4，兼顾整体造型
B	X：0.16	△N/5＝0.16	△N＝0.8
	Y：0.65	A点基础上，增加△N/15，即0.6+0.05＝0.65	△N＝0.8，△N/15≈0.05
C	X：0.5	△S/2＝0.5	△S＝1
	Y：0.57	后小肩斜线保持平行	
D、D'	X：0.5	同C点	兼顾整体造型
	Y：0.3	C点推档量的1/2	

续表

放码点	推档量	档差分配说明	备注
E、E'	X：0.5	△ B/8 = 0.5	△ B = 4
	Y：0	位于 X 轴上，不缩放	
F、F'	X：0.5	同 E 点	
	Y：−0.4	△ BWL− △ B/6（取 0.6）= 0.4	△ BWL = 1
G、G'	X：0.5	同 F 点	
	Y：−0.9	△衣长 − △ B/6（取 0.6）= 0.9	△衣长 = 1.5
H	X：0	位于 Y 轴上，不缩放	
	Y：−0.9	同 G 点	
I	X：0	位于 Y 轴上，不缩放	
	Y：−0.4	同 F 点	
J	X：1	△ B/4 = 1	
	Y：0	位于 X 轴上，不缩放	
K	X：1	同 J 点	
	Y：−0.4	同 F 点	
L	X：1	同 J 点	
	Y：−0.9	同 G 点	

注：表中“+”“−”代表移动方向，“+”代表向右或上方移动，“−”代表向左或下方移动。

（2）前衣片推档：以前中线和胸围线作为坐标公共线，两线交点作为推档原点，各放码点的推档量与档差分配说明见表 10–7，推档图见图 10–9。

表 10–7　前衣片各放码点的推档量与档差分配说明

单位：cm

放码点	推档量	档差分配说明	备注
O	X：0	放码原点，不缩放	
	Y：0	放码原点，不缩放	
A	X：−0.16	△ N/5 = 0.16	△ N = 0.8
	Y：0.65	同后衣片 B 点	

续表

放码点	推档量	档差分配说明	备注
B	X：−0.5	△ S/2 = 0.5	△ S = 1
	Y：0.57	前小肩斜线保持平行	
C、C'	X：−0.5	同 B 点	兼顾整体造型
	Y：0.3	B 点推档量的 1/2	
D、D'	X：−0.5	△ B/8 = 0.5	△ B = 4
	Y：0	位于 X 轴上，不缩放	
E、E'	X：−0.5	同 D 点	
	Y：−0.4	△ BWL− △ B/6（取 0.6）= 0.4	△ BWL = 1
F、F'	X：−0.5	同 F 点	
	Y：−0.9	△衣长 − △ B/6（取 0.6）= 0.9	△衣长 = 1.5
G	X：−1	△ B/4 = 1	
	Y：−0.9	同 F 点	
H	X：−1	同 G 点	
	Y：−0.4	同 E 点	
I	X：−1	同 G 点	
	Y：0	位于 X 轴上，不缩放	
J	X：0	到 X 轴距离为常数	常数档差为 0
	Y：−0.9	同 F 点	
K	X：0	同 J 点	
	Y：−0.4	同 E 点	

注：表中“+”“−”代表移动方向，“+”代表向右或上方移动，“−”代表向左或下方移动。

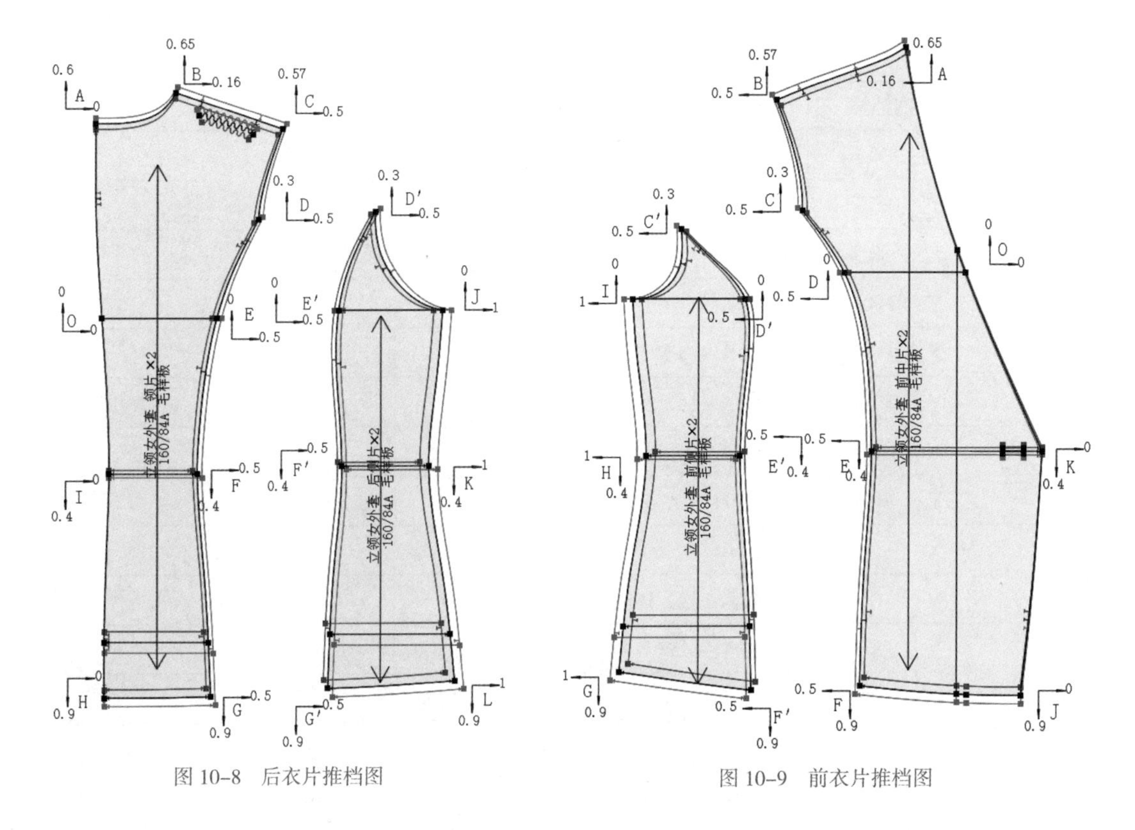

图 10-8 后衣片推档图

图 10-9 前衣片推档图

（3）袖片等其他样板推档：袖片以袖中线和袖山深线作为坐标公共线、后领贴坐标公共线与后片相同、领片以后中线作为 Y 轴公共线、挂面坐标公共线与前片相同，各放码点的推档量与档差分配说明见表 10-8，推档图见图 10-10。

表 10-8 袖片等其他样板各放码点的推档量与档差分配说明

单位：cm

放码点	推档量	档差分配说明	备注
O	X：0	放码原点，不缩放	
	Y：0	放码原点，不缩放	
A	X：0	位于 Y 轴上，不缩放	
	Y：0.5	△ B/8 = 0.5	△ B = 4
B、B'	X：0.8	B 点向右为“+”，B' 向左为“−”	袖山弧线与袖窿弧线长度核对后适当调整
	Y：0	位于 X 轴上，不缩放	
C、C'	X：0.6	C 点向右为“+”，C' 向左为“−”	兼顾整体造型
	Y：−0.25	△袖长 /2− △ B/8 = 0.25	

续表

放码点	推档量	档差分配说明	备注
D、D'	X：0.5	△袖口大 /2 = 0.5 D 点向右为“＋”，D' 向左为“−”	△袖口大 = 1
	Y：−1	△袖长 − △ B/8 = 1	
E、E'	X：−0.25	△袖口大 /4 = 0.25	兼顾整体造型
	Y：−1	同 D 点	
F	X：−0.3	C'/2 = 0.3	兼顾整体造型
	Y：−0.25	同 C 点	
G、G'	X：0	与后衣片 A 点相同	
	Y：0.6		
H、H'	X：0.16	与后衣片 B 点相同	
	Y：0.65		
I、I'	X：0.2	量取后衣片领圈弧长档差	
	Y：0	——	领宽为常数，常数档差为 0
J、K	X：−0.16	与前衣片 A 点相同	
	Y：0.65		
L、M	X：−1	与前衣片 J 点相同	
	Y：−0.9		
N	X：0	与前衣片 K 点相同	
	Y：−0.4		

注：表中“＋”“−”代表移动方向，“＋”代表向右或上方移动，“−”代表向左或下方移动。

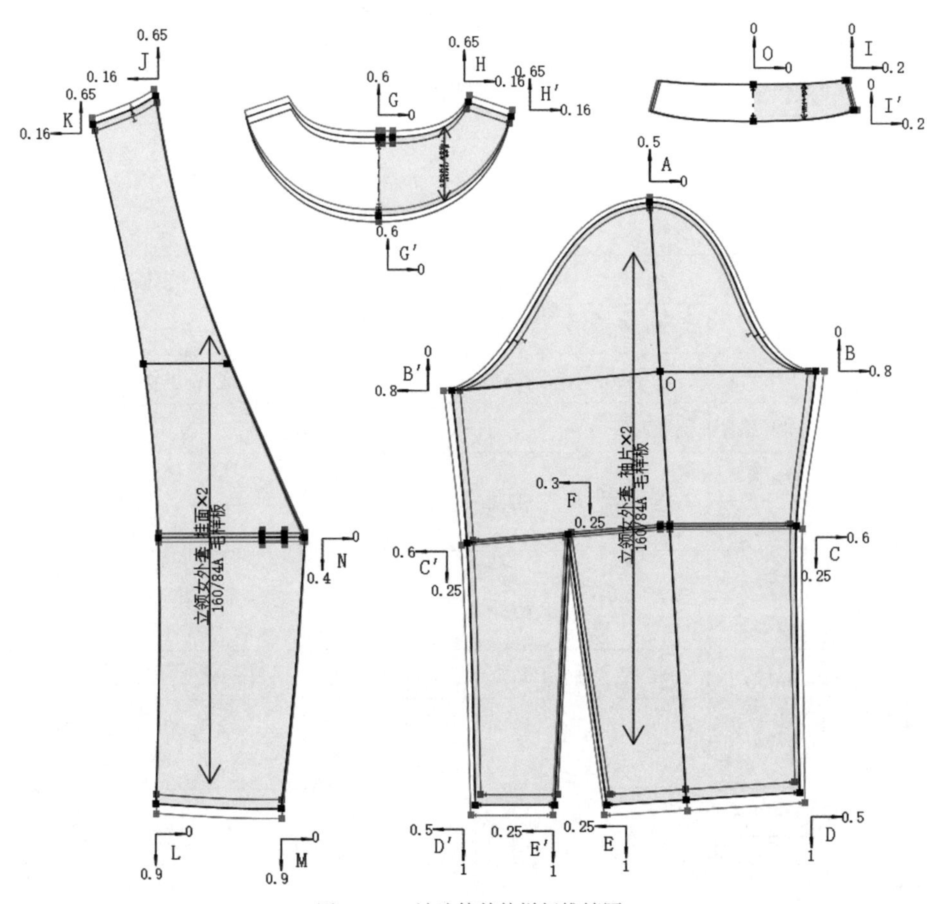

图 10-10 袖片等其他样板推档图

【知识链接-1】 前后肩线吃势

人体肩头前倾，俯看整个肩呈弓形。为使服装更合体，合体型上装制板时必须使后小肩线略长于前小肩线，两者差量一般控制在 0.3 ～ 0.7 cm，具体数值根据面料性能、款式造型、工艺手段等具体确定。在缝制过程中，以吃势的形式处理差量。

如上装中本身就有后肩省，则不用做出前后肩线吃势。

【知识链接-2】 后领弧长与后领圈弧长的关系

领子制图时，一般会将后领弧长减短 0.3 cm 左右，在缝制时对领片下口弧线进行拔开处理，这样能使领子更符合脖子上小下大的圆台状造型。

项目十三　三开身戗驳领女西服版型设计实战演练

根据企业的订单要求，通过款式分析、样板制作以及系列样板制作，完成三开身戗驳领女西服的版型设计，详细订单见表 10–9。

表 10–9　三开身戗驳领女西服原始订单

<table>
<tr><td colspan="2">品名：三开身戗驳领女西服</td><td colspan="2">款号：××</td><td>下单日期：××</td><td>完成时间：××</td></tr>
<tr><td colspan="4">款式说明：
本款女外套为三开身合体造型，戗驳领，双排1粒纽扣，前片腰下设置单嵌袋，设胸省至袋口，前后身均设小刀背缝分割至底摆，背中心分缝，圆装 2 片袖。</td><td colspan="2">款式图</td></tr>
<tr><td rowspan="2">规格
部位</td><td colspan="3">成品规格</td><td colspan="2" rowspan="2">面料：中薄型精纺羊毛面料</td></tr>
<tr><td>155/80A</td><td>160/84A</td><td>165/88A</td></tr>
<tr><td>后中长</td><td>54.5</td><td>56</td><td>57.5</td><td colspan="2" rowspan="7">辅料：
1. 缝纫线（配色、涤棉）
2. 里布
3. 黏合衬
4. 纽扣
5. 牵条衬</td></tr>
<tr><td>胸围</td><td>88</td><td>92</td><td>96</td></tr>
<tr><td>肩宽</td><td>37</td><td>38</td><td>39</td></tr>
<tr><td>背长</td><td>37</td><td>38</td><td>39</td></tr>
<tr><td>基础领围</td><td>36.2</td><td>37</td><td>37.8</td></tr>
<tr><td>袖长</td><td>56.5</td><td>58</td><td>59.5</td></tr>
<tr><td>袖口</td><td>26</td><td>27</td><td>28</td></tr>
<tr><td colspan="2">设计：×××</td><td colspan="2">制版：×××</td><td>样衣：×××</td><td>核对：×××</td></tr>
</table>

任务一　款式分析

一、款式造型分析

本款女西服胸围放松量 8 cm，属于三开身[知识链接-1]的合体造型。前片胸下 1 个省道，由胸部至袋口，前后片均设小刀背分割，且后衣片背中缝分开，拉长了视线，能使服装造型更显瘦长，增强美感。领子采用戗驳领[知识链接-2]设计，可搭配衬衫、毛衫等穿着。

腋下无侧缝，下摆采用圆角倒 V 造型。

二、制版规格设计

经面料缩率测试，本款女西服面料的缩率：经向为 3.5%，纬向为 3.5%。根据国家标准《女西服、大衣》（GB/T 2665-2017）规定，并综合缩率以及工艺手段等的影响因素，计算本款三开身戗驳领女西服中间码 160/84A 相关部位的制版规格：

后中长 = 56 ×（1+3.5%）≈ 58.0

胸围 = 92 ×（1+3.5%）≈ 95.2

肩宽 = 38 ×（1+3.5%）≈ 39.3

背长 = 38 ×（1+3.5%）≈ 39.3

袖长 = 58 ×（1+3.5%）≈ 60.0

袖口 = 27 ×（1+3.5%）≈ 27.9

因此，手工制版时，三开身戗驳领女西服制版规格见表 10-10。

表 10-10 三开身戗驳领女西服制版规格

单位：cm

号型	部位规格					
	后中长	胸围	肩宽	背长	袖长	袖口
160/84A	58	95.2	39.3	39.3	60	27.9

任务二 样板制作

一、结构设计

第一步：绘制衣片基础线，包括上平线、衣长线、后领深线、胸围线、腰节线，再确定后横直开领、后肩宽、后背宽、后胸围大、前小肩长、前胸宽、前胸围大、前横直开领、叠门宽等前后片细部规格，见图 10-11。

第二步：绘制衣片轮廓线（含挂面、后领贴），见图 10-12。

第三步：调整挂面【知识链接-3】和领面【知识链接-4】，见图 10-13。

第四步：绘制袖片，见图 10-14。

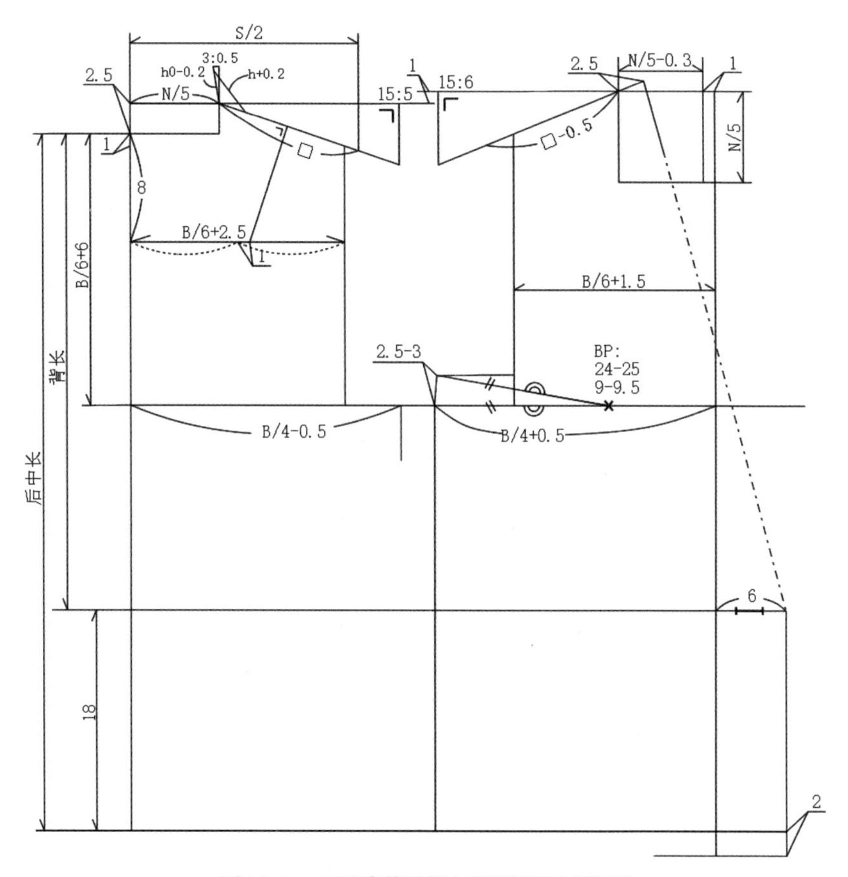

图 10-11　三开身戗驳领女西服前后片框架图

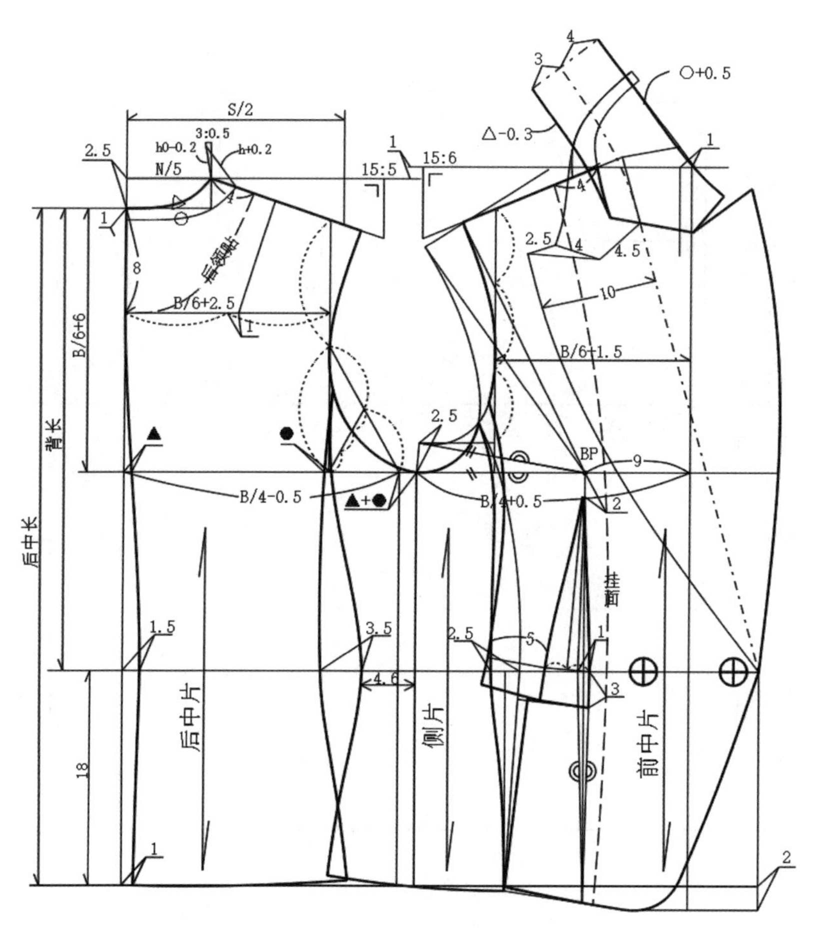

图 10-12 三开身戗驳领女西服前后片结构图

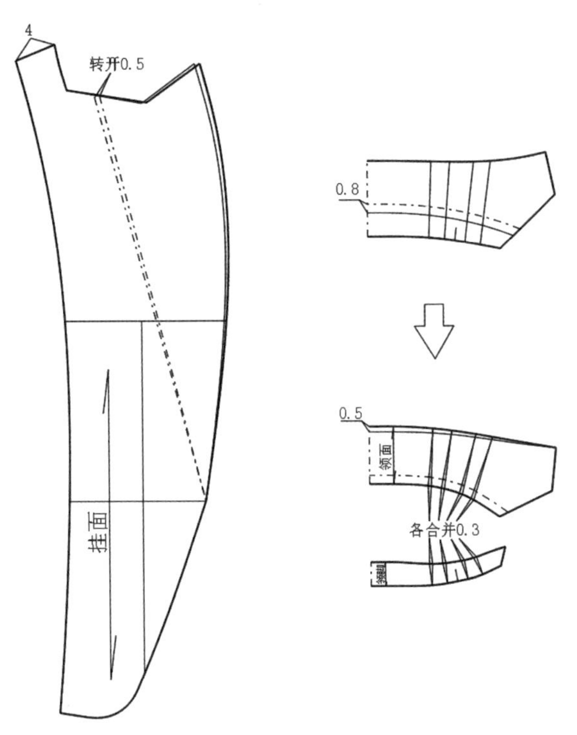

图 10-13　三开身戗驳领女西服挂面和领面结构调整图

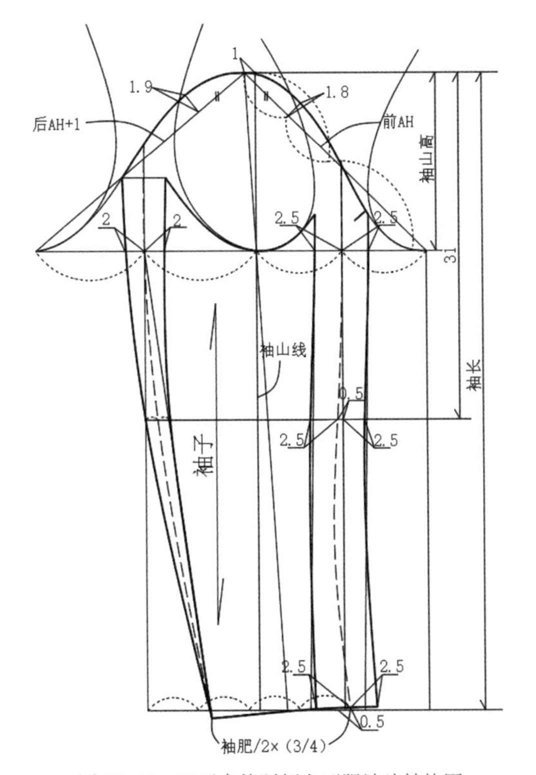

图 10-14　三开身戗驳领女西服袖片结构图

二、样板制作（袋垫、袋嵌等略）

1. 面料样板放缝（见图 10–15）

（1）前后衣片、袖片四周缝份大多为 1 cm。

（2）衣片、袖片底边放缝 3.5 ～ 4 cm，后中放缝 1.5 ～ 2 cm。

（3）挂面底边缝份 2 cm。

2. 样板标注

（1）常规缝份 1 cm，不必打刀眼，特殊缝份处打刀眼，如贴边宽等。

（2）衣片、袖片的胸围线、腰围线、肘围线等做对位记号。

（3）袖山顶点、驳折点等做记号。

（4）领子与颈肩点做对位记号。

3. 里料样板制作（见图 10–16）

（1）后中放缝 2 cm。

（2）分割线处比面料多放 0.2 cm，为 1.2 cm。

（3）衣片、袖片底边放缝 1 cm。

（4）袖山顶点放缝 1 cm，袖山底部放缝 2.5 cm，之间均匀减少。

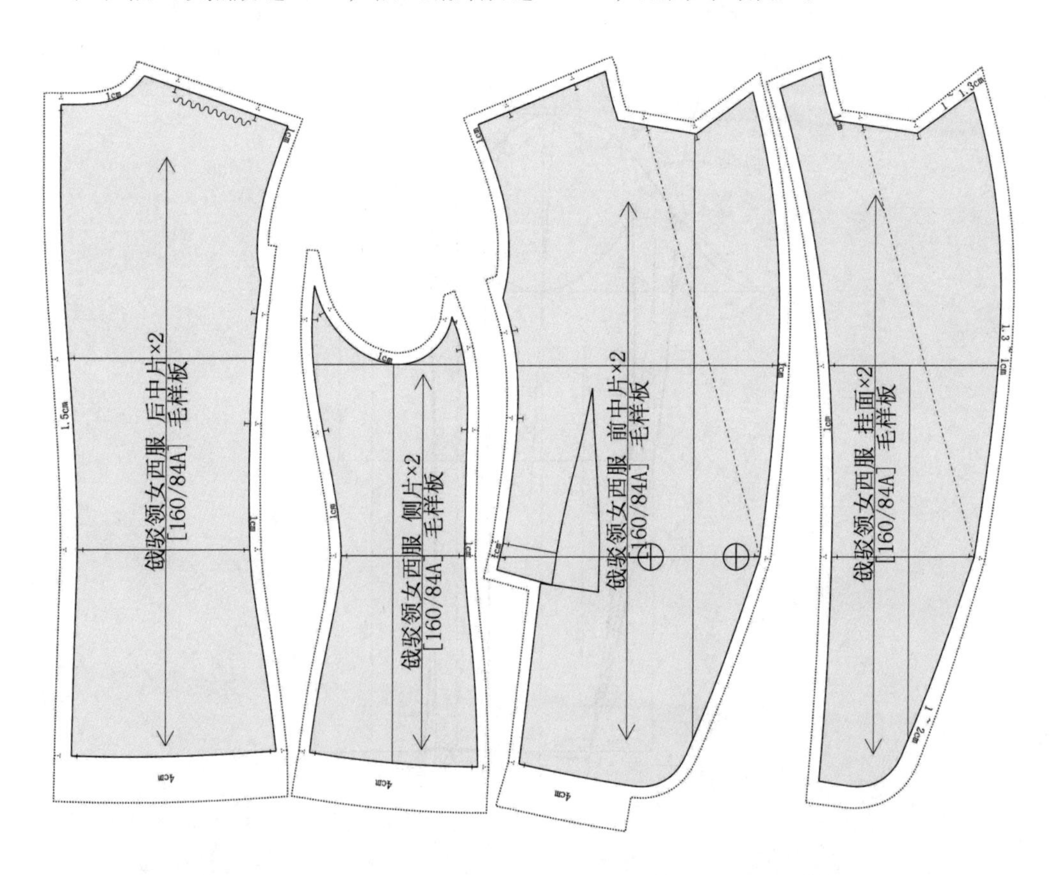

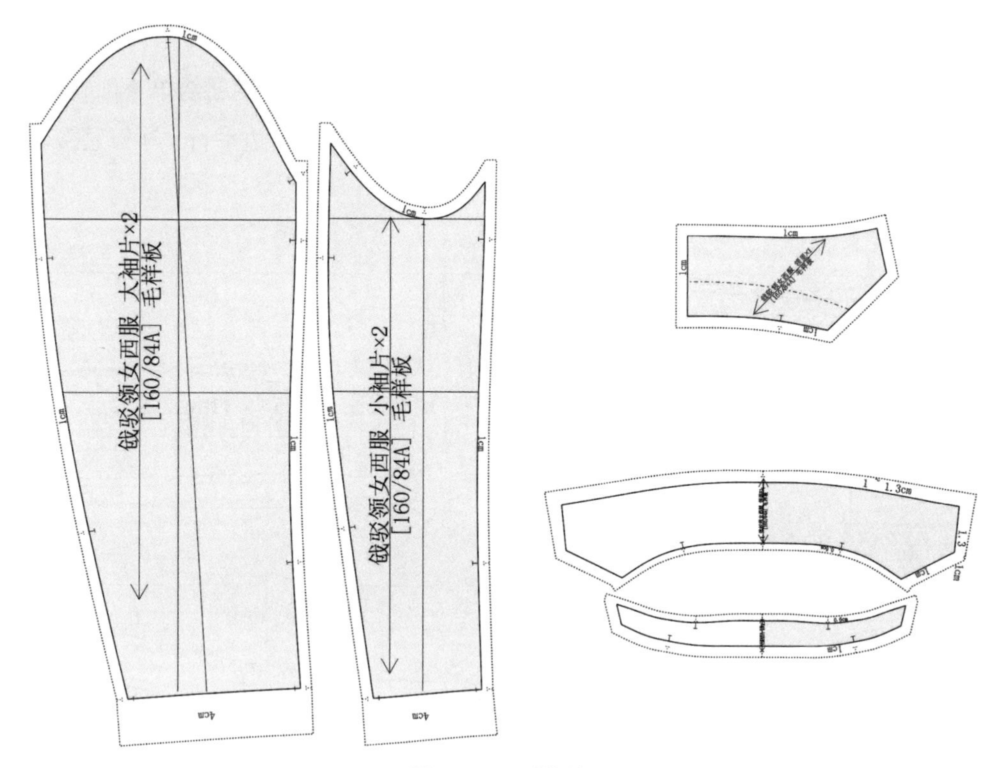

图 10-15　面料样板

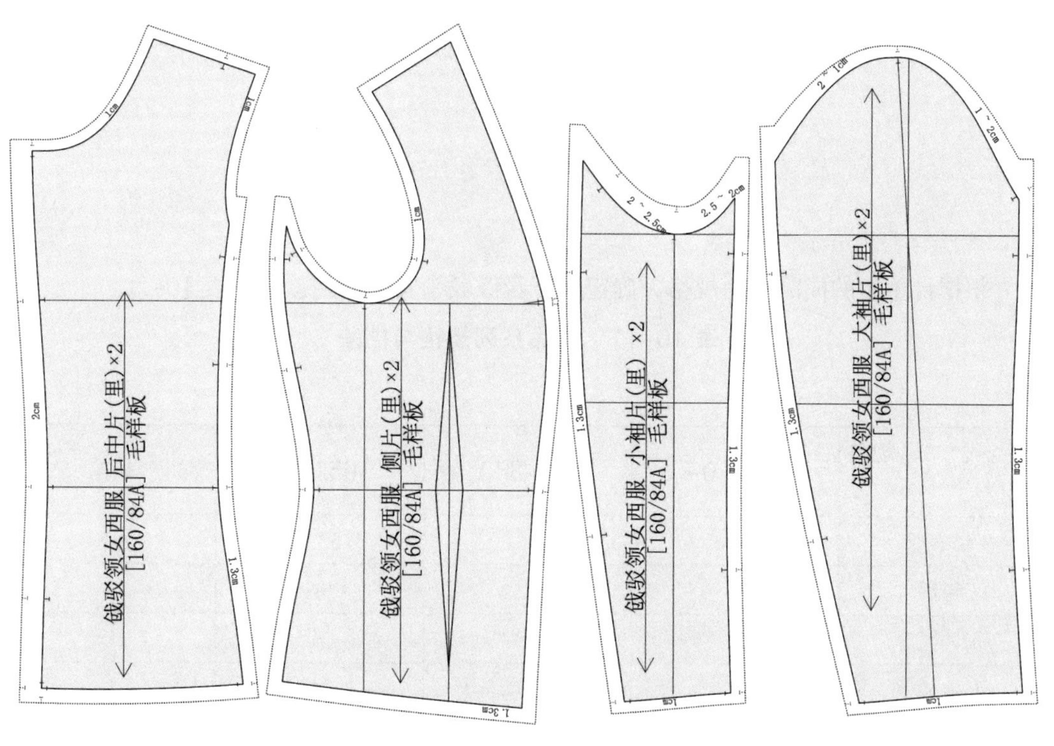

图 10-16　里料样板制作图

三、排料

排料的裁片采用已经完成放缝的面料样板，采用幅宽 144 cm 的精纺羊毛面料制作，单层单件对折排料如图 10–17 所示。衣片、袖片等经向丝绺与布边平行，样板紧密套排，单件用料为衣长 + 袖长 +10 cm 左右。

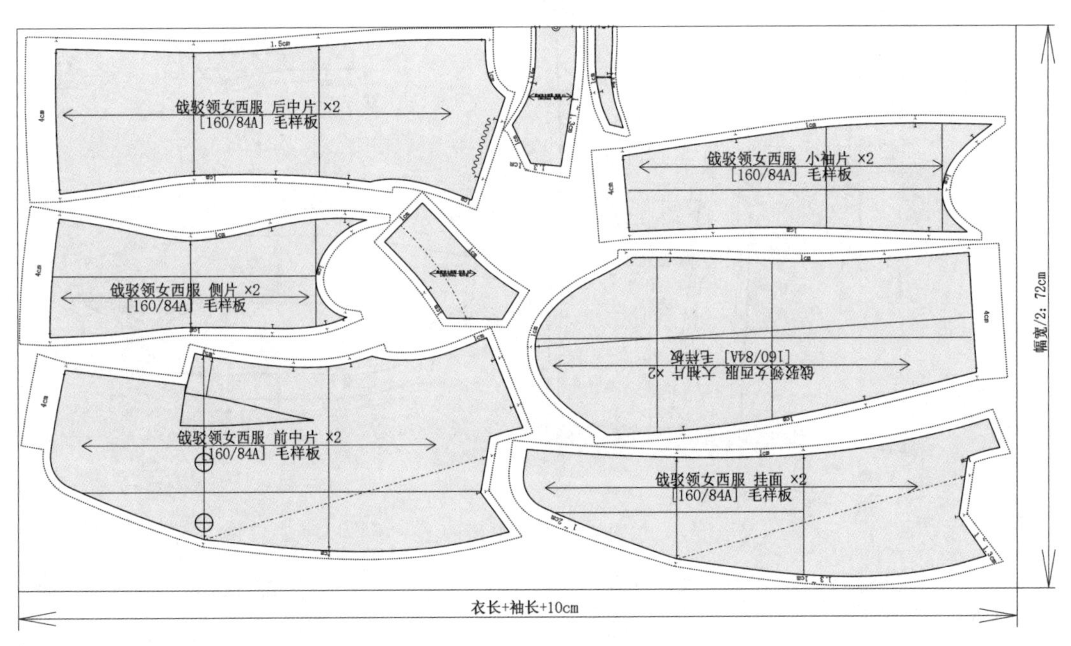

图 10–17　面料样板排料图

任务三　系列样板制作

一、档差与成品系列规格

根据订单中的成品系列规格，确定三开身戗驳领女西服档差，见表 10–11。

表 10–11　成品系列规格与档差

单位：cm

部位 \ 规格	155/80A	160/84A	165/88A	档差
后中长	54. 5	56	57.5	1.5
胸围	88	92	96	4
肩宽	37	38	39	1
基础领围	36	37	38	1
背长	37	38	39	1

续表

部位 \ 规格	155/80A	160/84A	165/88A	档差
袖长	56.5	58	59.5	1.5
袖口	26	27	28	1

二、样板推档

（1）后中片推档：以胸围线和后中心线作为坐标公共线，两线交点作为推档原点，各放码点的推档量与档差分配说明见表 10–12，推档图见图 10–18。

表 10–12 后中片各放码点的推档量与档差分配说明

单位：cm

放码点	推档量	档差分配说明	备注
O	X：0	放码原点，不缩放	
	Y：0	放码原点，不缩放	
A	X：0	位于 Y 轴上，不缩放	
	Y：0.6	△ B/6 = 0.67，取 0.6	△ B = 4，兼顾整体造型
B	X：0.16	△ N/5 = 0.16	△ N = 0.8
	Y：0.65	A 点基础上，增加△ N/15，即 0.6+0.05 = 0.65	△ N = 0.8，△ N/15 ≈ 0.05
C	X：0.5	△ S/2 = 0.5	△ S = 1
	Y：0.57	后小肩斜线保持平行	
D	X：0.5	同 C 点	兼顾整体造型
	Y：0.3	C 点推档量的 1/2	
E	X：0.6	△ B/4 的 3/5	△ B = 4
	Y：0.2	C 点推档量的 1/3	
F	X：0.6	同 E 点	
	Y：0	位于 X 轴上，不缩放	
G	X：0.6	同 E 点	
	Y：−0.4	△ BWL− △ B/6（取 0.6）= 0.4	△ BWL = 1
H	X：0.6	同 E 点	
	Y：−0.9	△衣长 − △ B/6（取 0.6）= 0.9	△衣长 = 1.5

续表

放码点	推档量	档差分配说明	备注
I	X：0	位于 Y 轴上，不缩放	
	Y：−0.9	同 H 点	
J	X：0	位于 Y 轴上，不缩放	
	Y：−0.4	同 G 点	

注：表中“+”“−”代表移动方向，“+”代表向正方向移动，“−”代表向负方向移动。

（2）前中片推档：以胸围线和前中心线作为坐标公共线，两线交点作为推档原点，各放码点的推档量与档差分配说明见表 10–13，推档图见图 10–18。

表 10–13　前中片各放码点的推档量与档差分配说明

单位：cm

放码点	推档量	档差分配说明	备注
O	X：0	放码原点，不缩放	
	Y：0	放码原点，不缩放	
S	X：−0.16	△ N/5 = 0.16	△ N = 0.8
	Y：0.65	同 B 点	
T	X：−0.5	△ S/2 = 0.5	△ S = 1
	Y：0.57	后小肩斜线保持平行	
U	X：−0.5	同 T 点	兼顾整体造型
	Y：0.4	C 点推档量的 2/3	
K'	X：−0.6	△ B/4 的 3/5	△ B = 4
	Y：0.15	C 点推档量的 1/4	
L'	X：−0.6	同 K' 点	
	Y：0	位于 X 轴上，不缩放	
M'	X：−0.6	同 K' 点	
	Y：−0.4	△ BWL− △ B/6（取 0.6）= 0.4	△ BWL = 1
N'	X：−0.6	同 K' 点	
	Y：−0.9	△衣长 − △ B/6（取 0.6）= 0.9	△衣长 = 1.5
P	X：0	位于 Y 轴上，不缩放	
	Y：−0.9	同 N' 点	

续表

放码点	推档量	档差分配说明	备注
Q	X：0	到 X 轴距离为常数	常数档差为 0
	Y：−0.4	同 M' 点	
R、R'、R"	X：−0.2	使领圈弧线保持平行状态	兼顾整体造型
	Y：−0.5	Y_S− △ N/5 = 0.65−0.16 ≈ 0.5	△ N = 0.8 先设置 Y 轴档差

注：表中“+”“−”代表移动方向，“+”代表向正方向移动，“−”代表向负方向移动。

（3）侧片推档：以胸围线和侧缝线作为坐标公共线，两线交点作为放码原点，各放码点的推档量与档差分配说明见表 10−14，推档图见图 10−18。

表 10−14　侧片各放码点的推档量与档差分配说明

单位：cm

放码点	推档量	档差分配说明	备注
O	X：0	放码原点，不缩放	
	Y：0	放码原点，不缩放	
E'	X：−0.4	△ B/4 的 2/5	与后中片的 E 点档差相加为 △ B/4
	Y：0.2	C 点推档量的 1/3	与后中片的 E 点相同
F'	X：−0.4	同 E' 点	
	Y：0	位于 X 轴上，不缩放	
G'	X：−0.4	同 E' 点	
	Y：−0.4	△ BWL− △ B/6（取 0.6）= 0.4	△ BWL = 1，与后中片的 G 点相同
H'	X：−0.4	同 E' 点	
	Y：−0.9	△衣长 − △ B/6（取 0.6）= 0.9	△衣长 = 1.5
K	X：0.4	△ B/4 的 2/5	与前中片的 K' 点档差相加为 △ B/4
	Y：0.15	C 点推档量的 1/4	与前中片的 K' 点相同
L	X：0.4	同 N 点	
	Y：0	同 F' 点	
M	X：0.4	同 N 点	
	Y：−0.4	同 G'	

续表

放码点	推档量	档差分配说明	备注
N	X：0.4	△B/4 的 2/5	
	Y：−0.9	同 H' 点	

注：表中“±”代表移动方向，“+”代表向正方向移动，“−”代表向负方向移动。

（4）挂面推档：挂面取自前衣片，因此挂面与前衣片相对应的点放码量相同，挂面各放码点的推档量与档差分配说明表略，推档图见图 10–18。

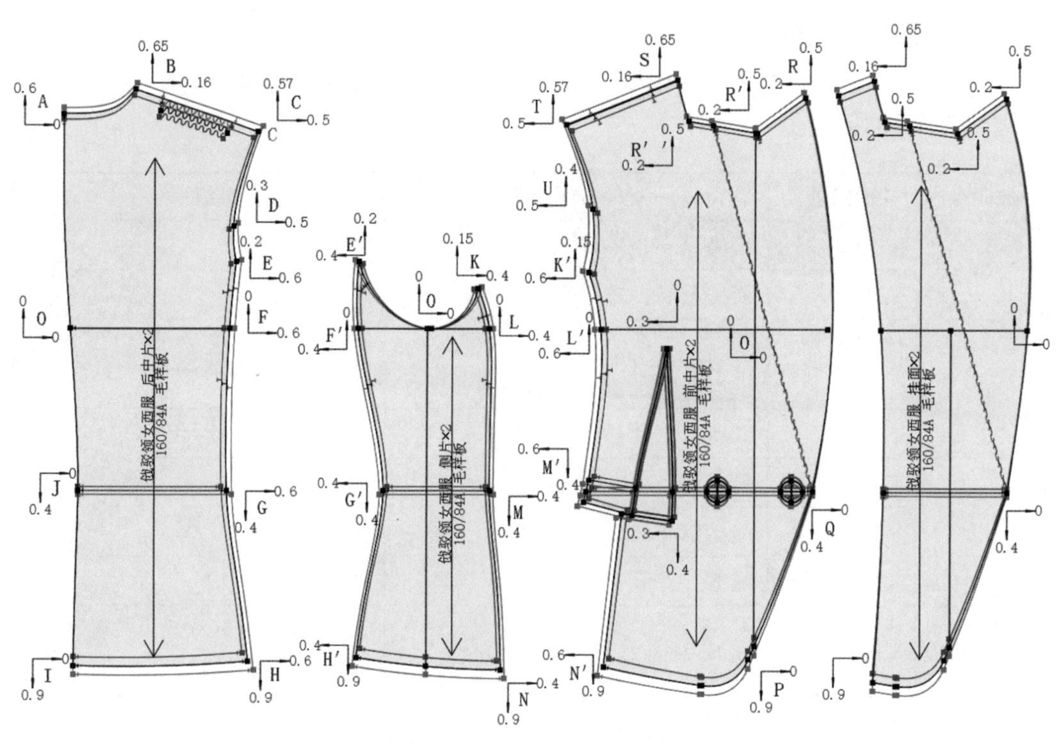

图 10–18　衣片与挂面推档图

（5）大小袖片推档：以袖中线和袖山深线作为坐标公共线，两线交点作为推档原点，各放码点的推档量与档差分配说明见表 10–15，推档图见图 10–19。

表 10–15　大小袖片各放码点的推档量与档差分配说明

单位：cm

放码点	推档量	档差分配说明	备注
O	X：0	放码原点，不缩放	
	Y：0	放码原点，不缩放	
A	X：0	位于 Y 轴上，不缩放	
	Y：0.5	△ B/8 = 0.5	△ B = 4，兼顾整体造型
B、B'	X：−0.35		兼顾袖窿与袖山弧长档差
	Y：0.2	A 点推档量的 2/5	兼顾整体造型
C、C'	X：−0.35	同 B 点	
	Y：0	位于 X 轴上，不缩放	
D、D'	X：−0.35	同 B 点	
	Y：−0.25	△袖长 /2− △ B/8 = 0.25	
E、E'	X：−0.15	△袖口 /2− 点 F 档差	△袖口大 = 1，兼顾整体造型
	Y：−1	△袖长 − △ B/8 = 1	
F、F'	X：0.35		兼顾袖窿与袖山弧长档差
	Y：−1	同 E 点	
G、G'	X：0.35	同 F 点	
	Y：−0.25	同 D 点	
H、H'	X：0.35	同 F 点	
	Y：0	位于 X 轴上，不缩放	
I、I'	X：0.35	同 F 点	
	Y：0.1	A 点推档量的 1/5	兼顾整体造型

注：表中“±”代表移动方向，“+”代表向正方向移动，“−”代表向负方向移动。

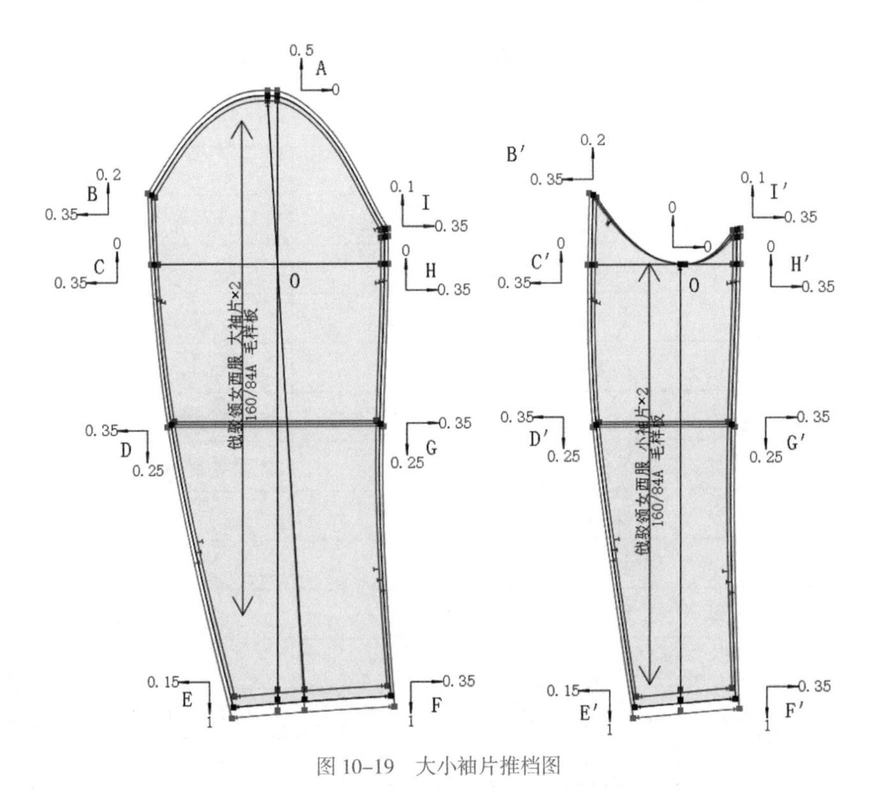

图 10–19 大小袖片推档图

样板推档完毕后，必须进行验证。即将袖窿弧长与袖山弧长进行比对，档差接近于0，或大码档差略大于0、小码档差略小于0，弧长比对结果见图10–20。

长度比较

号型	L	DL	DDL	统计+	统计-
155/80A	-3.36	0.14	0.14	45.63	48.99
⊙ 160/84A	-3.5	0	0	47.31	50.81
165/88A	-3.62	-0.12	-0.12	49.01	52.63

图 10–20 袖窿弧长与袖山弧长档差数据比对结果图

（6）领面、领里推档：以后领中线作为坐标公共线，领宽规格不变，领片Y轴档差为0，只有X轴方向档差。各放码点的推档量与档差分配说明见表10–16，推档图见图10–21。

表 10-16　领面、领里各放码点的推档量与档差分配说明

单位：cm

放码点	推档量	档差分配说明	备注
A、A'、A"	X：0.3	前领圈弧长档差 + 后领圈弧长档差	驳领款式的领片档差与关领款式的不同为保证领串口线长度、驳角长等规格不变，领面、领座和领里外端档差相同
B、B'	X：0.2	相当于后领圈弧长档差	测量后领圈弧长档差

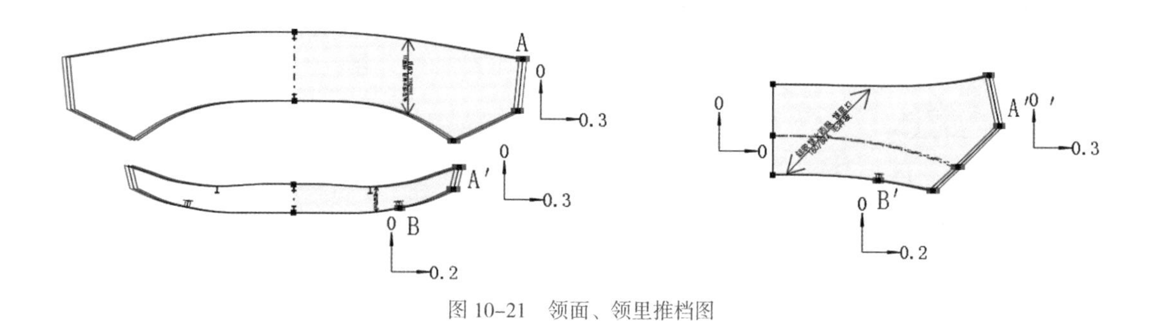

图 10-21　领面、领里推档图

【知识链接-1】三开身结构

“三开身”结构是相对于“四开身”而言的。在人体中，可将前中、后中、两侧确定为 A、B、C、D 四个点。衣片按这四个点做分割，即为“四开身”结构，前片和后片的胸围大小各占胸围的 1/4 左右，结构制图时，可用 B/4 进行计算，见图 10-22。

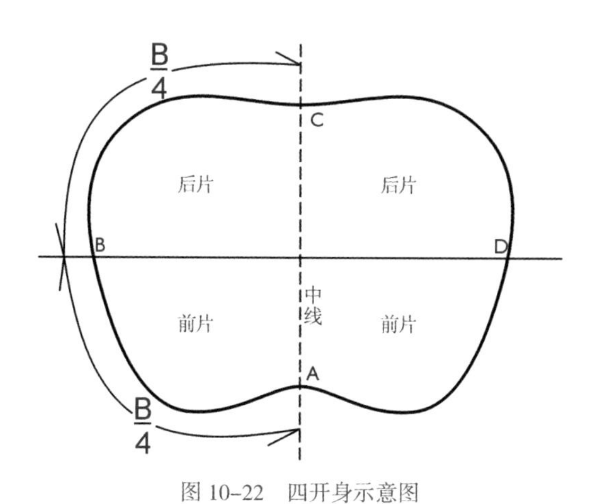

图 10-22　四开身示意图

而“三开身”是将胸围分为三等分，每片的胸围大小可用计算公式 B/6 或 B/3 计算。

“三开身”和“四开身”是相对而言的，可以相互转化，且基本不影响服装外观造型。但在实际应用中，“四开身”一般用于衬衫、夹克、针织类运动服；西服、中山装大多采用“三开身”结构，以及部分风衣、大衣。

有些书也把公主线分割或刀背缝分割称为“八开身”。

【知识链接-2】驳领分类

一般驳领按造型分类，可分为平驳领、戗驳领和青果领三大类，见图 10-23。

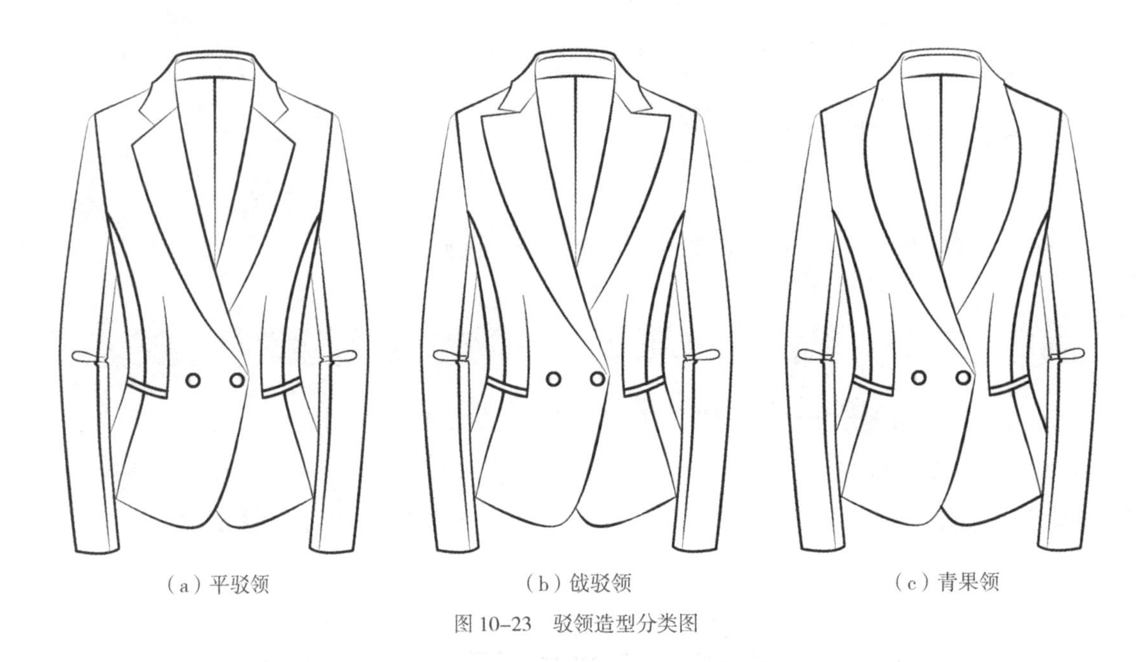

（a）平驳领　（b）戗驳领　（c）青果领

图 10-23　驳领造型分类图

平驳领：串口线呈直线状，领角与驳角形成一个较大的夹角。款式实用性高，适用于休闲型西服中。

戗驳领：驳角向上翘起，领角与驳角的夹角很小或完全没有。款式较为正式庄重，适用于正式场合穿着的西服。

青果领：领子与驳头连成一体，没有串口线，由上至下呈现出流畅的弧线。

【知识链接-3】挂面调整原理

挂面裁片取自前衣片。实际穿着时，按驳折线折转后，挂面在外，前衣片在里，两者形成里外匀结构。为保证挂面翻转时有足够的余量，要将挂面的驳折线上口处转开 0.5 cm 的量。

【知识链接-4】领面剪切

人体颈部为上小下大的圆台状，而驳领结构中的领子是由领座和领面两部分构成的。实践证明，领座部分为上小下大的扇形、领面部分为上大下小的扇形的组合是最合体的，见图 10-24。但面料的整体性决定了要完全达到这种效果是不可能的。

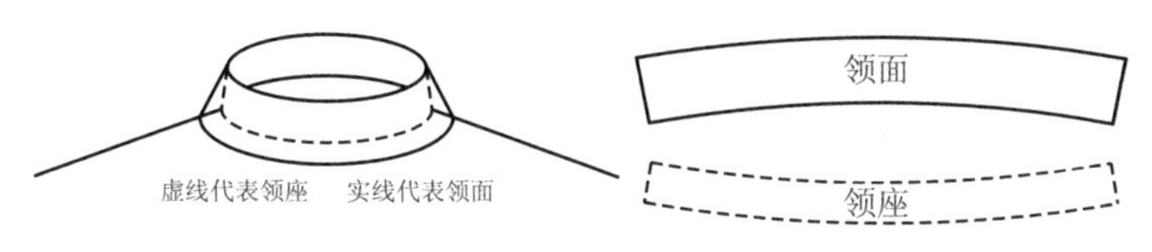

图 10-24　领面与领座造型示意图

为使驳领更加符合人体颈部的造型，可以采用剪切转移法进行纸样处理，见图 10-25。

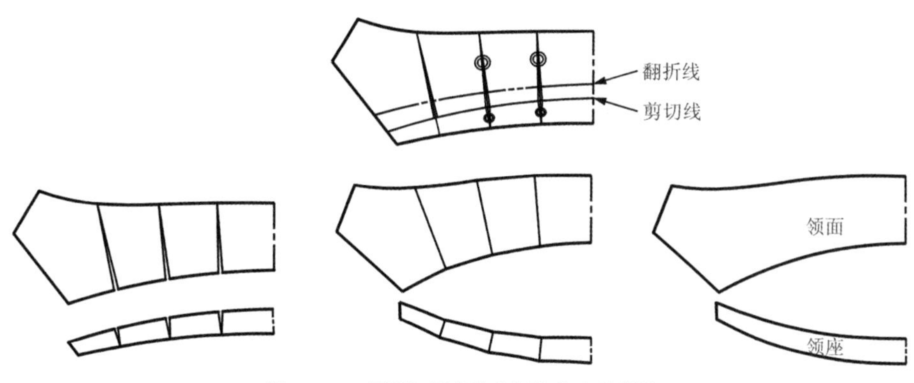

图 10-25　领面与领座的剪切转移法示意图

项目十四 青果领公主线女外套版型设计实战演练

根据企业的订单要求，通过款式分析、样板制作以及系列样板制作，完成女外套的版型设计，详细订单见表 10–17。

表 10–17 青果领公主线女外套原始订单

<table>
<tr><td colspan="2">品名：青果领公主线女外套</td><td colspan="2">款号：××</td><td>下单日期：××</td><td>完成时间：××</td></tr>
<tr><td colspan="4">款式说明：
本款女外套为吸腰合体造型，领子为圆弧形青果领，前后身均有公主线分割至底摆，背中心分缝，衣身缉有明线，圆装 2 片袖。</td><td colspan="2">款式图</td></tr>
<tr><td rowspan="2">规格
部位</td><td colspan="3">成品规格</td><td colspan="2" rowspan="2">面料：中薄型精纺羊毛面料</td></tr>
<tr><td>155/80A</td><td>160/84A</td><td>165/88A</td></tr>
<tr><td>后中长</td><td>58. 5</td><td>60</td><td>61.5</td><td colspan="2" rowspan="7">辅料：
1. 缝纫线（配色、涤棉）
2. 里布
3. 黏合衬
4. 36L 纽扣 1 粒（门襟）、24L 纽扣 6 粒（袖口）
5. 牵条衬</td></tr>
<tr><td>胸围</td><td>88</td><td>92</td><td>96</td></tr>
<tr><td>肩宽</td><td>37</td><td>38</td><td>39</td></tr>
<tr><td>基础领围</td><td>36.2</td><td>37</td><td>37.8</td></tr>
<tr><td>背长</td><td>37</td><td>38</td><td>39</td></tr>
<tr><td>袖长</td><td>55.5</td><td>57</td><td>58.5</td></tr>
<tr><td>袖口</td><td>24</td><td>25</td><td>26</td></tr>
<tr><td colspan="2">设计：×××</td><td colspan="2">制版：×××</td><td>样衣：×××</td><td>核对：×××</td></tr>
</table>

任务一 款式分析

一、款式造型分析

本款女外套胸围放松量 8 cm，属于吸腰合体的造型。前后片均设公主线分割【知识链接 -1】，且后衣片背中缝分开，拉长了视线，能使服装造型更显瘦长，增强美感。

二、制版规格设计

经面料缩率测试，本款女外套的缩率：经向为3.5%，纬向为3.5%。综合缩率以及工艺手段等的影响因素，计算女外套中间码160/84A相关部位的制板规格：

后中长 = 60 ×（1+3.5%）≈ 62.1

胸围 = 92 ×（1+3.5%）≈ 95.2

肩宽 = 38 ×（1+3.5%）≈ 39.3

背长 = 38 ×（1+3.5%）≈ 39.3

袖长 = 57 ×（1+3.5%）≈ 59

袖口 = 25 ×（1+3.5%）≈ 25.9

因此，手工制版时女外套制版规格见表10–18。

表10–18 青果领公主线女外套制版规格表

单位：cm

号型	部位规格					
	后中长	胸围	肩宽	背长	袖长	袖口
160/84A	62.1	95.2	39.3	39.3	59	25.9

任务二　样板制作

一、结构设计

第一步：绘制衣片基础线，包括上平线、衣长线、后领深线、胸围线、腰节线，再确定后横直开领、后肩宽、后背宽、后胸围大、前小肩长、前胸宽、前胸围大、前横直开领等前后片细部规格，见图10–26。

第二步：绘制衣片轮廓线，见图10–27。

第三步：绘制袖片，见图10–28。

第三步：制作挂面、后领贴，见图10–29。

第四步：调整挂面，制作领里，见图10–30

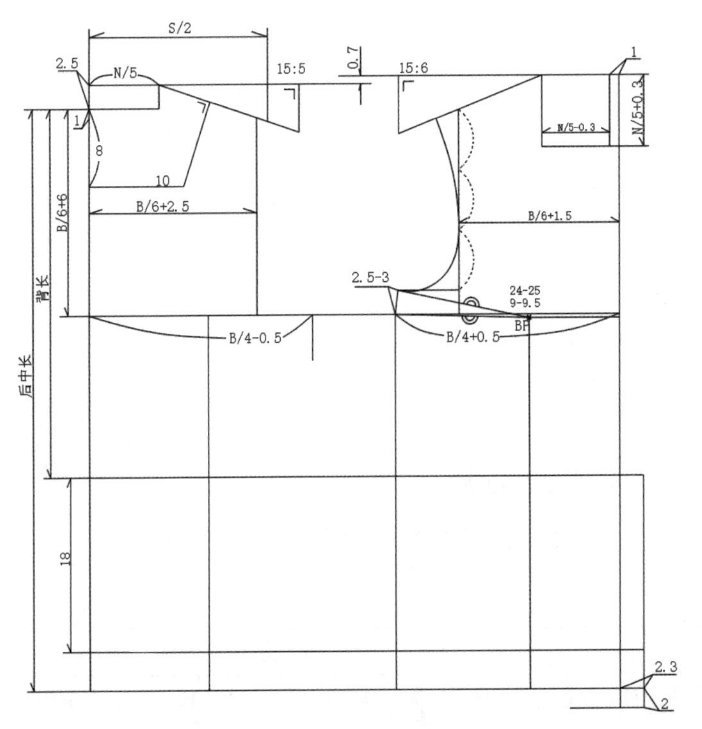

图 10-26 青果领公主线女外套前后片框架图

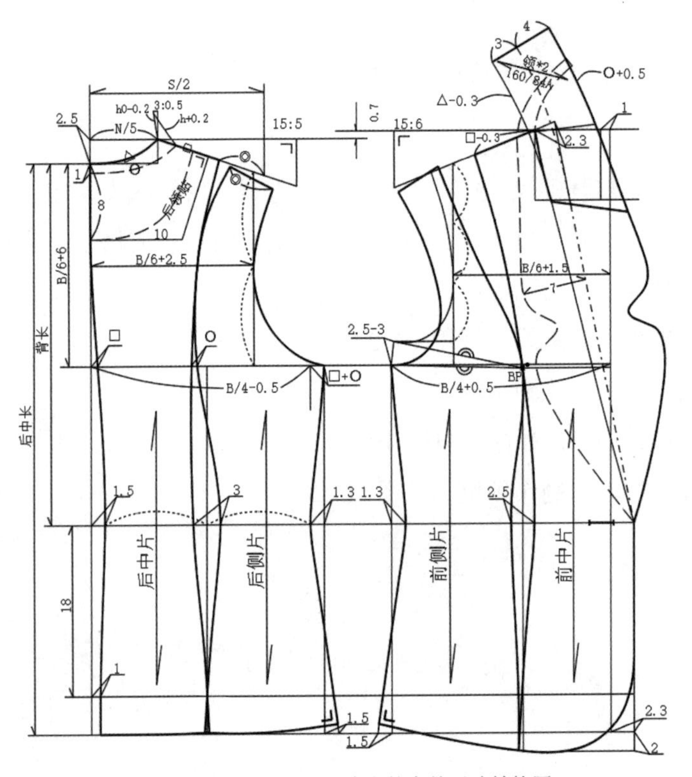

图 10-27 青果领公主线女外套前后片结构图

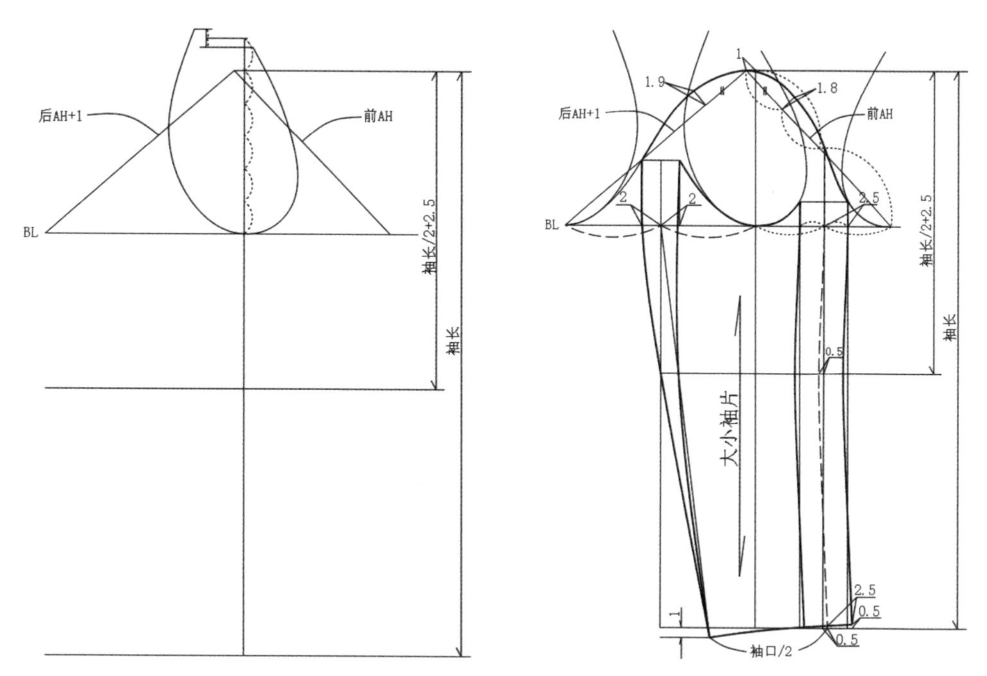

图 10-28　青果领公主线女外套袖片结构图

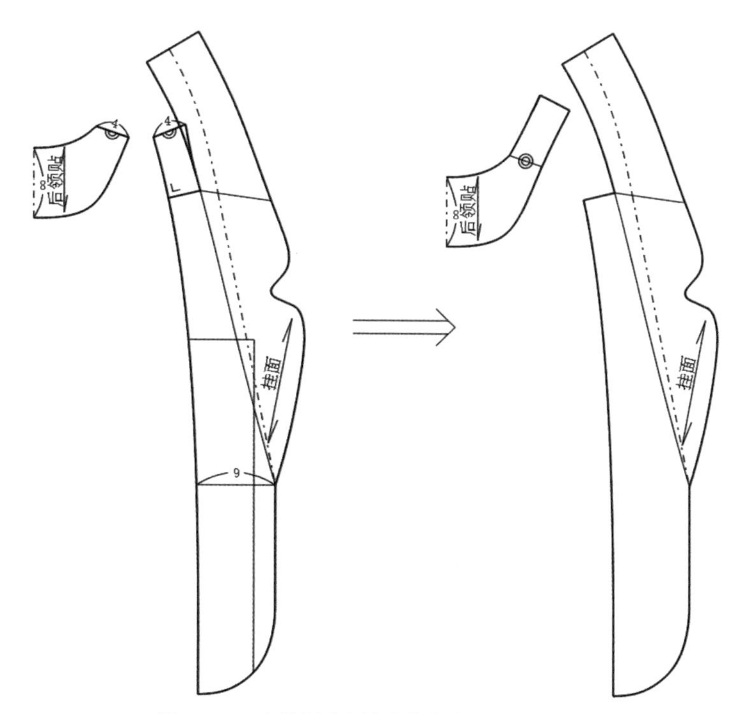

图 10-29　青果领公主线女外套挂面、后领贴图

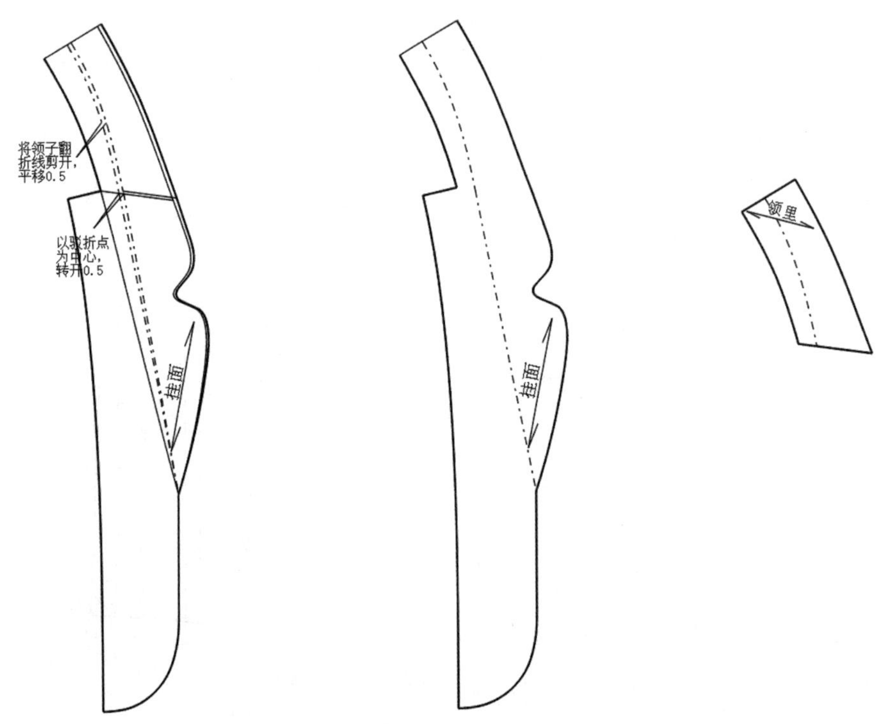

图 10–30　青果领公主线女外套调整后的挂面、领里结构图

二、样板制作

1. 样板放缝（见图 10–31）

（1）前后衣片、袖片四周缝份大多为 1 cm。

（2）衣片、袖片底边放缝 3.5 ～ 4 cm，后中放缝 1.5 ～ 2 cm。

（3）前后袖缝弧线上端要做补角处理。

（4）挂面底边缝份 2 cm。

2. 样板标注

（1）常规缝份 1 cm，不必打刀眼；特殊缝份处打刀眼，如贴边宽等。

（2）衣片、袖片的胸围线、腰围线、肘围线等做好对位记号。

（3）袖山顶点、驳折点等做好对位记号。

（4）领子与颈肩点做好对位记号。

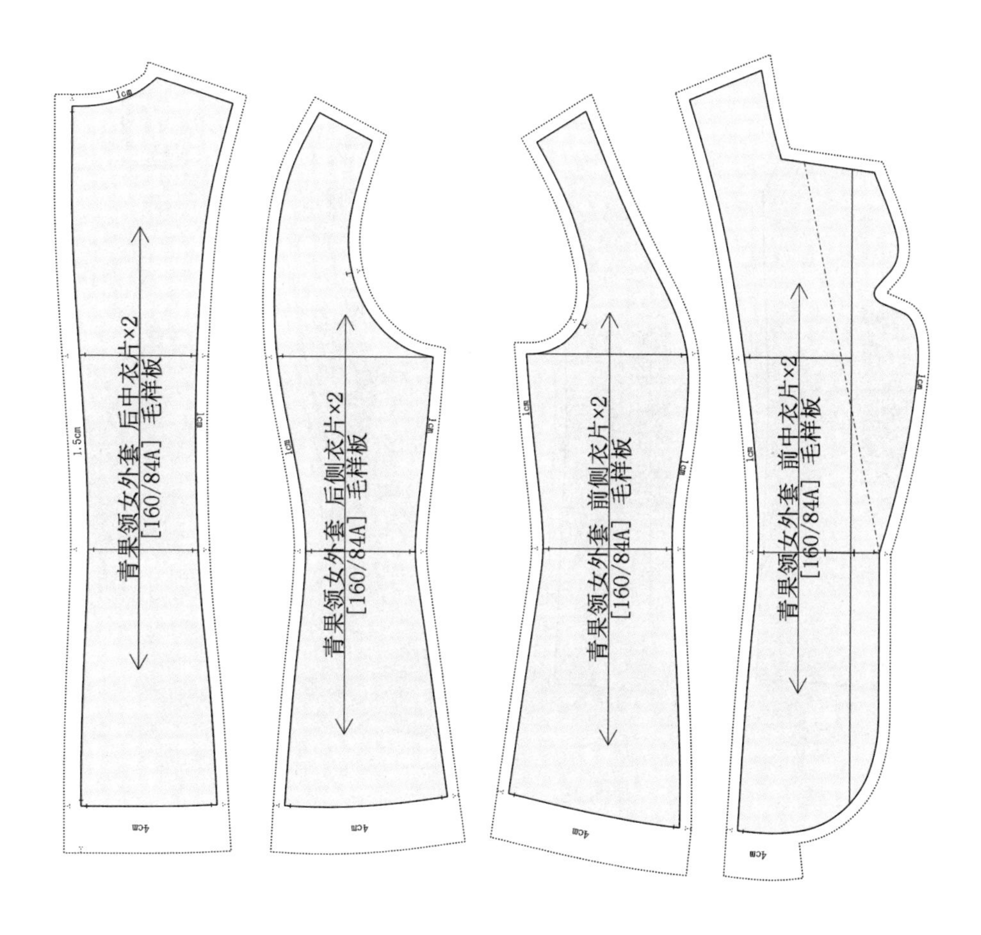
青果领女外套 后中衣片×2
[160/84A] 毛样板
青果领女外套 后侧衣片×2
[160/84A] 毛样板
青果领女外套 前侧衣片×2
[160/84A] 毛样板
青果领女外套 前中衣片×2
[160/84A] 毛样板
1.5cm
1cm
4cm

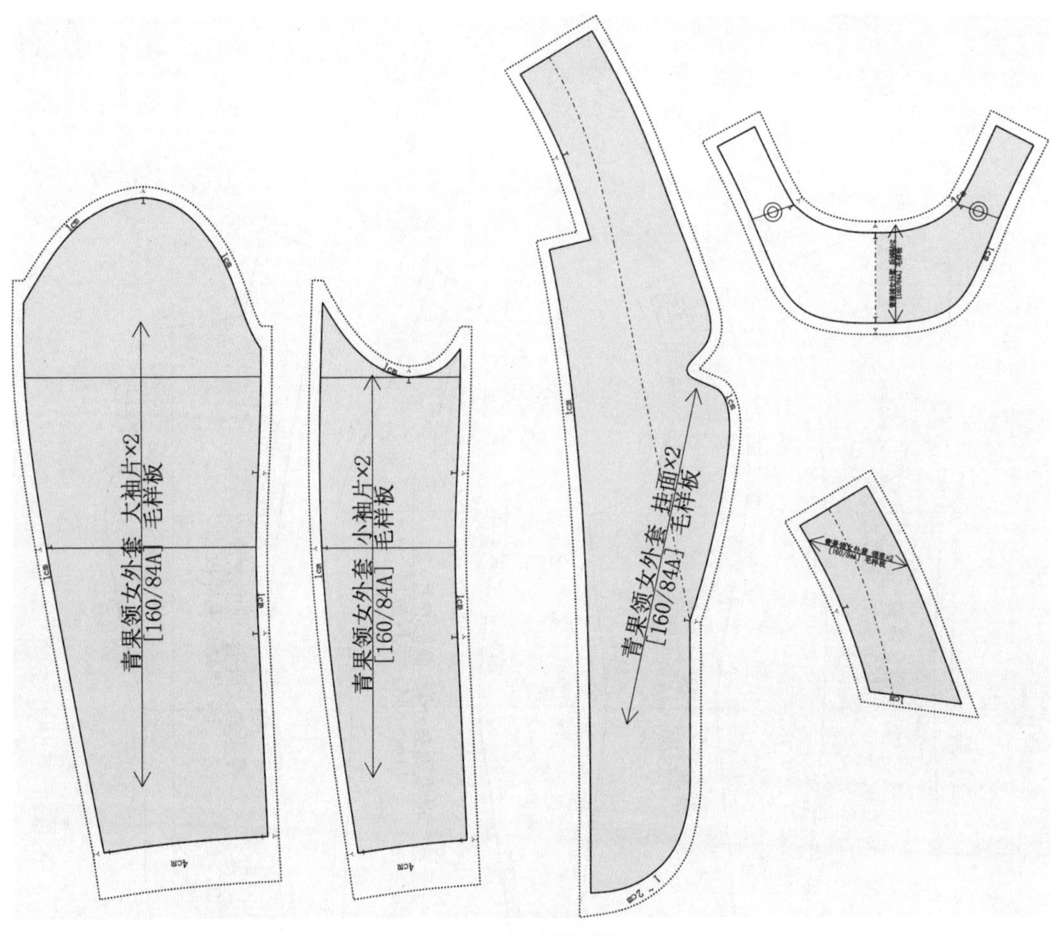

10–31 面料样板图

三、排料

排料的裁片采用已经完成放缝的面料样板，采用幅宽 144 cm 的精纺羊毛面料制作，单层单件对折排料如图 10–32 所示。衣片、袖片等经向丝绺与布边平行，样板紧密套排，单件用料为衣长 + 袖长 +20 cm 左右。

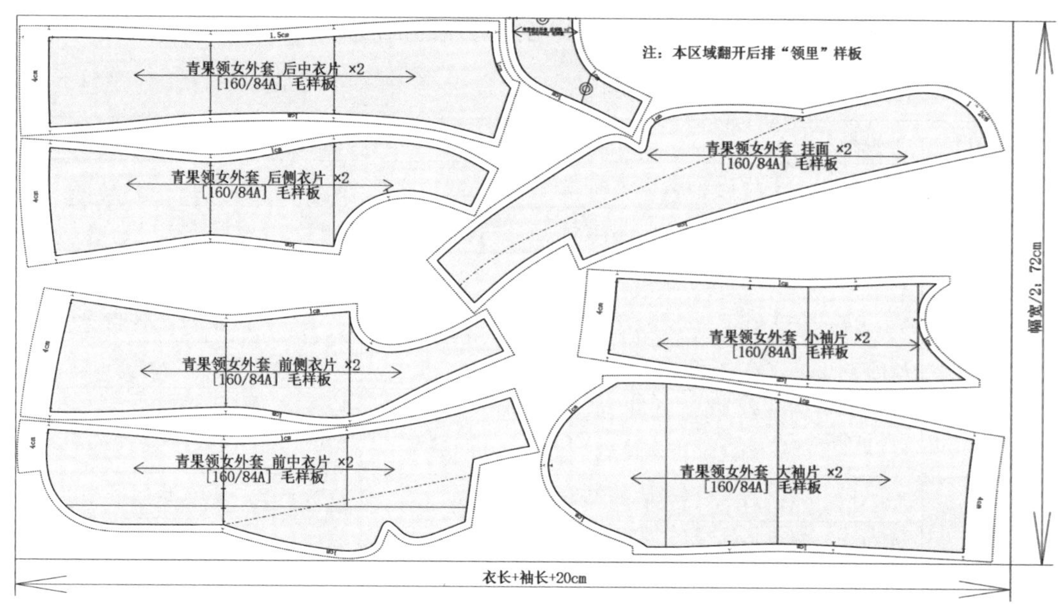

图 10–32　面料样板排料图

任务三　系列样板制作

一、档差与成品系列规格

根据订单中的成品系列规格，确定档差，见表 10–19。

表 10–19　成品系列规格与档差

单位：cm

规格 部位	155/64A	160/68A	165/72A	档差
后中长	58.5	60	61.5	1.5
胸围	88	92	96	4
肩宽	37	38	39	1
基础领围	36.2	37	37.8	0.8
背长	37	38	39	1
袖长	55.5	57	58.5	1.5
袖口	24	25	26	1

二、样板推档

（1）后中衣片与后侧衣片推档：以后中线和胸围线作为坐标公共线，两线交点作为放码原点，各放码点的推档量与档差分配说明见表 10–20，推档图见图 10–33。

表 10-20　后中衣片与后侧衣片各放码点的推档量与档差分配说明

单位：cm

放码点	推档量	档差分配说明	备注
O	X：0	放码原点，不缩放	
	Y：0	放码原点，不缩放	
A	X：0	位于 Y 轴上，不缩放	
	Y：0.6	△ B/6 = 0.67，取 0.6	△ B = 4，兼顾整体造型
B	X：0.16	△ N/5 = 0.16	△ N = 0.8
	Y：0.65	A 点基础上，增加△ N/15，即 0.6+0.05 = 0.65	△ N = 0.8，△ N/15 ≈ 0.05
C、C'	X：0.4	△ S/2 = 0.5，后中片取 4/5	△ S = 1，兼顾整体造型
	Y：0.57	后小肩斜线保持平行	
D、D'	X：0.4	同 C 点	
	Y：0	位于 X 轴上，不缩放	
E、E'	X：0.4	同 C 点	兼顾整体造型
	Y：−0.4	△ BWL− △ B/6（取 0.6）= 0.4	△ BWL = 1
F、F'	X：0.4	同 C 点	△ B = 4
	Y：−0.9	△衣长 − △ B/6（取 0.6）= 0.9	△衣长 = 1.5
G	X：0	位于 Y 轴上，不缩放	
	Y：−0.9	△衣长 − △ B/6（取 0.6）= 0.9	
H	X：0	位于 Y 轴上，不缩放	
	Y：−0.4	同 E 点	
I	X：0.5	△ S/2 = 0.5	△ S = 1
	Y：0.53	后小肩斜线保持平行	
J	X：0.5	同 I 点	兼顾整体造型
	Y：0.27	I 点推档量的 1/2	
K	X：1	△ B/4 = 1	△ B = 4
	Y：0	位于 X 轴上，不缩放	
L	X：1	同 K 点	
	Y：−0.4	同 E 点	
M	X：1	同 K 点	
	Y：−0.9	同 F 点	

注：表中“+”“−”代表移动方向，“+”代表向右或上方移动，“−”代表向左或下方移动。

（2）前中衣片与前侧衣片推档：以前中线和胸围线作为坐标公共线，两线交点作为放码原点，各放码点的推档量与档差分配说明见表 10–21，推档图见图 10–33。

表 10–21　前中衣片与前侧衣片各放码点的推档量与档差分配说明

单位：cm

放码点	推档量	档差分配说明	备注
O	X：0	放码原点，不缩放	
	Y：0	放码原点，不缩放	
S	X：−0.16	△ N/5 = 0.16	△ N = 0.8
	Y：0.65	同 B 点	
N、N'	X：−0.4	△ S/2 = 0.5，前中片取 4/5	△ S = 1，兼顾整体造型
	Y：0.57	前小肩斜线保持平行	
P、P'	X：−0.4	同 N 点	
	Y：0	位于 X 轴上，不缩放	
Q、Q'	X：−0.4	同 N 点	
	Y：−0.4	同 E 点	
R、R'	X：−0.4	同 N 点	
	Y：−0.9	同 F 点	
I'	X：−0.5	△ S/2 = 0.5	△ S = 1
	Y：0.53	前小肩斜线保持平行	
J	X：−0.5	同 I' 点	兼顾整体造型
	Y：0.2	I' 点推档量的 1/3 左右	
K'	X：−1	△ B/4 = 1	△ B = 4
	Y：0	位于 X 轴上，不缩放	
L'	X：−1	同 K' 点	
	Y：−0.4	同 L 点	
M'	X：−1	同 K' 点	
	Y：−0.9	同 M 点	
T、T'	X：−0.2	使领圈弧线保持平行状态	兼顾整体造型
	Y：0.5	Y_S− △ N/5 = 0.65−0.16 ≈ 0.5	△ N = 0.8，先设置 Y 轴档差
U	X：0	到 Y 轴距离为常数	常数档差为 0
	Y：−0.4	同 E 点	

续表

放码点	推档量	档差分配说明	备注
V	X：0	同 U 点	
	Y：−0.65	取 U 点与 R 点的中间档差	

注：表中“+”“−”代表移动方向，“+”代表向右或上方移动，“−”代表向左或下方移动。

（3）大小袖片推档：推档方法与戗驳领三开身女西服相同，不再赘述。

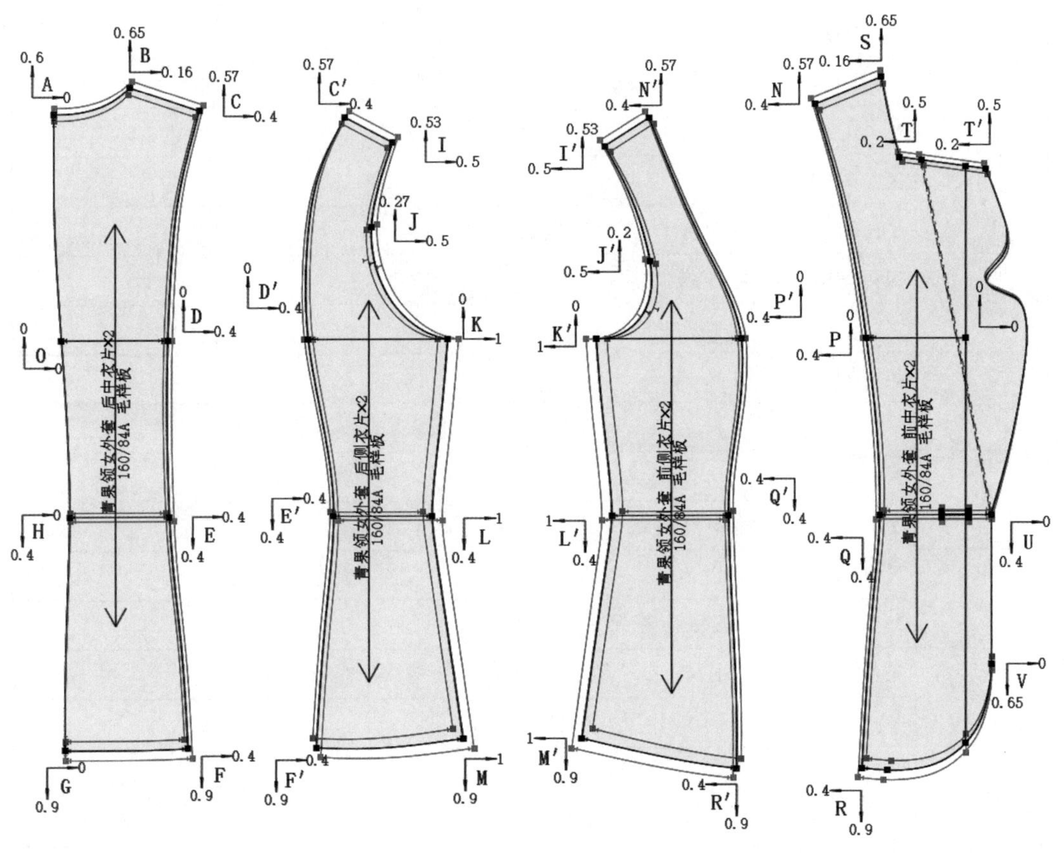

图 10-33 前后衣片推档图

【知识链接-1】 女装分割线

分割线在女装款式设计和结构设计中非常重要。分割线通常可分为两种：装饰型分割线和功能型分割线。

1. 装饰型分割线

装饰型分割线只起到美化服装外观、表达设计情感的效果，如牛仔夹克中的纵向分割线，见图 10–34。

图 10–34　装饰型分割线

2. 功能型分割线

功能型分割线能够使服装更好地贴合人体，展现女性曲线造型。从结构上看，分割线实际上是省与省的连通，或称为“连省成缝”，如女装中的刀背分割线和公主分割线，见图 10–35。

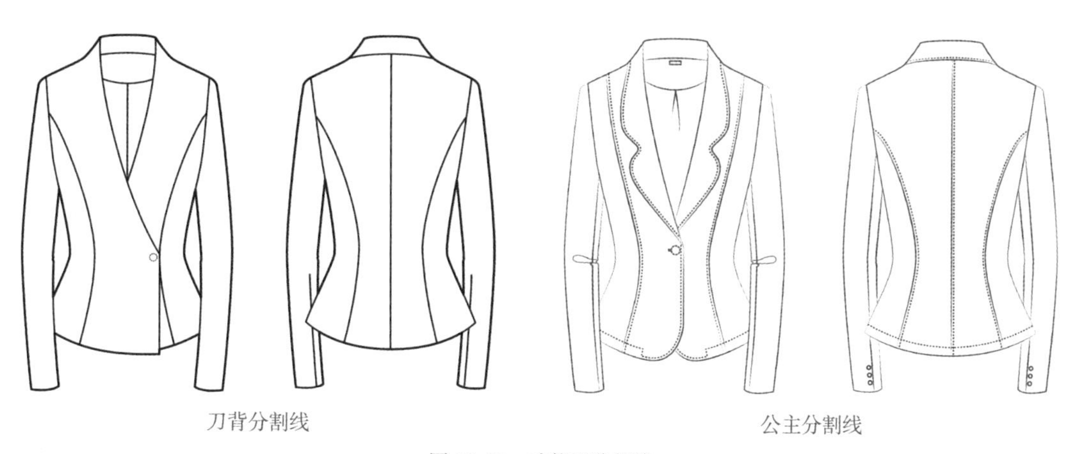

图 10–35　功能型分割线

项目十五 女大衣版型设计实战演练

大衣是指穿着在最外面的衣物及户外穿着的服装的总称，而本款粗呢大衣是防寒用的休闲外套，任何年龄、性别都可以穿着，既可作运动服，又可作普通大衣，前襟用羊角扣，是一款有丰富功能的外套。

根据企业的订单要求，通过款式分析、样板制作以及系列样板制作，完成女大衣的版型设计，详细订单见表 10–22。

表 10–22 女大衣原始订单

<table>
<tr><td colspan="2">品名：女大衣</td><td colspan="2">款号：××</td><td>下单日期：××</td><td>完成时间：××</td></tr>
<tr><td colspan="4">款式说明：
本款女大衣属于宽松的“H”型大衣，衣长至膝，连身帽领，前后肩部均有盖布；前衣身左右各设 1 个有袋盖的贴袋，门襟设 4 粒牛角扣；袖子为 2 片袖，袖口钉袖袢。</td><td colspan="2">款式图</td></tr>
<tr><td rowspan="2">规格
部位</td><td colspan="3">成品规格</td><td colspan="2" rowspan="2">面料：厚型粗纺呢绒</td></tr>
<tr><td>155/80A</td><td>160/84A</td><td>165/88A</td></tr>
<tr><td>后中长</td><td>93</td><td>96</td><td>99</td><td colspan="2" rowspan="7">辅料：
1. 缝纫线（配色、涤棉）
2. 里布
3. 黏合衬
4. 牛角扣 4 粒，24L 纽扣 2 粒
5. 绳袢
6. 牵条衬</td></tr>
<tr><td>胸围</td><td>108</td><td>112</td><td>116</td></tr>
<tr><td>肩宽</td><td>42</td><td>43</td><td>44</td></tr>
<tr><td>领围（基础）</td><td>36.2</td><td>37</td><td>37.8</td></tr>
<tr><td>背长</td><td>37</td><td>38</td><td>39</td></tr>
<tr><td>袖长</td><td>60.5</td><td>62</td><td>63.5</td></tr>
<tr><td>袖口</td><td>27</td><td>28</td><td>29</td></tr>
<tr><td colspan="2">设计：×××</td><td colspan="2">制版：×××</td><td>样衣：×××</td><td>核对：×××</td></tr>
</table>

任务一　款式分析

一、款式造型分析

本款女大衣胸围放松量 28 cm，属于宽松的“H”造型。肩部覆盖保暖的盖布，并缉明线。门襟采用具有特色的牛角扣、绳袢，可以变换左右襟穿着。衣身两侧装有袋盖的大贴袋。袖子较长，有御寒作用，袖口钉袖袢。衣长至膝盖，长度可按个人喜好调节。连身帽不可脱卸，不戴时可在肩上摊平。

二、面料缩率确定

本款大衣可选择厚型面料，如粗纺呢绒中的麦尔登、海军呢、大衣呢、粗花呢、顺毛呢等。但性能不同的面料，会对服装样板结构产生一定的影响。

本款女大衣采用厚型粗纺羊毛面料，经过面料缩率测试，该粗纺羊毛面料的缩率：经向为 4.5%，纬向为 3.5%。

三、制版规格设计

根据国家标准《女西服、大衣》（GB/T 2665-2017）规定，女大衣成品主要部位规格尺寸允许偏差见表 10-23。

表 10-23　女大衣主要部位规格尺寸允许偏差表

单位：cm

部位名称	规格尺寸允许偏差
衣长	±1.5
胸围	±2.0
肩宽	±0.6
袖长	±0.7
领大	±0.6

综合缩率以及工艺手段等的影响因素，计算女大衣中间码 160/84A 相关部位的制版规格：

后中长 = 96 ×（1+4.5%）≈ 100.3

胸围 = 112 ×（1+3.5%）≈ 115.9

肩宽 = 43 ×（1+3.5%）≈ 44.5

背长 = 38 ×（1+4.5%）≈ 39.7

袖长 = 62 ×（1+4.5%）≈ 64.8

袖口 = 28 ×（1+3.5%）≈ 29

因此，手工制版时女大衣制版规格见表 10–24。

表 10–24　女大衣制版规格

单位：cm

号型	部位规格					
	后中长	胸围	肩宽	背长	袖长	袖口
160/84A	100.3	115.9	44.5	39.7	64.8	29

任务二　样板制作

一、结构设计

第一步：绘制衣片基础线，包括上平线、衣长线、后领深线、胸围线、腰节线，再确定后横直开领、后肩宽、后背宽、后胸围大、前小肩长、前胸宽、前胸围大、前横直开领等前后片细部规格，见图 10–36。

第二步：绘制衣片轮廓线（含挂面、后领贴），见图 10–37。

第三步：绘制帽片与帽贴边，见图 10–38。

第四步：绘制袖片，见图 10–39。袖山袖片结构图完成后，核对袖山和袖窿弧长。在本款中，袖窿弧线可与袖山弧线等长【知识链接 -1】。

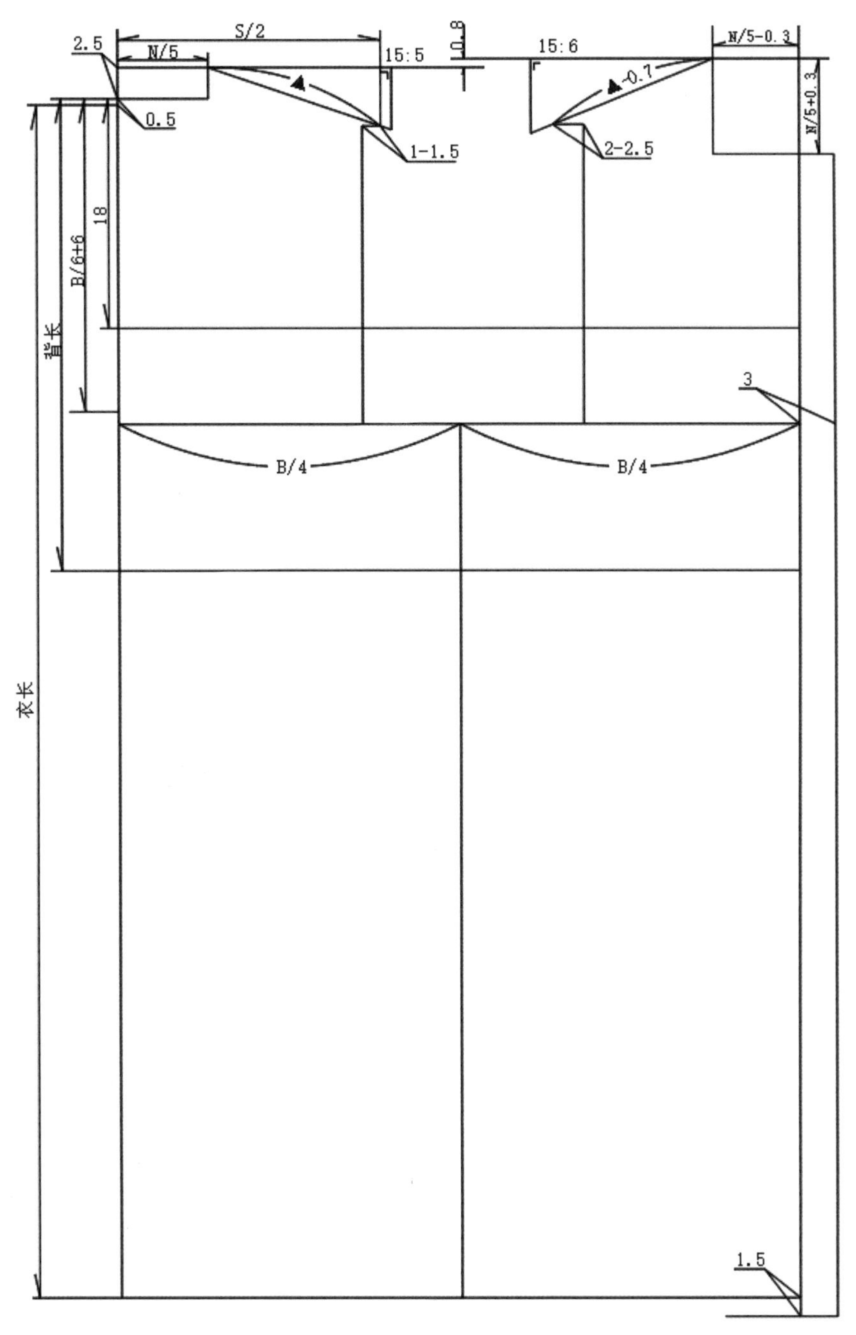

图 10-36　女大衣前后片框架图

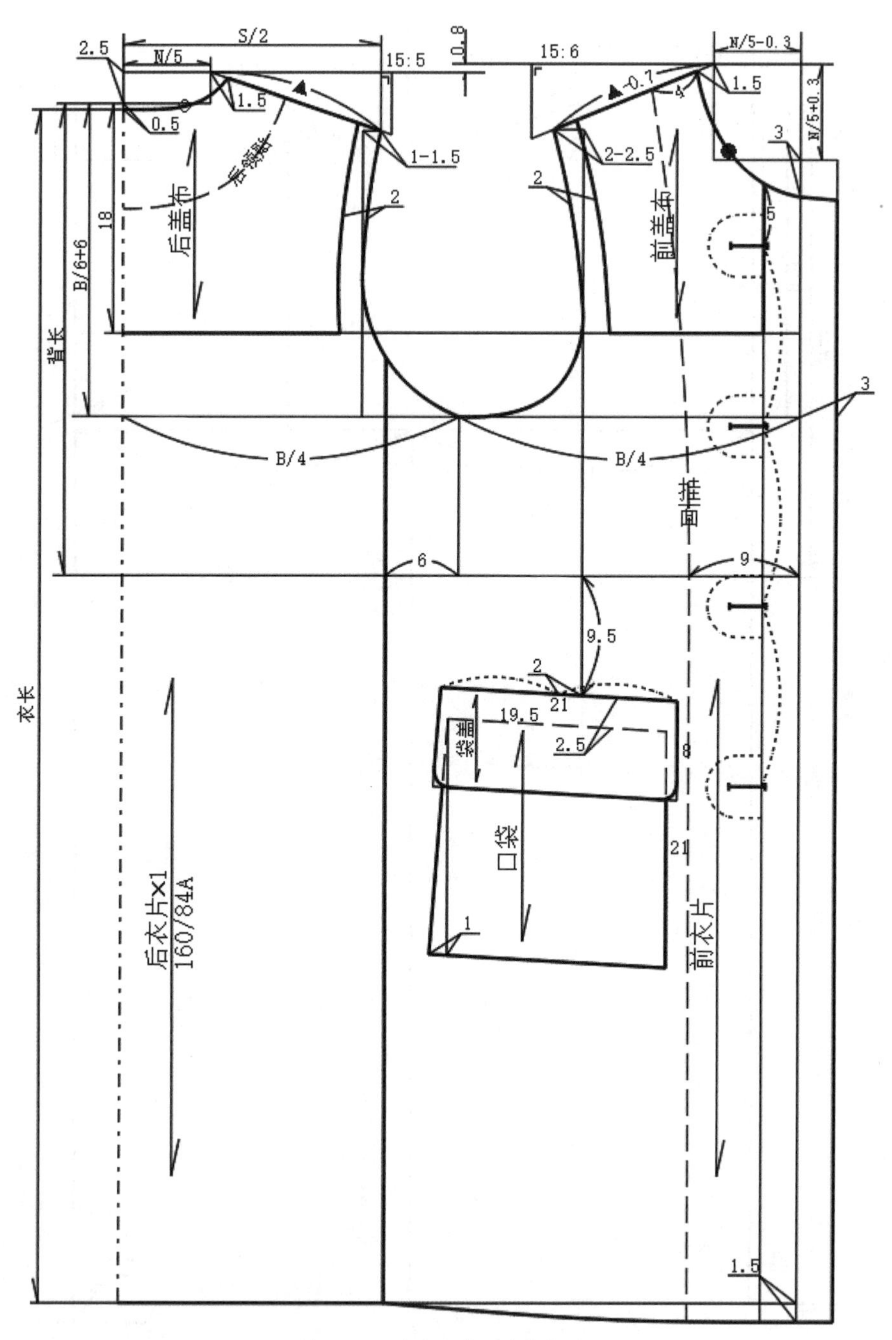

图 10-37　女大衣前后片结构图

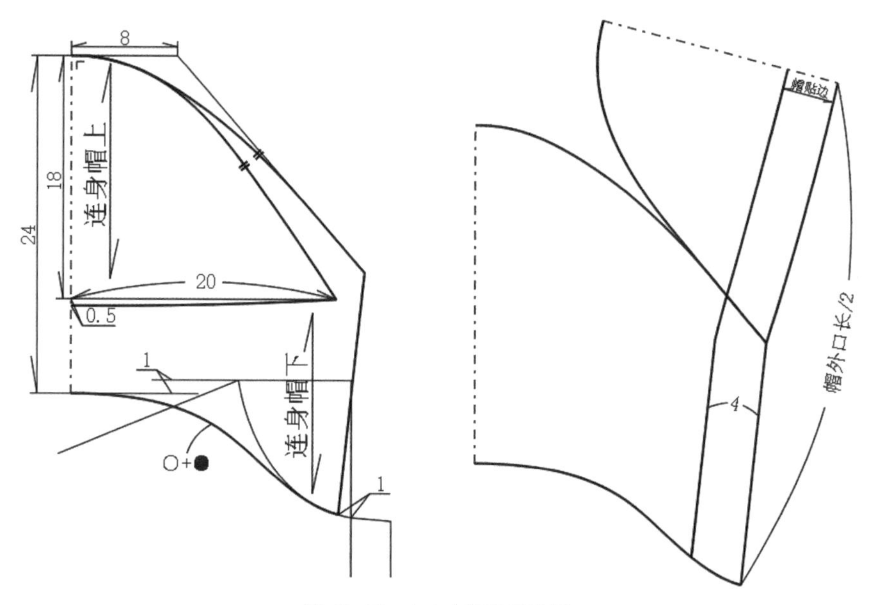

图 10-38　女大衣帽片结构图

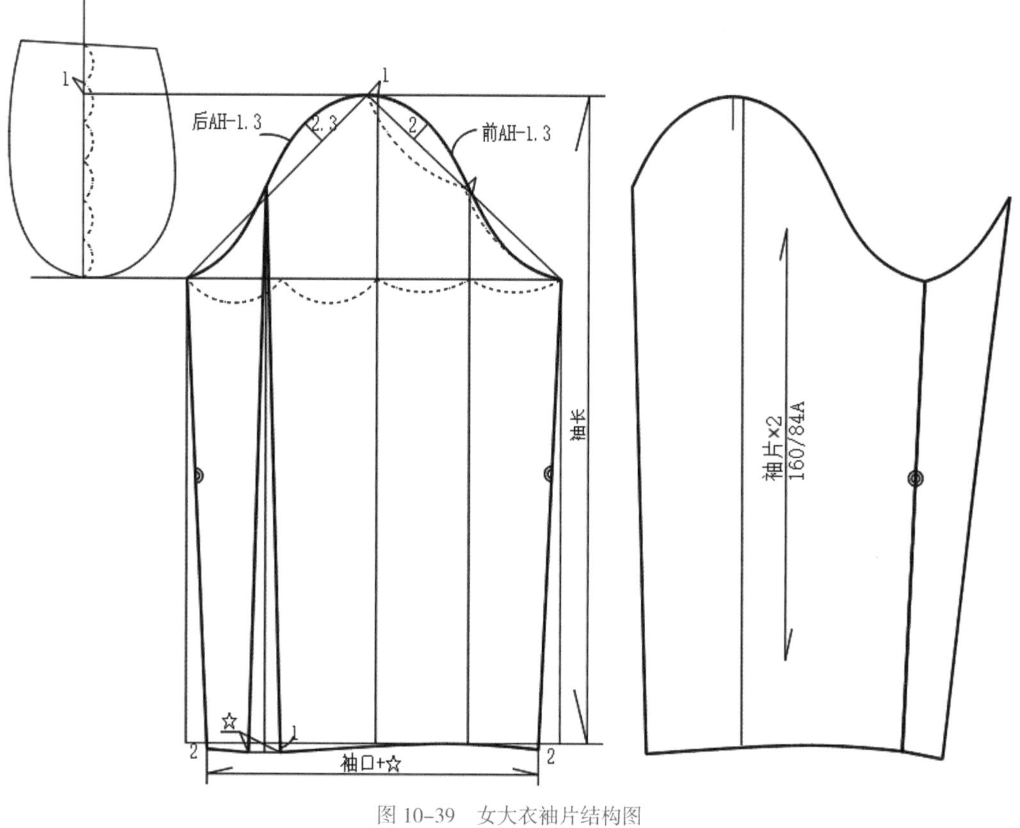

图 10-39　女大衣袖片结构图

二、样板制作

1. 面料样板放缝（见图 10–40）

（1）由于面料较厚，放缝略大于普通面料，除前后领圈、帽下口放缝 1 cm，前后衣片、袖片四周缝份大多为 1.2 cm。

（2）衣片、袖片底边放缝 4 cm。

（3）挂面底边缝份 2 cm。

（4）为使袋口缝头较薄且不易变形，袋口处不放缝，采用横丝里布包光缝制。

2. 样板标注

（1）常规缝份 1.2 cm，不必打刀眼；特殊缝份处打刀眼，如贴边宽等。

（2）衣片的腰围线等做好对位记号。

（3）袖山顶点、袖山最低点、袖窿最低点等做好对位记号。

（4）前衣片装贴袋与袋盖处，向下、向内缩进 0.3 cm 钻孔，也可打线丁。

（5）贴袋与袋盖靠近前中侧打刀眼，防止左右做错。

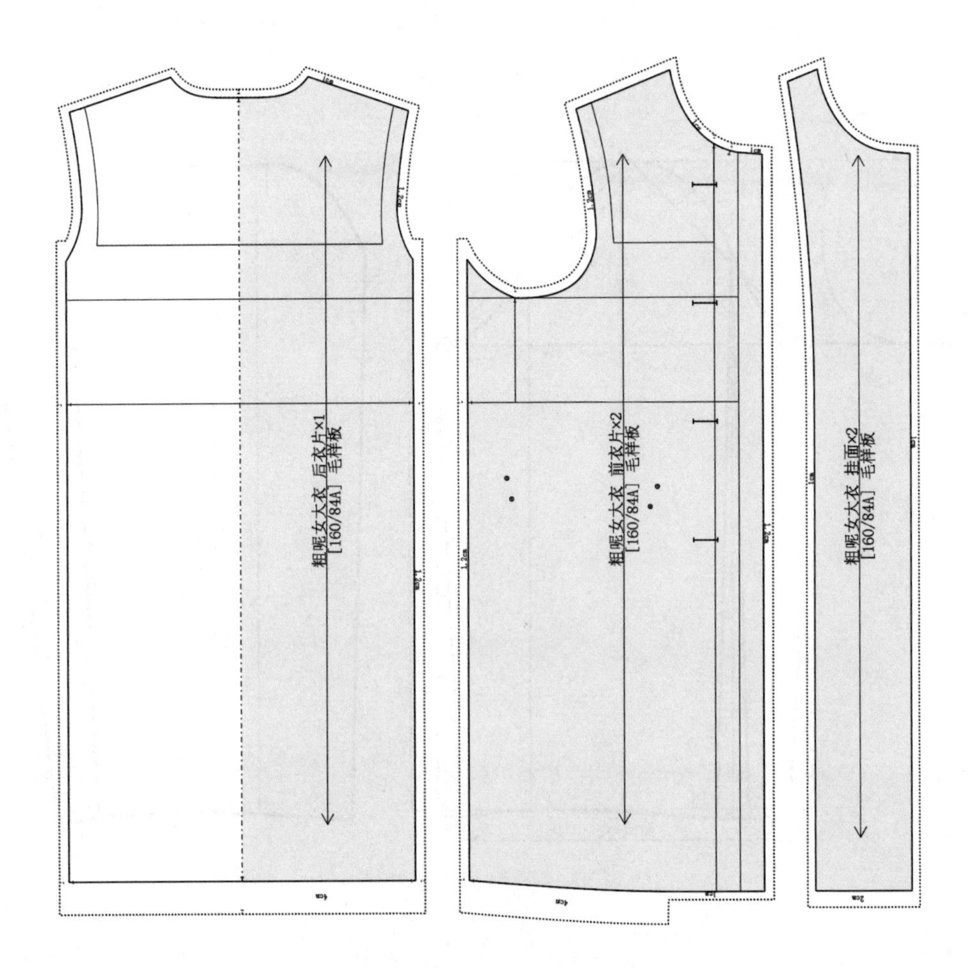

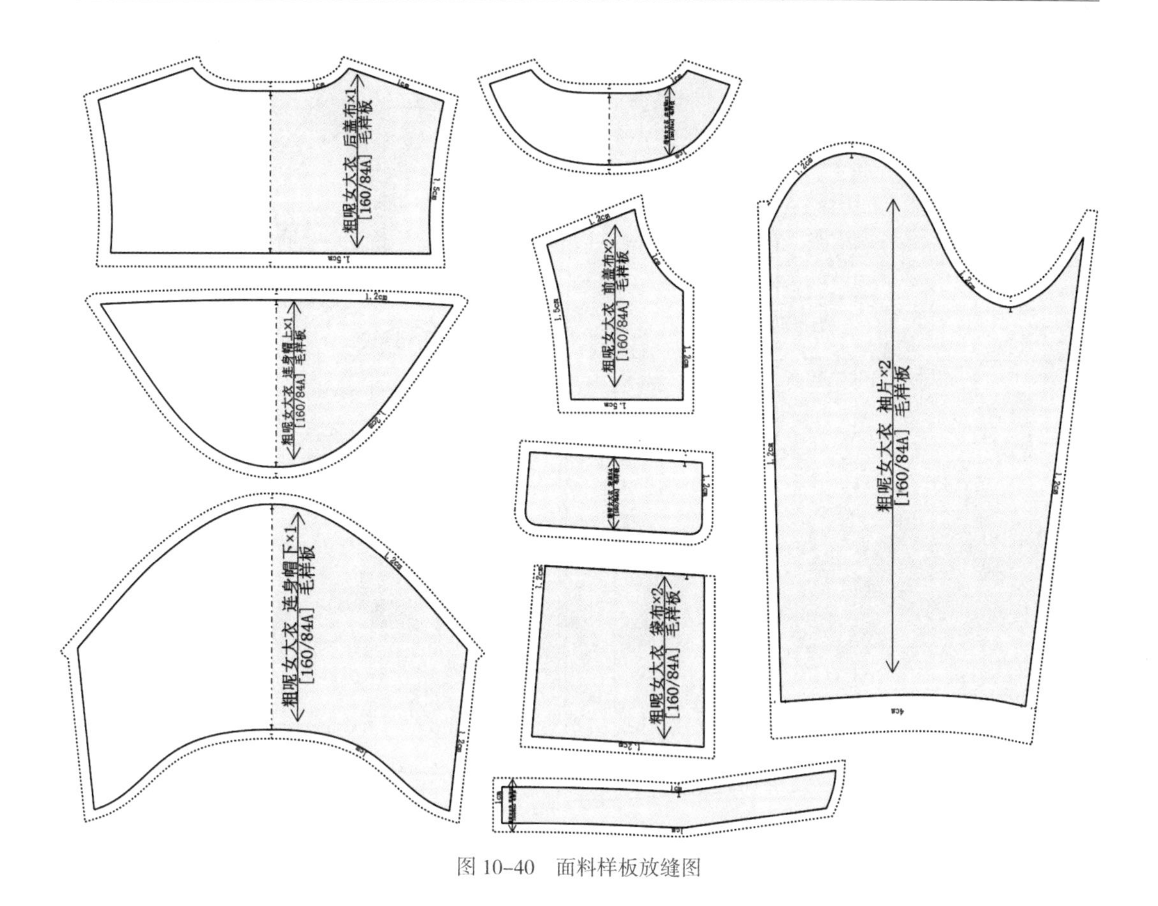

图 10–40　面料样板放缝图

3. 里料样板制作（见图 10–41）

（1）本款外套可不做里料。不做里料时，所有缝头除前衣片与挂面缝合处外，全部用滚条包光。

（2）做里料时，侧缝、袖缝等处比面料多放 0.2 cm，为 1.4 cm。

（3）衣片、袖片底边在净线基础上放缝 1 cm。衣片与里料的底边不缝合，里料采用双卷边 1 cm+2 cm 做光，衣片采用滚条包光，两者侧缝处用线袢相连。

（4）袖山顶点放缝 1.2 cm，袖山底部放缝 2.5 cm，之间均匀减少。

（5）袋盖里可用面料，也可用里料制作。

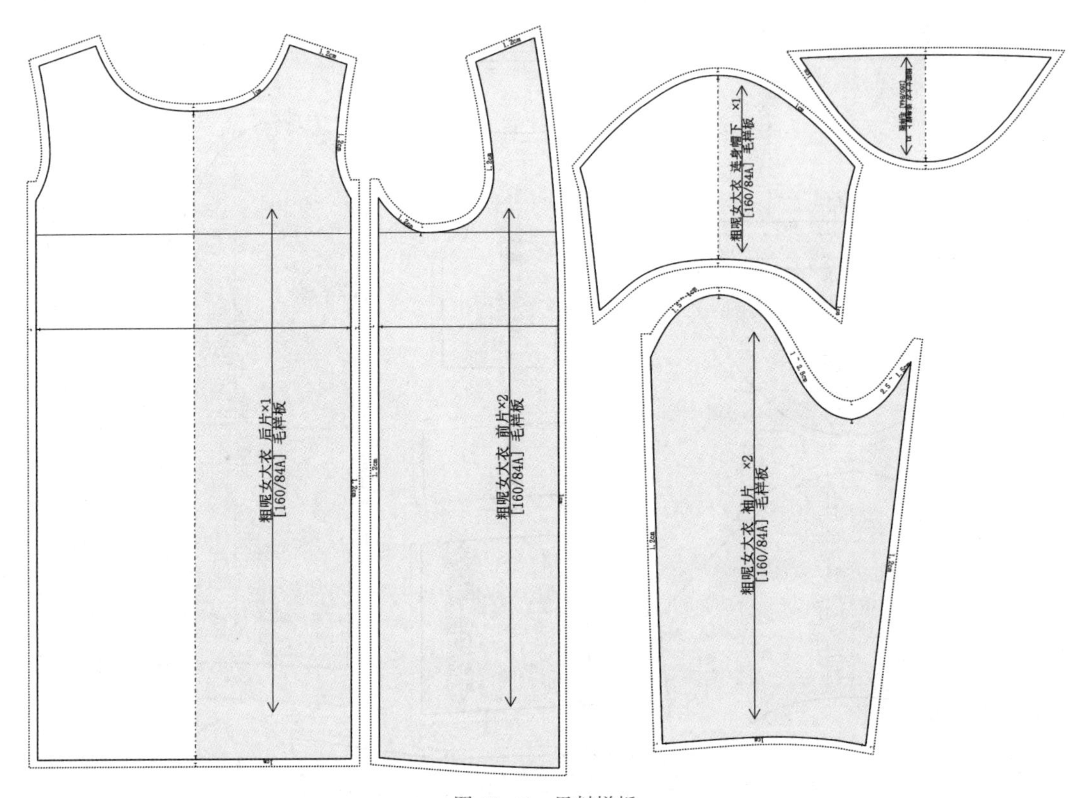

图 10–41 里料样板

三、排料

排料的裁片采用已经完成放缝的面料样板，采用幅宽 150 cm 的粗纺呢绒面料制作，单层单件对折排料如图 10–42 所示。衣片、袖片等经向丝绺与布边平行，样板紧密套排。但由于胸围较大，用料较多，单件用料约为衣长 + 袖长 +50 cm。

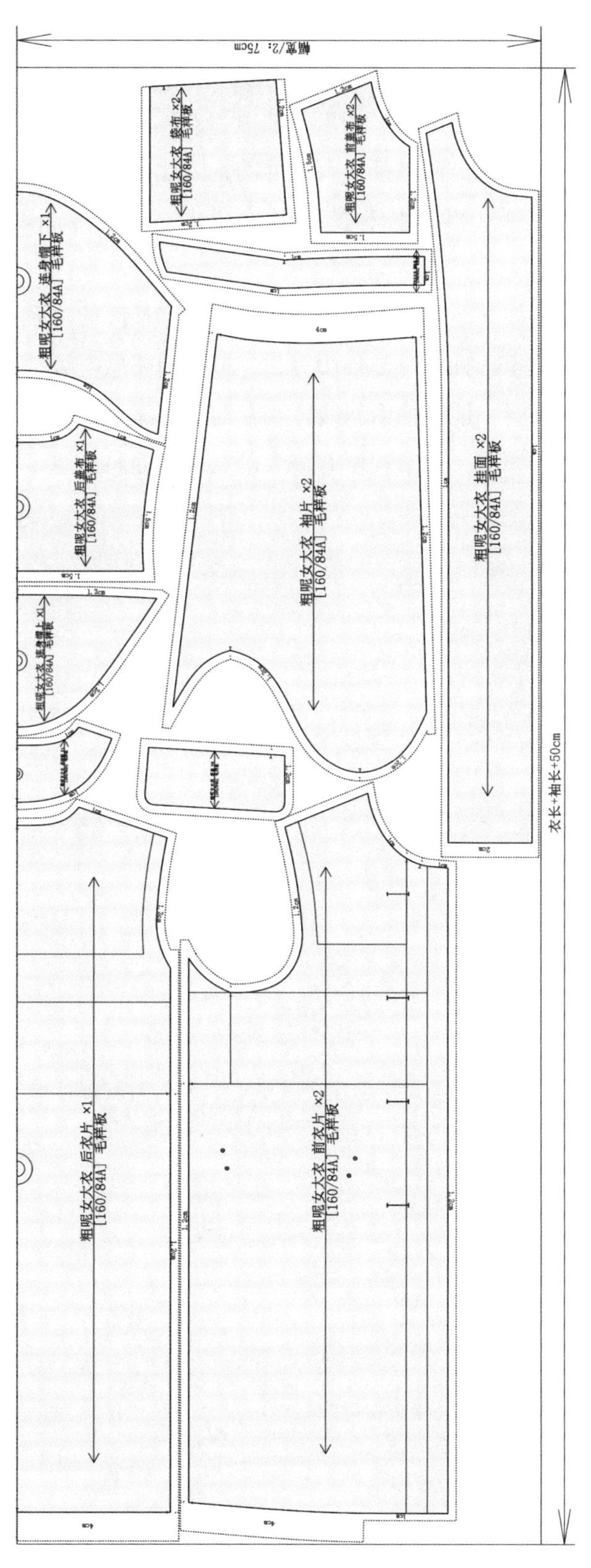

图10-42　面料样板排料图

【知识链接-1】 袖窿明缉线与袖山吃势

大部分上装的装袖缝头向袖片倒，如果将袖山与袖窿想象成两个圆，那么袖窿是内圆，袖山是外圆，包裹着袖窿。面料都是有厚度的，因此袖山必须长于袖窿。尤其在合体型外套中，为使袖山饱满，富有立体感，袖山一般比袖窿长 3 cm 左右（女装精纺毛织物）。

本款大衣袖窿处缉明线，装袖缝头向衣片倒，袖山和袖窿的关系是：袖山是内圆，袖窿是外圆。在这种情况下，袖窿可与袖山等长，或袖山略做吃势，但吃势量较小。因此，在本款大衣结构制图时，前后袖山斜线分别在前后袖窿弧长的基础上减去 1.3 cm。

袖山吃势还与面料的厚薄、松紧程度有极大的关联。面料越厚，吃势越大；面料越松，吃势越大。反之亦然。

参考文献

1. 宋金英. 裙 / 裤装结构设计与纸样. 上海：东华大学出版社，2014.
2. 张文斌. 服装结构设计. 北京：中国纺织出版社，2010.
3. 张向辉，于晓坤. 女装结构设计（上）. 上海：东华大学出版社，2013.
4. 余国兴. 服装工业制板. 上海：东华大学出版社，2009.
5. 陈明艳. 裤子结构设计与纸样. 上海：东华大学出版社，2009.
6. 于丽娟. 裤装设计 · 制板 · 工艺. 北京：高等教育出版社，2018.
7. 于丽娟. 裙装设计 · 制板 · 工艺. 北京：高等教育出版社，2022.